现代的历程 全四卷

The Course of Modernity

机器改变世界

Machines Changed the World

4

全球时代

杜君立 – 著

天地出版社 | TIANDI PRESS

图书在版编目（CIP）数据

全球时代 / 杜君立著. 一成都:天地出版社,
2023. 11
（现代的历程：机器改变世界）
ISBN 978-7-5455-7841-6

Ⅰ. ①全… Ⅱ. ①杜… Ⅲ. ①工业史一世界一普及读
物 Ⅳ. ①T-091

中国版本图书馆CIP数据核字（2023）第122160号

QUANQIU SHIDAI
全球时代

出 品 人	杨　政
作　者	杜君立
责任编辑	杨永龙　李晓波
责任校对	马志侠
装帧设计	今亮后声·张今亮　核漫
责任印制	王学锋

出版发行　天地出版社
　　　　　（成都市锦江区三色路238号　邮政编码：610023）
　　　　　（北京市方庄芳群园3区3号　邮政编码：100078）
网　址　http://www.tiandiph.com
电子邮箱　tiandicbs@vip.163.com
经　销　新华文轩出版传媒股份有限公司

印　刷　河北鹏润印刷有限公司
版　次　2023年11月第1版
印　次　2023年11月第1次印刷
开　本　880mm×1230mm　1/32
印　张　56.5
彩　插　64页
字　数　1310千字
定　价　298.00元（全四册）
书　号　ISBN 978-7-5455-7841-6

形而上者谓之道，形而下者谓之器，化而裁之谓之

变，推而行之谓之通，举而措之天下之民，谓之事业。

——《易经·系辞上》

从 19 世纪中期开始，一切都变了。蒸汽印刷机的出现，加上 20 世纪收音机和电视的发明，产生了我们现在所谓的"大众媒体"。这些新的大众传播技术能够以空前的速度和效率把信息直接供应给大批受众，但它们的高昂费用意味着对信息流的控制集中到了少数人的手中。信息的传递于是采取了一种单向、集中、广播的方式，压倒了过去双向、交流、社会化传递的传统。

——［英］汤姆·斯丹迪奇

第十九章　第三次浪潮

点亮世界

　　人类发明了文字，也发明了数字。至今无法确定，是先有数字还是先有文字。数字或许只是文字的一种，且属于较早的一种。但随着现代的到来，数字无疑更加重要了。

　　在时间的历史中，与其说公元纪年是上帝的安排，不如说是人为创造。用一个新世纪的开始来代表一段新历史的起点，这无疑是一种难得的巧合。

　　社会学家芒福德将人类技术史分为三个阶段：依靠人力、畜力、风力和水力的始生代技术时期（火时代），依靠煤炭和蒸汽的古生代技术时期（蒸汽时代），以及以石油、天然气和电力为主的新生代技术时期（电气时代）。如果说 19 世纪是煤炭与蒸汽机世纪，20 世纪是石油与电气化世纪，那么 21 世纪就是电脑网络与信息智能化世纪。

　　与颠覆了火时代的蒸汽时代相比，电气时代无疑是更具颠覆性的，因此被称为"第二次工业革命"。

　　蒸汽机虽然是革命性的，是第一次工业革命的主要推手，但它也有很大的缺点。由于蒸汽的输出是机械运动，它本身存在很大局限，无法将动力进行远距离输送。蒸汽机使用起来也不方便，在当时提高蒸汽的压力需要两个小时预热，还要有人专门照看维护，这对小企业来说负担太大。此外，蒸汽机燃烧煤炭产生的烟雾很重，噪声也很大。到了电气时代，人们将蒸汽机产生的机械动力转变成电能后，不仅实现了低成本远距离的能量传输，而且可以将污染排除在城市之外。

上帝创造了光，人类发明了电。正如爱迪生所言，电是万能的。用同样的电，你可以运行电梯、缝纫机或其他机器，也可以用来烹饪食物。发电机的出现，使制造"力量"的蒸汽机立刻相形见绌。

历史学家亨利·亚当斯[1]将发电机称为"无限可能的象征"——"我开始感到，那 40 英尺[1] 高的发电机仿佛具有一种道德力量，就好比早期基督徒对十字架所产生的感觉。"[2]

说到电，不能不谈到爱迪生。

经过伏特、欧姆、法拉第等无数科学家一个多世纪的努力[2]，到了 1882 年，爱迪生终于在纽约建起了第一座发电站。

1882 年 9 月 4 日下午 3 点整，位于下曼哈顿珍珠街 255—257 号的爱迪生照明公司，一位操作员打开了发电站的开关。同一时刻，在位于华尔街附近的金融家摩根的办公室里，爱迪生亲手把屋子里的电灯打开了。就这样，爱迪生点亮了第一只商用电灯，更点亮了一个全新的电时代。

1- 1 英尺约合 0.3048 米。

2- [美] 阿尔弗雷德·克劳士比：《人类能源史：危机与希望》，王正林、王权译，中国青年出版社 2009 年版。

发明家托马斯·爱迪生（1847—1931）

爱迪生——这个电时代的"盗火者"，虽然只上过 3 个月学，在接下来的日子里，却用电灯、电话、电影等 2000 多项发明改变了世界。

爱迪生的"天才"并不是天生的，他不仅自学了从牛顿数学到法拉第电学的许多知识，还做了大量的实验；终其一生，他几乎每天都要做笔记和记日记。

爱迪生不仅是一个天才发明家，更是一个系统建设者和优秀企业家。他没有太多理论家的气质，但善于抓住已经成熟的科学技术，将其变成现实中可以使用的时髦商品。早期，爱迪生真正的成就在于设计出了一整套的供电技术系统。"我不想再发明任何卖不出去的东西了。它的销量是它实用的证明，实用才是成功。"[3]

虽然早在 1860 年，英国人斯旺就试制成功了第一只碳丝白炽电灯，并于 1878 年申请了专利，但打定主意将电灯送入千家万户的却是爱迪生。他曾说："我们将让电灯成为廉价的消费品，总有一天，只有富人才会点蜡烛。"

在抽真空的条件下，电灯依靠高温灯丝来发光。早期的白炽灯都用碳丝作灯丝，但这种灯丝很快就烧为灰烬。

为寻找使用寿命更长的灯丝，爱迪生像工业革命早期的工匠一样，以"试错法"先后试用了 1600 多种耐热材料，最后发现用碳化竹纤维制作的灯丝具有最长的使用寿命。

1880 年，爱迪生成立爱迪生照明公司，并在新泽西设厂，开始大批量生产商品化的白炽灯。

爱迪生对电灯的使用成本以美分计算，这是当时电灯得以普及的基础。1880 年，一只使用寿命 300 小时的碳丝电灯售价 121 美分，1883 年降到 30 美分，1890 年降到 15 美分。

以现在的眼光看，爱迪生的碳丝电灯仍然极其短命。在当时，爱迪生的公司每天要为美国 200 家公司提供 4.5 万只电灯，以保证其照明。

除了寿命短，碳丝电灯的亮度也很低，这是由灯丝温度决定的。相比之下，钨丝灯丝温度可达 3000℃。1906 年，库利奇发明钨丝白炽灯，电灯的使用寿命被提高到了超过 1000 小时。

发明作为一种革命，必然会推翻传统的既得利益。电灯的出现，使得整个煤油业在很短的时间内就崩塌了。面对还不适应这场变革的大众，通用电气公司发布公告，告诫人们不要像点亮煤油灯一样用火柴去点亮灯泡。

在中国古代，有囊萤映雪、凿壁借光和燃荻夜读的典故[4]。

在工业革命时的英国，晚上的街道只能依赖月光来照明。伯明翰有个著名的月光社，包括伊拉斯谟·达尔文（生物学家达尔文的祖父）、博尔顿、瓦特和韦奇伍德等人，他们之所以选择在每月满月时聚会，就是为了聚会结束后能借着月光回家。因为腐烂的死鱼能发出微弱的磷光，英国人甚至用晒干的鱼皮来照明。伊拉斯谟·达尔文从爱丁堡医学院回家时，就曾捡起一个被人丢弃的鱼头，借着光亮来看怀表上的时间。

即使工业革命之后的一个世纪，照明用的鲸鱼油仍然非常稀有。赫尔曼·梅尔维尔在小说《白鲸》（1851）中写道："看在上帝的分儿上，请节约使用油灯与蜡烛！因为燃烧的不只是一加仑燃料，还至少有一滴血是人类为了发掘它而流下的。"[1]

在电灯出现之前，夜晚的黑暗与漫长远非现代人可以想象。唐代长安城堪称古代大都市，夜晚也是一片漆黑，"六街鼓歇行人绝，九衢茫茫空有月"。

在电气时代，照明设备成为任何人都可以得到的廉价之物。[5]

白炽灯是一个关键的发明。此后，电的应用迅速普及，家家户户都用它来照明，不再限于少数的工业或商业组织。1885年，美国

1- 转引自［美］阿尔弗雷德·克劳士比：《人类能源史：危机与希望》，王正林、王权译，中国青年出版社 2009 年版，第 109 页。

全境有 25 万只电灯泡，到了 1902 年，这一数字提升到了 1800 万。

随着电的应用越来越广泛，对电的需求水涨船高，每家每户自行发电肯定不经济，这就要求集中发电，以及相应的配电系统。爱迪生立刻意识到这是个巨大的机遇 —— 当原来只有少数富人用来照明的电，变成所有人的必需时，一个巨大的商机就出现了。

1884 年，爱迪生开始使用瓦特 - 博尔顿蒸汽机来发电。1889年，爱迪生电灯公司与西门子公司合资成立爱迪生通用电气公司，三年之后又与竞争对手汤姆森 - 休斯敦公司合并，成立通用电气公司，一个电业巨人就这样诞生了。

在 1893 年的芝加哥世博会上，通用电气公司用 10 万只彩色电灯搭成一座约 21 米高的灯楼，而西屋公司采用特斯拉的交流电技术，同时点亮了 9 万只电灯。如果说 1851 年伦敦世博会的主角是蒸汽机，那么电就是芝加哥世博会的明星，几乎每一样东西，会发光的、会出声的、会移动的，都是由电力驱使。

在电气时代刚刚来临的时候，所谓电其实是直流电，而且电压也不高，因此电力传输成本极高，这导致电力仍然只是少数人的奢侈品。用电者一般自己购买蒸汽发电机。1912 年时，美国只有16% 的家庭用得起电。

1892 年后担任芝加哥爱迪生公司总经理的英萨尔一边改直流电为交流电，一边大力发展公用电网。为了提高发电量，他采用了巨型蒸汽涡轮发电机，最终使廉价的电走进千家万户。到 1930年，美国 70% 的家庭已经通上了电，家用电器市场蔚然兴起。[6]

这里需要说明的是，爱迪生"不是一个人在战斗"。早在

发明天才尼古拉·特斯拉（1856—1943）

1874 年，爱迪生就在新泽西州门洛帕克市（后来改名为爱迪生市）成立了世界上第一个工业研究实验室。他的实验室规模巨大，占据整整两个街区，聘用许多富有才干的技术员和工程师，并配备数以万计的新材料和各种研究设备。

爱迪生手下有一个由技术精英构成的顶级团队，这里面就包括英萨尔和特斯拉，甚至亨利·福特也曾在他手下做过工程师。[7]

特斯拉与爱迪生多少有些瑜亮情结。与爱迪生相比，特斯拉或许更像真正的"天才"。1884 年，一无所有的尼古拉·特斯拉第一次踏上美国国土，成为爱迪生的手下；两年之后，他看不惯爱迪生的财富观，离开爱迪生成立了自己的公司。

爱迪生发明直流电，特斯拉发明了更具革命性的交流电和交流电动机。据说，由于特斯拉和爱迪生在电力方面的伟大贡献，两人被同时推荐为1912年诺贝尔物理学奖首选人物，但是两人都拒绝领奖，理由是无法忍受和对方一起分享这一荣誉。

与爱迪生不同，特斯拉虽然拥有700多项专利，却分文不取，他甚至将交流电的专利证书撕毁。根据当时的美国专利法，每生产1匹（约735度）交流电，就必须付给特斯拉1美元的专利使用费。

作为电机工程和无线电技术的开创者，特斯拉在1891年成功试验了电力的无线传输。为了实现跨大西洋电力无线输送，他修建了沃登克里弗塔。他曾预言："许多年以后，人类的机器可以在宇宙中任何一点获取能量，从而驱动机器。"

爱迪生则一直认为交流电是危险的，他把特斯拉视为异端。

电影的诞生

在工业史上，爱迪生和瓦特都是里程碑式的人物。爱迪生与瓦特的不同之处在于，他在发明许多电器之前，就已经从前人那里掌握了电学原理。相对而言，瓦特发明节能蒸汽机时，尚无热力学可以作为理论指导。

对爱迪生来说，法拉第和麦克斯韦的电学理论就仿佛大航海时代的指南针，让他的各种发明创造成为可能。更何况在他从事发明之前，电池、电灯、电报、电话等已经出现，电时代的大门已经打开。

1831 年，法拉第发现了电磁感应原理，并造出了一台圆盘发电机。1865 年，麦克斯韦提出电磁理论，并用四元方程组将电磁学与光学统一起来，数年后出版了专著。不久，赫兹通过实验证明了麦克斯韦方程的正确性。在此基础上，从发电机到电动机，从电报到电话和无线电，都应运而生。

从实用角度来看，法拉第和麦克斯韦并没有发明任何有用的机器，但他们貌似无用的研究却是无数实用机器得以诞生的重要前提。进入现代以来，科学与技术的关系越来越密切，科学日渐成为技术的助推器，没有科学进步，技术创新就无从谈起。在某种意义上，与其说是那些貌似新奇的发明，不如说是那些看似枯燥乏味的电磁学理论和试验，从根本上改变了我们的生产和生活。

纵观西方整个科技史，绝大多数最终被证明对人类有益的伟大发现，都源于像法拉第和麦克斯韦这样的科学家。他们为了拓宽人类的知识边界，苦心孤诣，孜孜以求，不为世俗名利所动。这种纯粹的科学精神从伽利略、培根和牛顿那个时代就已蔚然成风。

爱迪生是一个狂热的实用主义者。他借助电气工程实验室发明了许多新式电器，几乎每项发明都会在第一时间申请专利，以保证这项发明能给他带来可预期的利益，尤其是经济利益。

爱迪生年轻时是一个电报员，他发明的第一个专利产品是投票计数器，可是当他把这个机器推销给美国国会时，却遭到了拒绝。从此以后，他发誓不再发明人们不需要的机器。

实际上，爱迪生并没有首先发明白炽灯，但他使白炽灯变得廉价且实用，因而获得极大的商业成功。在此之前，爱迪生还发明了留声机，这其实也是在贝尔发明的电话基础上创造出来的。

总体而言，爱迪生是一个缺乏艺术天赋的纯技术人。他发明了留声机和电影，但他以为人们会用其来记录自己的声音和影像作为遗言，却根本没有想到会被用于发行音乐唱片和制作虚构的故事，并成就了一个席卷全球的现代娱乐业。

有了留声机之后，听音乐与演奏演唱发生割裂，或者说失去了直接关联，大多数歌手和演奏者失去听众，只留下极少数"明星"。1902 年，恩里科·卡鲁索的首张唱片就卖出了 100 万张。1927 年，美国的唱片销售额超过 1 亿美元。1939 年，全美国的活页乐谱只销售了 1600 万份，相比之下，流行音乐唱片却卖掉了

在 20 世纪初的美国，好莱坞汇聚了许多新兴电影公司，正如 100 年后计算机公司云集硅谷

4500 万张。2011 年，美国电影和唱片业创造的总产值超过了 600 亿美元。

　　一开始，电影被很多人认为是"没有商业前途的发明"，爱迪生也对电影的专利权注册极其草率，这让他后来陷入与电影公司漫长的官司中，其间他还成立了垄断性的爱迪生电影专利公司，甚至雇用黑帮做打手，来确保专利案判决的执行。

　　在电影诞生初期，大量简易电影院的出现让电影拍摄得以持续。作为影史经典，《火车进站》风靡一时，人们看到银幕上的火车动起来时惊呼不已。来自东欧的犹太商人经营起从拍摄到放映的一条龙服务，逐渐形成几个大的电影公司。为了躲避爱迪生电影专利公司的逼迫和威胁，许多电影公司躲到遥远的加州，好莱坞因此兴盛起来，到 1915 年，这里生产了美国约 60% 的电影。

当电影长片兴起后，电影制作越来越复杂，拍摄周期和投入资金都远超短片时代。虽然大多数银行家都看不起电影这种杂耍娱乐的新事物，但仍有一些有眼光的投资者加入进来，电影进入资本时代。

当时的电影制片厂正如同一时期的福特汽车厂一样，也在尝试进行标准化和流水线生产，以保证不断有新电影满足越来越多的观众需求。经过一段时间，好莱坞的精细化管理程度已经很高，电影产品基本能按时定量完成。

当时，华纳兄弟制片厂拥有三四十个巨大无比的摄影棚，这些摄影棚几乎都在满负荷运行。电影厂的摄影棚就像福特车厂的生产车间一样，不仅可以免受天气影响，还便于统筹协调和管理，演员和导演等工作人员像工人一样按时上下班。

对于电影产业的兴起，电影产品只是一方面原因，电影院的出现才是改变城市文化成色的主因。电影院不仅成为最时髦的娱乐场所，还是一种零售终端。

电影院不同于贵族式的音乐厅和歌剧院，人们在这里感到舒适和随意，是一种民主的消费方式——"花二十五美分，坐在世纪剧院顶层的人比坐在大都会剧院包厢里打哈欠的人更富有。"很快，电影院入场票的价格降到了 5 美分。到 1910 年，美国出现了上万个"五分钱娱乐场"，每周能吸引 8000 万观众。

电影是一种利用心理感知错觉的艺术，因为人的眼睛有视觉暂留现象，电影依靠机器制造了一种有别于现实的视觉体验。在现代影像技术中，机器将自然场景变成一种新的艺术形式，这种人为创造成为审美价值和精神价值的源泉。一位法国电影导演说："战争把我这个士兵扔进一种机械气氛的中心。在这里我发现碎片之美。我在一部机器的细节中，在普通的被拍摄对象中，感到一种新的现实。"[1]

电影诞生仅仅数年工夫后，便成为风靡全球的城市大众文化。传统的歌舞剧和戏曲顿时被这种现代化娱乐技术给颠覆了。一位西方评论家忧虑地说：电影，或者说它所代表的整个大众娱乐体系已经被人们所接受，并成为宗教的替代品；随着时间的推移，人们可能会完全接受它，使之成为生活的替代品。[8]

1909年以前，胶卷长度只有300米，只能放映16分钟，之后出现了2小时的长片。1928年，电影走出了默片时代，声画同步营造出逼真的观影体验。[9]电影产业是典型的娱乐业，它出售的是一种"精神按摩"——主要是为人的眼睛服务，让眼睛得到最辽阔、最雄壮，或者最刺激、最动人的视觉体验。从最早的《火车进站》到如今的漫威电影，电影最基本的吸引力就是强烈的感官刺激，这一点从未真正改变过。正如早期电影是游乐场不可或缺的魅力组成部分一样，现在人们去看好莱坞大片也跟逛游乐场一样。对今天的孩子来说，光看迪士尼电影还不够，还想去逛迪士尼乐园。迪士尼很早就发现，米老鼠的实物形象所带来的收入，

1-［美］苏珊·桑塔格：《论摄影》，黄灿然译，上海译文出版社2010年版，第294页。

远大于电影票所带来的。

1937 年制作的《白雪公主》，被好莱坞的电影大亨们称为"傻瓜之作"，因为它只能给儿童看；但他们没想到的是，孩子并不介意把一部电影反复看，而且每一代孩子都会看《白雪公主》。结果，这部没有一个真人演员的动画片成为好莱坞历史上第一个收入超过 1 亿美元的影片。

在 20 世纪上半叶，电影伴随着城市化共同发展。连续两次世界大战摧毁了欧洲电影业，好莱坞电影业却一枝独秀。

电影院一出现，很快就向全世界大大小小各个城市蔓延。随着电影院越来越多，美国电影拥有了一个极其广阔的世界市场。好莱坞的电影产业日益壮大，成为美国重要的支柱工业。

电影走向工业化的同时，也走向政治化。

电影兴起于 20 世纪初，当时美国正处于第二次工业革命进程，同时还有西进运动和人口增长等社会巨变。在这样的历史背景下，好莱坞电影提供了一种大众化的文化模式，将作为观众的美国人带入神奇的光影梦幻，这是一种将西方文化经验加以理想化并赋予其集体认同的美国梦。[10]

看电影既是非常私人的个人行为，又是十分公开的集体活动。在电影出现之前，从来没有一种文化模式像它这样，能影响如此广泛的社会人群。在 20 世纪以前，印刷报纸是维持美国民族认同的最有力工具，但报纸远不如电影这样栩栩如生，循循善诱，老少咸宜。正如影评人常说的，电影是高级文化与低级文化、个人经验与公众经验、艺术作品和神话制作、个人表现与计划生产、神圣和

卓别林将传统的马戏团杂要与现代电影进行了完美对接，正如中国早期电影大多是戏曲电影一样

亵渎的奇妙混合体。或者说，电影呈现给我们一个相互渗透、相互影响的世界，让我们能够更加具体地思考这个世界。

电影既是一种工业产品，又是一种思想文化的完美载体。当好莱坞电影风靡全世界时，电影就成为美国用来统治全球的强大武器，有人讽刺为"披着星条旗的章鱼"。珍珠港事件爆发后，美国政府采取了一个大胆的举措，将其战争宣传工作外包给好莱坞。这些导演深入前线和战场，将电影镜头对准普通士兵和平民，通过真实的影像记录体现对美国人的人性关切。这种精神感染了无数美国人，无形中坚定了他们的爱国集体意识。[1]

电影自出现以来，先后经历了从短片到长片、从无声到有声、从黑白到彩色等种种技术变迁，历经百年仍长盛不衰。如今回头再看电影在 1897 年刚传入中国时的情景，可以想见它初到人间是何等惊艳——

> 近有美国电光影戏，制同影灯，而奇妙幻化皆出人意料之外者。昨夕雨后新凉，偕友人往奇园观焉。座客既集，停灯开演。旋见现一影，两西女作跳舞状，黄发蓬蓬，憨态可掬；又一影，两西人作角抵戏；又一影，为俄国两公主双双对舞，旁有一人奏乐应之；又一影，一女子在盆中洗浴……种种诡异，不可名状。最奇且多者，莫如赛走自行车：一人自东而来，一人自西而来，迎头一碰，一人先跌于地，一人急往扶之，亦与俱跌。霎时无数自行车麇集，彼此相撞，一一皆跌，观者皆拍掌狂笑。……观毕，因叹曰，天地之间，千变万化，如蜃楼海市，与过影何以异？自电法既创，开古今未有之奇，泄造物无穷之秘。如影戏者，数万里在咫尺，不必求缩地之方，千百状而纷呈，何殊乎铸鼎之像，乍隐乍现，人生真梦幻泡影耳，皆可作如是观。[11]

1- 可参阅［美］马克·哈里斯：《五个人的战争：好莱坞与第二次世界大战》，黎绮妮译，社会科学文献出版社 2017 年版。

后真相时代

人类很早就开始绘画，但现代影像技术已经突破了传统绘画的局限。

电影技术脱胎于摄影术。最早的银版照相机于1839年由盖达尔发明，1888年柯达开始生产胶片，此后照相机迅速普及，同时也让连续摄影成为可能。

电影利用人类天生的视觉暂留现象，分为摄像和投影两部分：当摄像机以很短的时间间隔连续拍照时，它就可以记录一个动态场景；当这些连续拍摄的胶片以同样的时间间隔被投影机投射到银幕上时，观众就可以看到当初被拍摄的活动场景。早期电影为每秒12帧，后来改为每秒24帧。

从这里可以看出，电影仍是摄影的一个变种。爱迪生对电影最重要的贡献是投影机，或者说放映机，因为这需要高亮度的灯泡作为光源。灯泡要用电，电影就这样诞生了。

与电影相比，照相机不用电，它从一开始就是一个人玩的机器。在人类文化史上，发明摄影绝对是一件大事。

在摄影出现以前，人们主要是通过文字和绘画来记述历史。照相机的发明，很大程度上改变了人们看待历史的方式——照片

照相机的出现，严重影响了传统的画像师的生存环境

的记录更直观，也更确定。与文字不同，真实定格的照片所传递的历史是细致的和全息的。摄影在光影定格的一瞬间，拥有保留永恒般的功用和意义，因此摄影被称为"图像革命"。

以照片为前锋的新影像不仅是语言的补充，一定程度上也在取代语言，成为现代人构建、理解和验证现实的主要手段。对报纸和广告来说，一张图片胜过千言万语。从此以后，人们可以轻松地记录看到的一切，哪怕是转瞬即逝的情景，这几乎是形成了一个全新的记忆系统。

一位电影导演这样写道："我是一只眼睛，一只机械眼睛。我——这部机器——用我观察世界的特有方式，把世界显示给你看。从今以后，我永远地从人类凝固的羁绊中解放出来。我在不断地运动。我凑近各种物体，然后拉开彼此的距离。我钻在它们底下爬行。我同奔马的嘴巴并驾齐驱。我与人们同浮沉共升降。这就是我，一部机器，在混乱的运动中调遣部署，在最复杂的组合中记录一个接一个的运动。我从时空的束缚中解放出来，我协调宇宙中个别或所有的点，由我主宰它们的立足之地。如此这般，我创造了认识世界的新观念。这样，我就用新的方式，解释你不了解的世界。"[1]

本雅明说，摄影的发明对犯罪学的意义不亚于印刷术的发明对文学的意义，摄影第一次使长期无误地保持人的痕迹成为可能。[2] 人们习惯于"耳听为虚，眼见为实"，来自机器的媒体图像因此具有某种宗教般的权威性：既然机器不会犯错，那么图片也是不可能犯错的，它就像宗教改革之前的教宗权威那样不容置疑。

一位看过奥斯威辛集中营照片的人说："我不是犹太人，但是我看到了那些令人惊讶不已的照片。成堆成堆的尸体，山一般的尸体。这些照片给我的意识带来的影响是前所未有的，它给我的冲击可能别人通过别的途径也能感受到。对我来说它意味着一切都需要质疑。"[3]

社会学家指出，图像技术把社会的"秘密"在相当程度上给公

1- [英] 伯格：《观看之道》，戴行钺译，广西师范大学出版社 2015 年版，第 16 ~ 18 页。
2- [德] 本雅明：《发达资本主义时代的抒情诗人：论波德莱尔》，张旭东、魏文生译，生活·读书·新知三联书店 1989 年版，第 66 页。
3- [美] 马克·科兰斯基：《1968：撞击世界的年代》，程洪波、陈晓译，生活·读书·新知三联书店 2009 年版，第 104 页。

开化了，使所有人都可以看到自己没有经历过的景象。另一方面，图像带给人们的"代理经验"是失真的，但人们常常会被动地、无批评地受其影响。影像是重造或复制的景观，是一种表象或一整套表象，已脱离了当初出现并得以保存的时间和空间。

无论摄影还是摄像，都是对现实世界的碎片化处理。图像制造和传输的技术过程是极具选择性的，它为眼睛创造的与其说是"真实"，不如说是"表演"。所以说，摄影是狡诈和危险的媒介（方式），它以呈现的真实性将真实推开，将"真像"当作"真相"。

摄像技术不仅使图像的移动成为可能，而且可以将已经记录下来的那些转瞬即逝的动作随意放慢、加快、倒放、放大、缩小，这些都是人类从未体验过的全新视觉方式。

柏拉图在《理想国》中写过一个"洞穴隐喻"：一个人一生下来就在洞穴里，手脚被绑着，身体和头都不能动，只能面壁而坐；他背后有一个过道，过道上人来人往，他虽然看不见过道上的人，但火光能将人影投射到他前面的墙壁上。时间一长，这个洞穴里的囚徒便以为墙壁上晃动的影像是真实的。

柏拉图想说的是，这个洞穴就是我们的世界，我们每个人都为真实的影像而非真实本身所陶醉。影像创造的是一种伪现实，现代社会的图景早已被机器所创造的影像重新建构。

照相机出现之后，视觉文化拉开了现代主义的大幕，将世界带入一个"后真相时代"。在后真相时代，事实并不重要，重要的是你看到什么，或者说能让你看到什么。

莱妮·里芬斯塔尔是希特勒的御用摄影师，1934 年的纳粹党代会是如何上演的，可能部分取决于电影《意志的胜利》。当希特勒在演讲台上的一些镜头胶片被损坏时，他下令重新拍摄。

自从照相机出现之后，照相便成为人们生活中非常重要的一件事。尤其在结婚仪式中，照相是最具有纪念意义的。通过照片和相册，每个现代家庭都能够建立起一份完整的编年史。对一个战场上的士兵来说，放在上衣口袋里的爱人照片是他对生命最重要的眷恋。

文字对应着阅读，而图像对应着观看。阅读需要训练，观看却是人的一种本能。一个观看者具有强烈的主观性和中心意识，而被观看者则沦为受支配的客体。摄影和摄像带来了一场影像革命，满足了人类的观看欲，这是传统社会所不能想象的。古人基本停留在现实中，就连看戏也是奢侈的，而现代人沉迷于各种影像，对现实却显得麻木。

摄影最能满足人的怀旧情感，而固定的照片比流动的影像更便于记忆。苏珊·桑塔格说，拍摄就是占有被拍摄的东西。一个现代人遇到美丽的风景，最重要的事情便是拿出照相机或打开手机相机。在某种意义上，是照相催生了现代旅游业，而便于影像传播的社交媒体则强化了这种观看与被观看的欲望。

如果说印刷是对文字的复制，那么摄影摄像就是对现实的复制，不过这种复制并不完全是客观的。换言之，摄影摄像通过一个复制的影像世界来装饰这个我们所不理解的世界，使我们觉得世界比它实际上的样子更容易为我们所理解。

有句话说，我拍我不希望画的，画我不能拍的。在影像时代，

第一代柯达自动相机

任何艺术作品都免不了被复制，并通过复制得到传播。现代人所谓的艺术欣赏，多半都是观看复制品。面对复制品，人们便没有了对艺术品原作的激情与敬畏，更多的是一种平心静气的理性观看。同时，影像技术可以对艺术品进行细节放大，使细节脱离原作，这也必然会改变人们对艺术品的理解。

虽然很久以前就有戏剧表演，但电影的特殊在于演员是面对机器进行表演，而不是在观众面前。影像的核心是复制。在某种意义上，现代影像机器虽然促进了艺术品的传播，但却摧毁了艺术品的权威性，让其变成人人都可以观看的"大路货"。影像比文字更能准确地记录历史，从而经得起岁月的磨炼，摄像技术尤其如此。

因此，人可以随时看到天边的风景，或者逝去的亲人。在麦克卢汉看来，机器使自然转化成一种人为的艺术形式，人第一次把造化看成是审美价值和精神价值的源泉。只不过当影像本身作为一种艺术时，人们欣赏它的方式仍会受到传统观念的影响。

维多利亚时代的一位英国作家问道：如果一个人死后，他的语言、影像和声音依然存在，并且对人们产生影响，那么这个人到底算不算死亡？从这一点来说，机器虽然还没有让人的肉体永生不死，但已经能够让人的精神得以永恒。

电力革命

简单来说，人类的世界是由能量和信息所构成的。机器大致上可以分为三类：一类是取代和扩展人类技巧（技术）的机器，比如纺织机；一类是取代和提升人类力量（力气、速度、视力、听力等）的机器，比如蒸汽机；一类是将不同物质、能源和信息进行互相转化的机器，电报、电话、电影就属于这一类。

蒸汽机可将热能转化为动能，而电不仅可以转化为热能和动能，还可以用来传递信息。因此，电时代比蒸汽时代更快速、更紧密地将世界连为一体。

正如牛顿调和了天上的力学与地面的力学，富兰克林则冒着生命危险，用雷电实验证明了电不分天上和地下，然而，富兰克林并没有看到电灯。1784 年，担任美国驻法国大使的富兰克林看不惯法国人晚睡晚起的倦懒，给《巴黎杂志》写信说，如果法国人早睡早起的话，每年可以节约 6400 万磅的蜡烛。100 多年后，电灯将巴黎变成了真正的"不夜城"。

100 支蜡烛才能发出与一只 100 瓦白炽灯泡相当的光。电灯比蜡烛更加明亮，电比火更加"万能"。从弱电到强电，从直流电到交流电，电是人类前所未有的魔杖。

早在 1834 年，雅可比就制成了第一台由电池驱动的 15 瓦电动

尼亚加拉瀑布电力公司的水电站

机；几年后，世界上第一艘电动船在涅瓦河上完成了处女航。1866
年，西门子预言电动机将得到广泛应用。1873年的维也纳世博会
上，"现代发电机之父"古拉姆因为接错线，意外地将他的直流发
电机变成了一台直流电动机。1878年，法国建成了世界上第一座
水电站。

　　1895年8月26日上午7点30分，位于尼亚加拉瀑布上游的
当时世界最大的水力发电机开始运转。几百万加仑的水流奔腾着
泄入埋在下方岩石深处的巨大水轮机中，巨大的动能被转化成电
能。此后仅仅几年时间，尼亚加拉瀑布电力公司又安装了20台发
电机，共产出75兆瓦的交流电力。如此巨大的水力应用在水车时
代根本无法想象。

1883 年，蒸汽轮机面世，从此发电不必靠近水源，利用煤炭能源就能发电。1889 年，工业使用的能量只有 2% 来自电能，到 1919 年，电力所占比例已经超过 30%。1900 年前后的短短 20 年，商业化的电动机从无到有，迅速占据了 90% 以上的动力市场份额。除一些巨型机器外，运行更加安静和平稳的电动机基本取代了内燃机和蒸汽机。在蒸汽火车度过它的百年诞辰之后，一场电气化运动降临了。

1903 年，芝加哥爱迪生公司安装了一台当时世界最大型的涡轮发电机，两年后，这台巨型发电机的功率达到 12000 千瓦；到 1912 年，功率更是增加到 35000 千瓦。与此同时，电费价格呈螺旋式下降，在以后的日子里，社会用电量每过 10 年便要翻一番。

1911 年，通过兼并和合作，一个规模庞大的电力网络逐渐成形，美国成为当时世界上电价最便宜的国度。1916 年，美国电力用户比前一年激增了 13%；在第一次世界大战结束后的几年时间里，美国的发电量超出当时其余 6 个能够发电的国家的总和。

在世界范围内，美国家庭率先进入家电时代。电吹风、电熨斗、电饭锅、电热水器、录音机、电冰箱和空调等家用电器的普及，进一步推动了电力公司的发展，使电价愈加便宜。1933 年，美国家用电器的用电量首次超过了照明用电，那一年，仅芝加哥就有 5 万市民购买了电冰箱。

1910 年，美国人费希尔成功制造出第一台电动洗衣机。从这一年开始，美国家庭雇用的洗衣女工数量从 50 万人开始直线下降。

正如现代化机械纺织使妇女也成为工厂劳动力的一员，家电革命则将妇女从无报酬的家庭劳动中解放出来。爱迪生在《好管家》

生活杂志上说："未来的家庭主妇既不是服侍的奴隶，也不用当苦力。她花在家里的精力将更少，因为家中需要她做的事会变少。与其说她是家庭劳动者，不如说她是家庭工程师：将有最好的女仆——电——为她服务。电和其他机械力量将引发女性世界的变革，以至于女性会把大部分精力保存起来，用在更广泛、更有建设性的领域。"[1]

1902 年，威利斯·开利发明空调，这为人类发明了"清凉"的特权。自古以来，避暑是少数人的享受，大多数人只能挥汗如雨地摇扇子。有了空调，足不出户，人人皆可避暑。

在马克思恩格斯所处的时代，电力技术刚刚出现，尚未得到广泛使用。即便如此，敏锐的恩格斯也意识到这将是"一次巨大的革命"——

> 蒸汽机教我们把热变成机械运动，而电的利用将为我们开辟一条道路，使一切形式的能——热、机械运动、电、磁、光——互相转化，并在工业中加以利用。循环完成了。……这一发现使工业几乎彻底摆脱地方条件所规定的一切界限，并且使极遥远的水力的利用成为可能，如果在最初它只是对城市有利，那末到最后它终将成为消除城乡对立的最强有力的杠杆。但是非常明显的是，生产力将因此得到极大的发展，以

1-[瑞典]卡尔·贝内迪克特·弗雷：《技术陷阱》，贺笑译，民主与建设出版社 2021 年版，第 157 ~ 158 页。

致于资产阶级对生产力的管理愈来愈不能胜任。[1]

　　自从阿克莱特创建工厂，几乎所有的工厂都主要依靠蒸汽机提供动力，工厂环境潮湿、黑暗、狭小、肮脏，空气中弥漫着烟尘、水汽和蒸汽机的轰鸣，那种噪声和污染是当代人无法想象的。电动机取代蒸汽机作为机器动力来源后，工厂焕然一新，高大明亮的新厂房迅速成为城市一景，福特的新工厂甚至成为人们观光游览的胜地。

　　从实用角度来说，电动机的引进彻底改变了工厂的布局，机器不再需要那么多轮轴和皮带，每台机器都可以灵活地设计和安置，大大提高了工作效率：一个刨石机的效率相当于 8 个工人，一个莱诺整行铸排机的排字效率超过 4 个熟练排字工，1 台欧文制瓶机相当于 18 个工人的生产效率，一个纺织厂的女工可以同时照看 1200 个纱锭。

　　从全美国范围来看，电在很短的时期就让工人的生产率得到提高；1910 年到 1940 年，随着电从工业领域到商业领域的广泛应用，美国工商业的生产率提高了 300%。整个 20 世纪上半叶，电动机的容量提高了约 60 倍，电动机的使用量也随之迅速增加。在某种程度上，电成了工业的主要原动力。

　　电不仅促进了动力系统的发展，也使机器的自动化控制水平大大提高，一定程度上消解了传统工人在工厂中的重要性。随着工

<hr>

1-［德］恩格斯：《恩格斯致爱德华·伯恩施坦》，载《马克思恩格斯全集》第三十五卷，人民出版社 1971 年版，第 445 ~ 446 页。

人不断减少，工业产量反而在逐年提高。由内燃机和电动机带动的"电工技术革命"拉动的经济增长速度，大大超过蒸汽机驱动的第一次工业革命。在 20 世纪中叶，世界工业品生产较世纪初增长了 30—40 倍。

电动机被发明以后，不仅在工厂取代了蒸汽机的位置，而且走上街头取代了马，出现了最早的电动汽车。

1881 年，西门子制成世界上第一辆有轨电车。有轨电车的出现，给城市的市内交通带来了一场真正的革命。它的速度比有轨马车快一倍，而价格却只有后者的一半。从家门口坐车到工厂上班，终于变成了一件可行的事情。车票价格下降带来的影响与几十年前跨大西洋邮轮票价下跌十分相似。

在英国，人均年乘坐公共交通工具的次数从 1870 年的 8 次增加到 1906 年的 130 次。在第一次世界大战爆发（1914）前，几乎所有欧洲国家的大城市都已建成了有轨电车网。

对本雅明来说，乘坐电车游历莫斯科给他带来新奇的感受："在这里，初来者能以最快的速度适应这座城市古怪的生活节奏，跟上农业人口的节拍。而且在先进技术和原始状态下的两种生活方式完全融于一体，人们仿佛可以在乘坐电车时，发现这一在新俄国发生的世界历史性实验的缩影。"[1]

在巴塞罗那、加尔各答和北京等历史悠久的城市，电车运营引

1- 转引自［美］史谦德：《北京的人力车夫：1920 年代的市民与政治》，周书垚、袁剑译，江苏人民出版社 2021 年版，第 158 页。

20 世纪初城市里的有轨电车

发了人力车夫的强烈反抗，电车成为他们的攻击目标。"洋车夫心
目中的对头不是车主，而是机器。"[1]

　　到 20 世纪初，美国全年有轨电车运输的乘客总数已达到 50
亿人次，芝加哥和纽约都建成了电气化公共交通系统，芝加哥于
1896 年建成了有轨电车高架线，纽约则于 1904 年开通了电气化地

1- 黄公度：《对于无产阶级社会态度的一个小小测验》，转引自［美］史谦德：《北京的人力
　　车夫：1920 年代的市民与政治》，周书垚、袁剑译，江苏人民出版社 2021 年版，第 292 页。

铁。蒸汽机车总是浓烟滚滚，地下空间狭小，污染极其严重。采用电力机车后，地铁终于摆脱了煤烟的困扰。从1889年到1910年，洛杉矶人口从5万发展到32万；太平洋电车公司在洛杉矶等地建成1600公里的路网，这大大促进了城市房地产业的兴起，并制造了一大批富翁。

蒸汽机和内燃机出现以后，马的数量就在减少，电的出现则彻底让马失去了用武之地，城市中的马匹运输终于迎来了自己的终点。1897年，纽约的所有马车巴士全部停驶。1913年，作为公共交通工具的马车在巴黎也被废除。

与电车和地铁相比，电梯或许是一个小发明，但它却彻底改变了城市面貌。

最早的奥的斯电梯其实叫作升降机，出现于1853年，当时电力尚未广泛使用，它只能用蒸汽机作为曳引机，也只能在工厂作为货梯使用。用安静高效的电动机代替轰隆隆的蒸汽机后，真正的电梯诞生了，并走进各种建筑。

至此，电梯以其高效的立体交通解决方案使得高层建筑成为可能。从此以后，城市的人口密度急剧增加。

电的出现彻底改变了机器制造业。有了电动机，无论是车床、铣床、刨床、磨床、镗床、钻床，还是各种锻压设备，全都放弃了古老的蒸汽机。在功率可控的情况下，机械加工技术更加精确，精密机械取得长足发展。

在这场电力革命中，电焊无疑是一个意外惊喜。在此之前，连接金属的方式只有铆接与锻焊两种，金属锻焊不仅费工费时，而且焊接质量不尽人意。电焊工艺的出现是一场无声无息的机械革命，一举改写了传统制造业，让金属加工技术趋于完善。[12]

进入 20 世纪之后，电焊引发的一系列产业革命让人目不暇接。

1912 年，美国福特汽车公司以现代电焊工艺开始大量生产 T 型汽车。1919 年，美国焊接学会（AWS）成立，世界第一艘使用电焊技术的油轮在美国下水。1927 年，一架全焊合金钢管结构的单翼飞机成功飞越大西洋。1931 年，帝国大厦建成，这座由焊接工艺制造全钢结构的摩天大厦高 381 米，总共 102 层，是当时全世界的最高建筑。1933 年，作为当时世界上最高的悬索桥，旧金山的金门大桥建成通车，它是由 8.77 万吨钢材焊接拼成的。1944 年，长度超过 2000 公里的"大管线"完成最后的焊接工作，这条横跨美国的输油管道每天能运输 33 万桶石油。

在第二次世界大战时，电焊机成为美国战争机器最重要的母机，数不清的战舰、潜艇、飞机、坦克、卡车、吉普车以及各种重武器，都是以电焊方式进行制造。与此同时，滔滔不绝的河水为电焊机提供了源源不断的电力。

当时，美国已经建成胡佛大坝、沙斯塔大坝、奥罗维尔大坝和大古力水坝 4 座世界级的混凝土大坝水电站，这些水电站为太平洋西北岸新建的战时工厂提供了大量的电力，同时也为制造原子弹的 8 个石墨减速钚反应堆供电。

在战争期间，大古力水坝和奥罗维尔大坝水电站发电量的 92% 被用于武器和其他战争物品的制造。很多人没有注意到，美国的军事工业制造能力，是建立在廉价、丰沛的电力基础上的。

信息的速度

如果说电与机械的结合产生了一场电气化革命，那么电话和电报则引发了"扩展人类感官功能的一次革命"。

人类以前需要身体来完成的大量事情，如今则采用技术和机器。武器，从牙齿和拳头进化到原子弹；衣服和房屋是人类生理体温控制机制的扩展；家具替代了蹲坐；电气工具、玻璃、电视、电话以及书籍，都是人类躯体功能扩展的例证。货币让人们有办法扩展和存储劳动力；各种运输网络替代了古代的肩扛背负和徒步跋涉。从媒介学来说，所有的人造材料物件都可以视为人类曾经需要身体来实现的机能的扩展和延伸。

有了电话和电报，每个人都变成了"顺风耳"和"千里眼"，电线比铁路和公路更密集和更迅捷地建立起一个网络化地球。

媒介学家麦克卢汉说，在电力时代，我们的中枢神经系统靠技术得到了延伸，它既使我们与全人类密切相关，又使全人类包容于我们身上。他因此先知般地预言了"地球村"时代的到来——

> 经过三千年专业分工的爆炸性增长之后，经历了由于肢体的技术性延伸而日益加剧的专业化和异化之后，我们这个世界由于戏剧性的逆向变化而收缩变小了。由于电力使地球缩小，

我们这个地球只不过是一个小小的村落。[1]

1793 年，法国人克洛德·沙普利用机械悬臂装置，创造了一种比灯塔和烽火台更复杂的远距离信息传输技术，他预言这种技术将会成为政府权力的重要工具。"总有一天，政府能够通过这个系统无时无刻、直接、同步地将它的影响力传遍整个共和国，从而实现我们所能想象的权力的最大效果。"[2]

在 19 世纪初，高悬机械臂的信号塔在西方国家风靡一时，甚至被视为国家统治的象征。在拿破仑时代，法国有 224 个旗语站，横跨近 2000 公里。

电报的诞生很快就终结了这种辉煌。

电灯的出现是很晚的事情，电报或许是对电的最早应用。[13] 事实上，电报只需要很少的电流。早期的电都来自电池，成本过于昂贵，它既不能像蜡烛一样照亮，也不能像蒸汽机一样轰鸣转动。它唯一的特点，就是可以沿着金属导线跑出很远，远到没有尽头，而且其速度快得不可思议。接下来，就有人明白"速度"意味着什么。

在解决了制造电线和控制电流的技术问题之后，电报同时出现在美国和英国。电报的初始语言只有两个字：通与断，但通过对这两个字的组合编码，构建出一种新的、完整的人类语言。

1-［加］马歇尔·麦克卢汉：《理解媒介：论人的延伸》，何道宽译，商务印书馆 2000 年版，第 22 页。
2-［美］詹姆斯·格雷克：《信息简史》，高博译，人民邮电出版社 2013 年版，第 131 页。

"电报之父"塞缪尔·莫尔斯（1791—1872）

1844 年，美国人莫尔斯用他发明的密码发送了世界上的第一封电报："上帝啊，你创造了何等的奇迹！"

电报技术使信息以不可思议的光速即时传播。人类第一次征服了时间和空间。

公元前 490 年，希腊军队在马拉松平原击退了波斯王大流士一世军队。为了较早地传回捷报，斐力庇第斯从马拉松镇一路跑到首都雅典；当他将胜利的消息送到雅典后，他便力竭而亡。42 公里的马拉松长跑运动的起源，就来自这样一个传输信息所付出的代价。

1844 年，约翰·托厄尔杀害他的情妇后乘火车逃跑，警方发出电报通缉令，约翰刚到伦敦就落网了。电报刚刚诞生，就显得如此神奇 ——"就是这些电报线绞死了约翰·托厄尔"。仅仅过了两年，一个需要很多天才能得到的信息，无论在哪里都可以瞬间获悉。

电报时代的到来，使信息的传输速度不是提高了一倍两倍，而是取消了速度本身。人类延续数千年的烽火台，只能以有限的速度传递一两个字节，与之相比，电报技术的出现如同大坝突然间崩溃，信息洪流迎面而来。

电报以前所未有的方式重塑了一个现代社会。很多人设想用不了多久，足不出户就可以和任何人交谈。

记者们担心，有了电报，报纸将彻底变得毫无用处；事实却是，电报使报纸的影响力得到进一步扩大。报纸新闻不再只看质量和实用性，而更加注重数量、距离和速度。电报让消息"不翼而飞"，让报端充满了"某月某日电"。

作为一家前期专门通过电报传送新闻的通讯社，路透社于 1850 年成立，很快它就建立了一个全球记者网络，覆盖世界主要国家。

《每日电讯报》创立于 1855 年，刊载的都是每天经由电报线路从英国和全世界发来的最新报道。它号称是"世界上最大、最好、最便宜的报纸"，每份报纸只卖 1 便士，专门迎合"普罗大众"，也就是那些从来不会订阅日报的普通市民。这是一个未经开发的庞大市场，"我们想要的是人们的关注"。

这场"报纸革命"几乎改变了英国与外部世界的关系。

1775 年，美国爆发革命五个半月之后，英国才得到消息；1815 年，英国在滑铁卢的胜利，三天后消息才传到伦敦。而到了 1846 年 4 月 24 日，美墨战争爆发，来自格兰德河的消息在当天就通过电报传到千里之外的华盛顿和纽约，然后被报纸传播到全世界。

对英国来说，发生在 1857 年的印度人民起义是第一起全国同步报道的重大新闻事件。[14] 新闻调动了几乎所有人的情绪，让人们倍感煎熬。这是 19 世纪的一个转折点，新闻的报道方式比新闻本身更加重要。1898 年，《泰晤士报》全年的电报费在总开支中所占的比例高达 15%。

电报颠覆了传统的时空概念和传播概念，"使相关的东西变得无关"，使无背景的信息能够迅速地跨越广阔的空间，真正的"新闻"诞生了，"整个世界都变成了新闻存在的语境"[1]。[15]

信息突然间由短缺变成过剩，这对人类来说是破天荒第一次。

电报和火车都是典型的 19 世纪发明，它们成功地将多项分散技术整合在一起。电报引发了一场"传输革命"，正如火车引发了"运输革命"。运输革命将人们带向世界，而传输革命将世界带给人们。

事实上，电报与铁路从一开始就是一种相辅相成的关系。电报信号如同神经系统，让火车运行更加安全。铁路网同时也是电

1-［美］尼尔·波兹曼：《娱乐至死》，章艳译，广西师范大学出版社 2004 年版，第 92 页。

报网，铁路两边为电报架设的线杆与铁轨一起，构成现代社会的一道风景线。

每隔 80 公里就要建一个电报站，这些电报站构成了一个"美国通信系统"。利用这一系统，原本陌生的大陆可以被详细地绘制出来，每一条河流、每一座山脉和每一座城镇都展现在人们面前。一位议员激动地说："这是变革的时代，这是功利主义的时代。这个时代充满了有才华的人、寻求工作的人和手持大量投资资本的人。这种诱惑不可抵挡。"[1]

1848 年，电报电缆接入芝加哥城，芝加哥期货交易所宣布成立。不久之后，受电报启发，一位纽约的电报员发明了股票报价机。

作为速度的革命者，电报从诞生之日起就以前所未有的速度发展。1851 年，穿越英吉利海峡的电缆将英国与欧洲大陆连接起来。小说家托马斯·哈代说，一个超乎寻常的年代边界和中转线路，在那里出现了所谓的时间悬崖。就像地质学里的断层一样，我们一下子把古代和现代的完美相遇展现在自己眼前。

紧接着，电缆跨越大西洋，英国女王维多利亚与美国总统布坎南用电报互致问候。《泰晤士报》评论道："自哥伦布发现新大陆以来，人们做过的任何一件事，在任何程度上都不能与之相提并论——电报从此大大拓展了人类的活动天地。"[2]

1- [美] 布鲁斯·卡明思：《海洋上的美国霸权：全球化背景下太平洋支配地位的形成》，胡敏杰、霍忆湄译，新世界出版社 2018 年版，第 119 页。

2- 转引自 [印] 纳扬·昌达：《大流动》，顾捷昕译，北京联合出版公司 2021 年版，第 92 页。

1890 年瑞典斯德哥尔摩，大约有 5000 根电话线并接到一座"电话塔"上

1522 年，麦哲伦船队完成了首次环球航行，历时 1082 天。1903 年，西奥多·罗斯福向自己拍发了一封环球电报，9 分钟后他收到了这封电报。

电报的出现让人们产生了对乌托邦的期待 —— 犯罪和战争将被更加密切的人际联系所消弭。有报纸宣称："快逃命去吧，你们这些暴君、杀手和小偷们，你们这些光明、法律和自由所憎恨的人，因为电报会对你们穷追不舍。"[1]

但实际上，电报并没有消除战争，反而促进了战争，甚至引发了新的战争。电报刚刚出现，就改变了美国南北战争的指挥模式。接下来，电报与战争正式结盟。

德国曾前后两次因为电报外交招致战争：第一次是因为"埃姆斯密电"导致法国宣战，从而爆发普法战争[16]；第二次是因为"齐默曼电报事件"，导致美国对德宣战。

1917年1月16日，德意志帝国外交秘书齐默曼向德国驻墨西哥大使发出加密电报，建议德国与墨西哥结成军事联盟以对抗美国；并怂恿墨西哥从美国收复新墨西哥、得克萨斯和亚利桑那等"失地"。结果，电报被英国情报机关截获，并告知了美国。美国舆论为之大哗，遂于4月6日正式向德国宣战，第一次世界大战的进程因此而改变。这就是历史上著名的"齐默曼电报事件"。[17]

毫无疑问，电报、电话等军事通信技术的发明，"加速了国际条约的签订和主权国家之间的互动，也使得西方列强主宰世界的帝国野心日益膨胀。这一历史变迁给语言学、国际政治、国族历史以及现代性的普遍主义思考都打上了深深的烙印"[2]。

1- [英]马特·里德利：《创新的起源：一部科学技术进步史》，王大鹏、张智慧译，机械工业出版社2021年版，第117页。

2- 刘禾：《帝国的话语政治：从近代中西冲突看现代世界秩序的形成》，生活·读书·新知三联书店2014年版，第7页。

电话互联网

1855 年，戴维·休斯发出了第一份印刷电报。发报方把信息通过字母键盘输进去，收报方则通过文字输出装置，将传过来的信息打印出来。

正如电报取代了机械传输，电报也很快就被更方便的电话取代。

"既然电流能够传递电波信号，为什么不能传播音波信号呢？"电报诞生仅仅 30 年，电话就接踵而来。当时有 600 人提出关于电话的专利申请，最后贝尔如愿以偿。

1876 年的 3 月 10 日，贝尔通过送话机喊道："沃森先生，请过来！我有事找你！"在实验室里的助手沃森听到召唤，像发疯一样冲出实验室，大叫着："我听到了！贝尔在叫我！"

这是人类的第一通电话。

电话免除了电报的填写、拍发和投递，可以直接对话并立即得到回应；电报需要书面语，而电话则彻底恢复口语化；更重要的是，电报只是单向信息传递，电话却是双向即时交流。

尽管西部联合电报公司强烈阻止贝尔公司建设电话线路网络，但最后的结果是，无论业务量、线路里程还是投入资本量，电话都

贝尔打出了人类第一个电话

超过了当初电报的规模。电报花几年才做到的事情，电话在几个月内就做到了。

1880 年，美国电话用户达到 5 万；30 年后，700 万部电话构建了一个庞大的美国电话网。

电话成为一个有史以来最为复杂、最为便捷，扩张得也最为迅猛的通信系统。尤其对于政府机构和社会组织而言，电话的作用再怎么夸大都不为过。甚至有人说，假如 1861 年有这样的长途电话互相沟通，美国就不会发生南北战争。

电话簿第一次对世界进行了数字编码，人与人之间被电话联结成一个虚拟的网络，人们在这个最早的"互联网"中，可以进行平等的对话，现实空间的障碍被完全消除了。

电报和电话消除了信息运动的空间障碍和语境概念，使空间不再是必然的制约条件，运动与通信分离开来，信息从此成为一种商品。

同时，电话和电报也引发了一场管理革命，无论是商业组织、政府行为还是战争形式都发生了改变。

新的通信媒介大大促进了组织的发展，使其管理结构更加复杂。当时，胜家公司和西尔斯公司将管理人员集中在新的公司大厦中，打电话是他们与外界唯一的联系方式。

电话通过改变人们的工作和生活而深深地改变了社会和家庭。

电话比手表更加密切地介入私人空间。电话分离了人的精神与身体，打电话的人不再由自己控制，或者说他（她）是没有身体介入的。电话比钟表更具有主动性和侵略性，它进一步加重了现代人在时间上的警觉性和紧张感。

1893 年，特斯拉首次公开展示了无线电通信。1901 年，马可尼实现了跨大西洋的无线电通信，让电报摆脱了电线的束缚。无线电的出现，使指挥官可以即刻与他的下属和部队取得联系。

1906 年圣诞节，费森登用无线电将自己在普利茅斯演奏的小提琴曲传到了大西洋和加勒比海的船上，"无线电报"（Wireless）变成了"无线电广播"（Radio）。在 1918 年第一次世界大战临近尾声的时候，无线电技术不仅仅被看作一项主要的军用技术，也被看作一种权力的象征和战争的工具。

1918 年，阿姆斯特朗发明了超外差式收音机。因为这一发明，人类在地球上和地球以外的通信能力得到无限延伸。

当我们打开收音机或电视机，通过公共语音系统听通告或立体声音乐会时，当船长和海岸警卫队联系、出租车调度员和司机对讲、将军对前线军队发布命令时，当我们用手机打电话、上网时，甚至在太空的宇航员与地球联系时，阿姆斯特朗的发明无不在起作用。

1920 年，世界第一家无线电台 KDKA 开始广播；两年后，美国已经有了 600 家电台和 100 多万听众，声音构建了一个虚拟的社会。当时的一份报告称，广播对国家的经济、社会、宗教、政治、教育等各方面所产生的影响，只有 500 年前的印刷术可相比拟。"广播是处女缪斯女神最新收养的孩子。"著名作家房龙离开书桌，受邀在电台进行激情的"布道"："当我坐在 8 电台 E 区那个小麦克风前，我的声音就以亿万英里[1]的速度在人类现实世界中穿梭。"[2]

1-1 英里约合 1.6093 公里。

2-［美］亨德里克·威廉·房龙：《电波启示录》，周学政、谢晓雪、王文珺译，现代出版社 2016 年版，第 5 页。

收音机虽然只是一个小小的盒子，但却给人带来了许多欢乐和自由。从来没有机会聆听专业音乐家和演艺人员表演的人，可以把自己的客厅变成私人剧院或者私人音乐厅。他们唯一需要做的事就是买一台收音机，其他的内容都是免费的。

所谓移动电话，其实是无线广播和电话这两种技术结合的产物。

早期的移动通信设备其实就是一个收音机加电台，使用专用频道，通话距离有限，音质也不好。经过几代人的努力改进，摩托罗拉终于制造出了民用便携式手机，后来苹果进一步将电脑功能融合进来，便有了后来的智能手机。

"飞机与无线电将对全世界发生的作用，就如同汽车对美国所起的作用一般。"汽车大王福特宣称："人们用传教、宣传与文字做不到的事情，用机器做到了。飞机和无线电超越了所有的疆界。它们毫无阻碍地穿越地图上的虚线。它们以其他系统做不到的方式将世界联结在一起。电影的普世语言、飞机的速度以及无线电的国际广播节目，很快就会让世界能够完全彼此理解。因此我们可以预想一个世界合众国。它最终必将来临！"[1]

作为富有想象力的发明，电报、电话、收音机、电视和照相机、录音机和摄像机的出现，使人类在很大程度上拉开了与自然的距离。电视的英文"television"，按照古希腊文的字根解释，就

1- ［英］大卫·艾杰顿：《老科技的全球史》，李尚仁译，九州出版社 2019 年版，第 25 页。

是"将远处传来的声音和图像加以播放的机器"。

曾经，西方城市以教堂的钟楼为中心，而后，火车站的钟楼成为城市的新中心；现在，高耸入云的广播电视发射塔取代了它们，变成城市的新地标。

在电话出现100年后，霍梅尼依靠电话遥控发动了一场革命，推翻了伊朗巴列维政权。当时，霍梅尼正流亡法国，他的追随者把他的讲话录音，通过长途电话传到库姆的反抗总部，然后再用电话传至伊朗全国的9000个清真寺。与此同时，年轻人马上把讲话内容印成传单，在几小时内就家喻户晓。伊朗革命让一些人感叹不已，他们亲眼看到一个"毫无权势的阿訇"，如何通过电话这种现代技术，不放一枪，就打败了权势显赫的伊朗国王，征服了一个国家。[1]伊朗革命体现了电话作为一种传播技术是如何形成政治权力的。

无线电浪潮从美国席卷世界的角落。1922年发行的出版物《无线电广播》预测，在无线电时代，"政府将呈现给它的公民一个更加鲜活的形象，而不仅仅是抽象的、不可见的力量"。

当时刚刚创办了《时代》周刊的亨利·卢斯说："因为无线电广播，我们拥有了一种力量，拥有了一种比任何东西都要强大的媒介……当你把声音传送到了家里，当你使家庭和世界其他地方的

1- 可参阅［奥］海因茨·努斯鲍默：《霍梅尼：以真主名义造反的革命者》，倪卫译，世界知识出版社1980年版。

1922 年美国首都华盛顿，一名男子在理发店门口收听投币式广播

步调保持一致的时候，你正在接触一种有影响力的新的资源，一种
带来愉悦和娱乐的新的资源，一种这个世界不能够利用其他任何已
知的交流方式来提供的文化……我把无线电广播看作一种净化头
脑的工具，就如同浴缸之于身体。现在广播使人类历史上第一次
可以使几百、几千，甚至是几百万人同时交流。"[1]

确实，传播技术完全改写了人们对"真实"的认知。听收音机
或看电视构成一种由私人执行的共享型经验。印刷是首个让人可以

1-［美］德伯拉·L. 斯帕：《技术简史：从海盗船到黑色直升机》，倪正东译，中信出版社
2016 年版，第 159 页。

独自阅读相同的信息、再聚众讨论的技术。在这之前，人们想要分享某个经验，必须在同一时间聚集到同一场合，比如看戏或听讲。现在，新传播技术克服了空间和时间的限制，实现了对图像和信息的大规模生产，广告业如虎添翼，推动了消费主义的全面兴起。

媒介即权力

1932 年，英国广播公司第一个面向本土以外地区的"BBC 帝国服务"（Empire Service）电台开播，该电台覆盖了大英帝国的短波中继站网络。正如 18 世纪和 19 世纪的印刷文化一样，广播媒体也通过概括不同人、不同地方的观念和思想，使一个充满了相距甚远的陌生人的文明社会在想象中成为可能。

在德国，1924 年时全国只有 10 万听众，10 年后就上升到 500万。当时，所有德国人必须参加集体听广播活动，灌输纳粹学说比工人们的生产更重要。

纳粹党上台组阁的第二天就成立了国民启蒙与宣传部，戈培尔出任部长。这位部长宣称："收音机是最现代、最重要的大众宣传工具"；广播"必须灌输给他们我们这个时代的崇高使命，没有人能摆脱"。随即，他们在全国范围内推广一种廉价但只能收听固定几个电台的收音机，这种收音机只有全波段收音机价格的 30%。因此，纳粹广播在很短时间里便进入德国家家户户，成为客厅的新主人。[18]

纳粹将宣传作为一种工具，从温和的建议到公开的暴力，它的目的不在于提供思想，而是散布集体的伪善，在潜移默化中弯曲甚至折断人们的脊梁。媒介学家说，第二次世界大战是报纸和广播这两种媒介冲突的结果。希特勒就承认："少了扩音器，我们就无法征服德国了。"[19]纳粹统治者不断用扩音器播放瓦格纳的音乐，以激发群众的狂热。

1941年12月8日，日本偷袭珍珠港的第二天，美国总统罗斯福向全国发表广播讲话，并对日宣战；美国所有广场和学校的大喇叭前，人潮汹涌，群情激愤。与传单和报纸相比，广播是更成功的大众媒介，它是凝聚民心和战争动员的强大机器。

1945年8月15日，裕仁天皇以广播方式向日本国民宣读《终战诏书》，宣布无条件结束战争。这是当时日本普通人第一次听到天皇的声音。

正如丹尼尔·贝尔所说："没有教堂，没有政党制度，没有教育机器，没有知识分子，没有管理精英，能像媒介系统那样成功加强民族凝聚力。"[1]

500年前哥伦布发现新大陆，即使数年后也没有几人了解真相，甚至就连哥伦布也以为自己到了印度。然而500年后，全人类几乎同时目睹了阿姆斯特朗登月。

电视出现以后，迅速代替收音机成为最基本的媒介。电视的影像传播再加上口语文化，立刻体现出相对于单纯口语（收音机）和书面文字（书）的绝对优势。[20]这种影像霸权一定程度上代表了全球化趋势，人们不需要任何学习，就可以看懂影像，包括不同国家、不同语言的视频节目。

1- 转引自章文峰：《新媒介世界中的社会》，《读书》2004年第12期。

在 1960 年的美国总统竞选中，刚刚普及的电视让尼克松在年轻英俊的肯尼迪面前一败涂地。[21] 20 年后，演员出身的里根成为人们心目中最完美的总统。[22] 有人指出，里根的成功来自他之前长期在摄像机前的精彩表演，他确实研究了美国人想象中一个总统应该是什么样子，他还具有将所有台词进行完美演绎的技巧。

如果说收音机曾让美国人为二战而欢呼，那么电视机则让他们为越战而愤怒。这是西方战争史上第一次让普通人通过屏幕走近——甚至"走进"战争。数以百万计士兵的双亲、兄弟姐妹和朋友，在安全的起居室里身临其境般看着激战中的士兵，以及惨烈的死亡与屠杀，这引发了人们极其广泛的不适和对战争的强烈反感。

通过报纸（文字）和收音机（口语），官方可以将战争中杀人和被杀轻描淡写为"消灭敌人"和"壮烈牺牲"，但在真实记录的电视影像面前，无论杀人者或被杀者，都是一个个有血有肉、活生生的人。就这样，新媒体通过改变战争的呈现方式而改变了战争本身。

1968 年，从美国到法国，群众游行席卷整个西方世界。在当时，一个事件是否被报道或被电视直播，比它本身的内容更重要。当事件还在发生时，记者、摄影师或外部观察者的在场就已经开始对事件施加影响，有时甚至会引发新的行动。有观察家认为："电视不仅在报道事件中扮演了重要角色，并且在塑造事件方面也一样重要。世界上的游行示威越来越多，而且好像都是冲着电视来的。街头抗议就是很好的电视，它们的规模甚至不需要太大，只需要有

电视机刚出现时，就有人设想以电视取代报纸

足够的人填满镜头就行。"[1]

　　收音机从发明到5000万人使用，用了38年时间；电视机走过这一历程用了13年，而互联网只用了4年。

　　很多人不知道，在电脑出现之前，人们常常根据收音机和电视机的节目来安排日常生活。[23] 与其说它们是客厅唯一的客人，不如说它们是客厅唯一的主人，甚至是统治者。这情景几乎逼真地

1- ［美］马克·科兰斯基:《1968：撞击世界的年代》，程洪波、陈晓译，生活·读书·新知三联书店2009年版，第106页。

再现了柏拉图笔下那个洞穴隐喻。

跟汽车和飞机带给人自由的感觉一样，带有调谐键的广播和电视完全满足了人类"按一下按钮就获得能力"的愿望。毫不费力地按一下电钮，或旋转一下机器上的旋钮，人们就能听到音乐、看到演讲和球赛的实况。实际上，驾驶的快感同样来自"按钮能力"的满足。

机器时代带给人类的自信是，你只需一点技能和努力，就能感到自己是宇宙的统治者。瓦尔特·本雅明说："正如水、煤气和电从很远的地方被引入我们的房子里，我们的需要不用吹灰之力就能得到满足，将来也会有视觉、听觉的形象提供给我们，我们只需做个手势它们就会出现或消失。"[1]

如今，本雅明在20世纪的猜测已经变成现实。机器使人得以摆脱时间、空间和肉体的局限，人与世界发生了一种新的联系；人的智力因此达到了一种超越自身的复杂程度。

进入机器时代以后，人类的直接交流越来越多地被机器之间的交流所代替。柏拉图曾经说，一个城市的规模由能听到一个演讲者的人群数目来确定。在机器时代，这个"人群数目"已经变得难以估量；但同时，人与人的关系越来越疏离，越来越多的人宁愿沉浸在机器带来的孤独中。

在本雅明所处的时代，公共汽车、有轨电车和无轨电车刚刚普

1- ［德］瓦尔特·本雅明：《机械复制时代的艺术作品》，张旭东译，《世界电影》1990年第1期。

收音机刚出现时，人们想到可以同时阅读的报纸电台

及，同车的人面面相觑，却互不搭言。这让本雅明无限感慨。如今已是手机时代，人们不管是在车厢还是在家里，对身边的人或对面的人往往看都不看一眼；即使说话，也是对着手机说，而不是对自己面前的人说。

机械计算机

在中国改革开放之初，美国学者阿尔温·托夫勒的《第三次浪潮》曾经风靡中国。他认为人类文明已经经历两次浪潮：第一次浪潮是农业革命，第二次浪潮是工业革命。而第三次浪潮是正在进行中的信息化浪潮。第一次浪潮历时数千年，第二次浪潮至今不过300多年，而第三次浪潮可能只需要几十年而已。

根据世界经济史学家麦迪森的统计，从1952年到1978年，世界人均收入的增长速度达到每年2.6%，超过以往任何时候，是1500年至1820年的50倍，几乎是1820年到1952年的3倍。

进入现代之后，时间似乎在不断加快，未来变得越来越近。有说法认为，科学、技术和工业在经验上正成为进步观念的可变现基础。科学和技术发明的普遍的经验主义原则是：它们不能预先确切地计算出进步，但它们承诺未来的进步。[1]

早在一个世纪之前，亨利·亚当斯就发现了现代经济的"加速度法则"。最明显的是，人类所占有的能源总量增长得越来越快，全世界的煤产量在1840—1900年期间，每10年便翻一番，而每吨

1- [奥]赫尔嘉·诺沃特尼：《时间：现代与后现代经验》，金梦兰、张网成译，北京师范大学
　　出版社2011年版，第53页。

煤的利用效率提高了三四倍。他推测这种增长还将继续，同时，人类的知识和智力也将以这种加速度增长，2000 年的人"能够以极为复杂的方式思考，而这种复杂性对早期的大脑来说是不可能的。他能够处理完成超出以前社会范围之外的问题。对那时候的人来说，19 世纪跟 20 世纪并没有什么差别——都如同孩童一般的天真——唯一能让人们感到惊讶的是，在前面的两个世纪，知识是这般少，力量是这般弱，他们是如何做这么多事的"[1]。

在某种程度上，工业革命就是能源革命，无论是煤炭、石油，还是电力、原子能，都是工业化必不可少的基础。

进入 21 世纪，现代工业终于从能源革命向智力革命转向。对不可再生能源的理性认识产生了新工业，这是一个以信息、智能和高科技为特色的后工业时代。

经济学家熊彼得指出，现代经济增长的原因在于新思想和新产业对于那些守旧企业家的"创造性的破坏"。毫无疑问，以创新创意为主导的新技术是后工业时代的明显特征，软件取代硬件（机器）成为社会的主要财富，传统的钢铁机器时代走向衰落。

著名数学家和控制论先驱诺伯特·维纳对机器的定义是"一种把输入的信息转变为输出信息的设备"。从这种意义来看，计算机无疑是最完美的机器。

物理学家戴维·多伊奇指出，对人类文明影响最大的发明主要

1-［美］弗雷德里克·L. 艾伦：《美国的崛起：沸腾 50 年》，高国伟译，京华出版社 2011 年版，第 176 页。

是一些通用系统，包括拼音文字、数学和活字印刷术，而人类发明最具通用性的东西无疑是计算机。

今天的计算机常常被叫作"电脑"，它在某种程度上确实与人脑一样，甚至更无所不能。但就早期的计算机来说，它真的只是一个"会计算的机器"，这与之前的钟表、织布机、蒸汽机并没有本质的不同。

任何事物都有它的历史，计算机的历史最早可以追溯到工业革命时期的机械计算机。

1642年，布莱兹·帕斯卡制造了一台可以做加减法的机械计算机，它由一系列齿轮构成，用齿轮的转动来实现十进位的计算。这基本上接近于中国算盘或汽车里程表。稍晚一些，发明二进制和微积分的莱布尼兹制作了一台更好的计算机，可以做加减乘除。

两个世纪后，查尔斯·巴贝奇制成了更加复杂的机械计算机。虽然没有人知道这部机器会作何使用，但从1823年到1842年，英国政府还是为此投入了1.7万英镑。这台15吨重的计算机包含2.5万个齿轮、曲柄、滑轮、弹簧、轴承、凸轮和棘爪等零部件，其齿轮系统之复杂和加工工艺之完美，已经达到当时技术的极限，很多顶尖机械师都参与其中。为了加工海量的零部件，不得不实行标准化生产，以保证零部件的互换性。虽然它生产的只是数字，但驱动它却需要极大的动力，因此配有一台大功率的蒸汽机。

巴贝奇的机械计算机并不被当时的人们理解，但他仍然坚信计算科学在人类的前进历程中将会越来越不可或缺，并最终主导科学在生活中的所有应用。

沉迷于机械计算机的查尔斯·巴贝奇（1792—1871）

巴贝奇生前有个愿望，希望能在 5 个世纪后的未来生活 3 天。如果巴贝奇来到现代，一定不会感到惊奇。人的思想总比其生命更加长久，也走得更远。

巴贝奇无疑是一位超越时代的天才，他不断提出新的构想，从算术机、编程机、穿孔卡到智能机，这在一定程度上使他的机器总是半途而废，最后成为"失败之作"。但他的洞察力堪比腓尼基人创造字母表，他甚至发明了"电报"和"电话"，不过这些发明依然都是机械的。

与巴贝奇同一时期的约塞夫·马利·雅卡发明了自动化织布机，他将设计图案预先编制在打孔卡片上，用卡片控制织布机织出设计图案。[24]这曾给巴贝奇带来启发。

1880 年，美国进行了一次全国人口普查，但数据处理用了整整 7 年才算完成。赫尔曼·霍尔瑞斯借鉴打孔卡片织机设计了一个装置，能以每小时 1000 张卡的速度在打孔卡上记录数据。这使 1890 年的人口普查统计工作只用了 6 个月。这个机械装置其实也是巴贝奇思想的延续。

在后来的历史中，电提供了一种比机械更便捷、小巧和节约的方式；虽然计算机常常被称为电脑，其实电在其中扮演的仍然是机械的角色。阿兰·图灵将计算定义为"一个机械的过程"，即不需要任何知识或直觉。克劳德·香农创造的数字逻辑电路与齿轮机械在原理上是基本一致的。后来，冯·诺伊曼因提出二进制和存储程序而被誉为"现代电子计算机之父"。

作为一个复杂的集大成创造，计算机的发明改进过程比其他机器更加漫长。从某种意义上说，电报、电话、打字机、继电器、真空管、晶体管、收音机和电视机等，都是为计算机的诞生铺路。同时，电报编码为后来的电脑编程做好了铺垫，用 0 表示不通，用 1 表示通，基于二进制的逻辑电路成为未来计算机的核心。接下来，无线电和编码使信息技术和信息理论得到快速发展，从而达成了计算机诞生所需的一切前提。

在发明灯泡的过程中，爱迪生发现通电时的灯丝与灯泡内金属板之间有电流，原来是灯丝发热导致电子被发射出来，在金属板之间形成回路。这就是著名的"爱迪生效应"。

后来，弗莱明据此发明了电子管，从而引发了一场技术革命，使无线电通信和广播电视成为可能。

直到电子管问世，计算机才算走出了原始的机械时代。电子管的闭合速度比继电器要快一万倍，性能也更加可靠，从而使计算机可以进行极其复杂的运算。

1946 年，美国宾夕法尼亚大学莫尔小组用了 1.8 万个电子管，制成世界上第一台电子计算机 ENIAC，它每秒可进行 5000 次加法运算，比当时最好的机电计算机快 1000 倍。ENIAC 于 10 年后退休，据说它在此期间的运算量比人类有史以来全部大脑的运算量还多。

ENIAC 虽然没有齿轮，但重量也高达 30 吨，耗电量更是高得吓人。当时颇受大众欢迎的《大众机械》杂志大胆预言："未来计算机的重量可能不超过 1.5 吨。"

革命性的进步是晶体管的出现。

1948 年，贝尔电话实验室发明了晶体管。当芝麻大的晶体管取代了灯泡般的电子管，耗电量千百倍下降，整个电子工业发生了脱胎换骨的革命。没有晶体管，就没有大规模集成电路和 IT（信息技术）产业，晶体管的价值丝毫不亚于印刷术和电报电话。

反复的开关使真空管很容易烧坏，ENIAC 有 1.8 万个真空管，它们坏得太频繁，以至于要有专门的助手站在旁边准备随时更换。而且有飞蛾在滚烫的灯管周围打转会引起短路。晶体管完全避免了这种缺陷，经过改进的晶体管将故障率降低到千万分之一以下。

晶体管大小只有真空电子管的五十分之一，几乎可以缩小到分子尺度，还可更快速地控制电信号的开与关。电子管每秒可开关 1

万次，而晶体管达到 10 亿次，这为电子技术的普及和微型化开辟了道路，从而引发了一场产业革命。

晶体管的三位发明者很快就获得了诺贝尔奖。

摩尔定律

人类生活于地球，地球上非常普遍的物质不是煤炭，也不是钢铁，而是硅；与其说晶体管是用硅做成的，不如说是用人的智慧做成的。在百余年间，美国硅谷诞生了 50 多位诺贝尔奖得主。

与晶体管的发明同样具有革命意义的是光纤的发明——头发丝般细的玻璃丝，可以传导细沙粒大小的弱激光所发出的光脉冲。由于光作为传导介质来说效率比电信号或无线电波高得多，所以光纤传递的信息量是铜线的 6.5 万倍。

从 1970 年出现第一条实用化光纤，不到 30 年时间，光缆便在信息通信领域全面取代了传统的金属导线。[25] 传输成本的骤降，与其说带来了一个信息廉价时代，不如说带来的是一个信息爆炸时代。

计算机虽然没有发明信息，但却将信息变成一种普遍的东西。在此期间，贝尔实验室的数学家香农将信息定位为"能够用来消除不确定性的东西"，并创造了"比特"（bit）这个单位，信息从此变得可以被测量。

数学家维纳给信息的定义是"既非物质，也非能量"。换言之，物质、能量和信息是构成世界的三大要素。

如果说人是一部机器，那么也是一部信息机器，DNA（脱氧核糖核酸）就是一种信息编码，用 60 亿比特就可以定义一个人。这正像福柯所说的，人变成了"可以用数字计算的人"。

声音、符号、图像是人类传播信息的主要形式。无论文字、声音、图像还是实物，一切都可以变成比特。当数字化的货币成为信用卡上的磁条，财富无论多少，都可以随身携带。

作为最早的计算机先驱之一，帕斯卡曾在记忆和判断之间找到一个界限；他认为，机器可以替代人类进行记忆，人类只保留判断就好。对计算机来说，记忆就是存储，所有记忆都属于信息。计算机对此极其擅长，而且存储介质越来越廉价。

1959 年，罗伯特·诺伊斯和杰克·基尔比两人几乎同时设计出了集成电路，并于 1961 年分别成功申请了集成电路专利。1967年，一个集成电路上可以压制 1024 只晶体管，存储芯片就从这1KB 内存起步。

1968 年，诺伊斯和摩尔创办了英特尔（Intel）公司，这个名字来自集成电子（Integrated Electronics）。作为芯片领域的领导者，英特尔 1975 年推出 16KB 内存芯片，1980 年推出 64KB 内存芯片，"我们达到了一种高度，即我们能生产出的东西比我们能使用的东西更为复杂"。

在晶体管和集成电路之后，英特尔这个"智力工厂"又推出了他们真正的 T 型车——微处理器，这种"芯片上的电脑"不仅颠覆了英特尔的拳头产品芯片，也彻底结束了"数字的专制"[26]。

1971 年，第一款微处理器 4004 为 4 位 CPU（中央处理器），

1956 年一个容量为 5MB 的硬盘便有如此巨大

拥有 2300 个晶体管，每秒运算 6 万次。次年推出的 8008 比 4004 快 20 倍。2000 年，一块微处理器有千万个比细菌还小的晶体管，每秒运算 10 亿次。推出当年，英特尔公司的全球营业额即达上千亿美元。

1996 年，宾夕法尼亚大学在庆祝第一台计算机 ENIAC 诞生 50 周年时，特意按照 ENIAC 当初的功能进行了复原，集成了 174569 个晶体管的芯片还没有指甲盖大，而当年的 ENIAC 重达 30 吨，与其说它是一台机器，不如说是一座车间或者工厂。

一张邮票大小的芯片可以容纳数百万个晶体管。1963 年一块芯片均价 32 美元，1964 年为 18.5 美元，1965 年为 8.33 美元。在价格每年下降约一半的同时，销量以翻番的速度增长，1970 年有 3

亿只芯片卖出。

戈登·摩尔在1964年预言，硅片晶体管的数量以及硅片的计算能力每一年半就可以翻一番，这就是摩尔定律。

20世纪的最后30年，电脑运算处理能力的成本下降了99.99%，平均每年减少35%；现在一只普通智能手机的计算速度，也能超过20年前最好的计算机。就数据存储量而言，在1965年用来存储一本书的芯片，如今同样大小的芯片可以存储美国所有图书馆的图书。颇为神奇的是，直到今天，摩尔定律仍然没有失效。

钟表刚诞生时必须放在钟楼上，后来钟表越来越小，先是出现了可以放在桌子上的座钟，接下来是闹钟，然后是可以放进口袋的怀表，最后是手表。电脑也经历了一个从大到小的过程。2021年，IBM（国际商用机器公司）生产的2纳米制程芯片，在一个指甲大小的空间能容纳多达500亿个晶体管；平均换算下来，这颗芯片的最小单元甚至要比人类DNA单链还要小。2018年，IBM推出的当时世界上最小的电脑比一粒盐还小，制造成本仅为10美分，却包含数十万个晶体管，拥有1990年x86芯片的计算能力，能够进行监控、分析、交流等操作。

实际上，摩尔定律不是在晶体管时代才出现的，某种意义上这属于工业时代带有普遍性的一种经济现象。一件新产品出现后，马上就会有一系列发展改进随之而来，在性能提高的同时，价格却在下降。最早的瓦特蒸汽机是如此，后来的福特汽车和爱迪生灯泡也是如此。

以自行车为例，在19世纪80年代的法国，产品销售目录上最便宜的型号，需要花费普通工人6个月的工资，而且还是非常初级的自行车，"轮子上仅包裹着一条硬橡胶，只在前轮上装有一片刹车片"。后来的技术进步使自行车价格到1910年已降至普通工人约1个月的工资水平。到20世纪60年代，人们能够用不到1周的平均工资买到高质量的自行车，配有"可拆卸的轮子、两片刹车片、链条和挡泥板、坐垫包、车灯和反光镜等"。总体来说，即使不考虑产品品质和安全方面的巨大进步，以自行车来计算的购买力在1890—1970年也提高了约40倍。[1]

随着晶体管代替电子管，集成电路代替电线，芯片使计算机的体积越来越小，成本也越来越低。[27]芯片很快被普遍应用在电子手表、电话、机床、汽车、玩具和各种仪器设备中，当然还有电脑。

全球定位系统（GPS）实现了自古以来无数航海家的梦想，GPS导航的价格由20世纪90年代的上百万美元骤降到了今天的1美元以下。

英特尔公司的首席未来学家斯蒂夫·布朗说："最初电就是这样，你需要去一个有电的地方，而现在你习惯了有电的生活，因为到处都有电。计算机也是一样的，智能将随处可见。"

在20世纪80年代的美国，一般家用电脑通常拥有8bit处理器，再加上64KB内存、屏幕、键盘和喇叭。因为操作越来越容易，电脑很快就像电视机、收音机一样，成为人们的日常生活用

1-［法］托马斯·皮凯蒂：《21世纪资本论》，巴曙松、陈剑、余江等译，中信出版社2014年版，第89页。

品，这极大地拓展了市场空间，使计算机从集团消费逐渐转向家庭和个人。

到了 90 年代中期，信息技术上花费的每 1 美元中，个人电脑就占了 80 美分。美国一半多的家庭都有了电脑。

随着计算机处理数据能力的指数级增长，以计算机为工具的各个学科在实验和研究中所取得的成就也突飞猛进，这是上一代科学家根本无法想象的。在美国硅谷的计算机历史博物馆中，专门为摩尔定律设立了一个特殊的展位，它不同于其他任何产品和技术，它是一种现代观念。

年度机器

在人类历史上，伟大的发明数不胜数。历史教科书常常会把一项发明归功于某个伟大的天才，但实际情况是，任何一项重大的技术突破，都会涉及一连串人。很多发明都不是一个人，甚至一代人就可以完成的。

作为人类发明的代表作之一，电脑也是如此。我们很难说谁发明了电脑，但应当承认，很多人都为电脑的出现贡献了自己的才华，都将电脑的发展向前推进，使之更加完美。

现代意义上的电脑，应当追溯到早期的大型穿孔卡片计算机。从这个意义上，电脑的正式历史应当从 IBM 开始。

IBM 最早的前身是"国际时间公司"，其产品是企业考勤用的打卡机。1911 年，公司更名为计算制表记录公司（CTR），产品扩展到穿孔卡和制表机。具有丰富营销经验的托马斯·沃森入主后，才将公司正式更名为国际商用机器公司（IBM）。

沃森锐意创新，投资 100 万元建立了企业实验室，他提出的要求是——"给我一台能让银行交易自动化的机器，给我一台能在火车票上打印出时间和目的地的机器，给我一台运转更快的机器。"

IBM 最早的 405 型处理机出来后，可按字母顺序，在 1 分钟内制作 150 张卡片，或为 400 张卡片分类，这让它成为政府部门和无数公司用来进行信息统计的必备机器，IBM 因此积累起雄厚的财力和强大的销售服务能力。

第二次世界大战期间，IBM 为盟军提供了广泛的信息处理服务，包括原子弹的数学计算。

二战之后，电子真空管逐渐取代了穿孔机。IBM 与哈佛大学合作，在马克一号（MARK-1）之后，用 12500 个电子管和 21400 个继电器制成绰号叫"爸爸"的 SSEC（顺序电子计算器）。"爸爸"使用软件编写程序，运算速度比马克一号快 250 倍，它可在五十分之一秒内进行 216 次乘法运算。在美国首次登月航天飞行中，它被派上用场。

1946 年，比马克一号快 1000 倍的 ENIAC 面世，它是世界上第一台通用数字电子计算机，它在某种程度上代表了电子计算机时代的到来。

1964 年，IBM 推出了世界第一台集成电路计算机 IBM-360。这是一款真正跨越代际的计算机，其在硬件性能和兼容性上，都远超上一代晶体管计算机。到 1966 年底，IBM 公司一举跃入美国十大公司行列，自此开始了它在世界计算机行业内的霸主地位。

沃森刚到 CTR 时，公司年收入不过 130 万美元；42 年后，IBM 已经成为年收入超过 7 亿美元的大型跨国企业。到了他的儿子小沃森时代，晶体管为 IBM 带来更美好的发展机遇，IBM 计算机遍及政府、公司、大学和各种组织机构；到 20 世纪 70 年代，IBM 成为拥有 27 万员工，年营业额 75 亿美元的国际大公司。

从计算机的历史来说，IBM 完全可以被称作"商业机器和电子计算机工业的化身"。

20世纪60年代之后，计算机行业已经成为一个备受瞩目的新兴行业，竞争极其激烈。

与IBM将计算机巨型化和集团化的理念背道而驰，DEC（美国数字设备公司）致力于微型化与个人化，他们推出的"程序数据处理机PDP"，因廉价和小巧而很快成为市场新宠。不久，迈克尔·戴尔在大学宿舍中装配出与IBM兼容的定制电脑。在1976年，史蒂夫·沃兹尼亚克和史蒂夫·乔布斯仅用9万美元启动资金，在一间车库里推出第一代个人苹果电脑，使电脑开始走向"微机时代"。

作为行业巨头，IBM介入微机市场后，于1981年推出个人电脑5150，售价1565美元，采用英特尔8088微处理器，内存为16KB，以盒式录音磁带来下载和存储数据，此外也可配备5.25英寸的软盘驱动器。

在短短几年时间里，计算机行业成为发展最快的产业。在20世纪60年代时，还只有大机构才用得起计算机，到70年代，这些机构下属的部门或科室也都用上了。到80年代初，计算机已经为个人所有，信息的分散处理成为现实。从这时起，个人电脑以前所未有的广度和速度，进入办公室、学校、商店和家庭，销量呈现出爆炸式增长。

拿IBM来说，其PC机（个人计算机）在1981年销量为2.5万台；1982年为19万台；1983年达到70万台，市场占有率达70%。这让IBM几乎成为个人电脑的代名词。但就在这一片大好的形势下，美国司法部自1969年就针对IBM发起的反垄断诉讼终于到了尾声，IBM与其达成和解，条件之一是IBM向外界公布其产品的技术规格和产品信息。此举等于彻底铲除了个人电脑的行业门槛，极大地促进了个人电脑的发展进程。因此而迅速崛起的兼容机厂商在很短的时间内就占领了全球一半多市场，并一举超越了 IBM。

1978 年，苹果计算机的销售额达到了 1500 万美元，1979 年为 7000 万美元，1980 年为 1.17 亿美元，1981 年为 3.35 亿美元，1982 年为 5.83 亿美元。这使得苹果公司仅仅用了 5 年时间，就跻身《财富》杂志评选的 500 家最大公司的行列。

1982 年，《时代》周刊将一台个人电脑作为年度封面，称其为"年度机器"。并预言在不久的将来，家庭电脑会像电视和洗碗机一样普及。实际上，计算机普及的速度远超过之前的电话和电视。

在 1984 年，第一批真正面向普通消费者的个人电脑诞生在苹果的车库和 IBM 的写字楼里。19 岁的迈克尔·戴尔从得克萨斯大学退学，用 1000 美元开办了自己的电脑公司。

在办公室，由于有了个人计算机，千百万人的案头拥有了相当于 20 世纪 50 年代大型计算机的计算能力，从而引起了一场办公革命。

人类天性都好奇，尤其是大多数男孩，都是天生的机械迷。比尔·盖茨少年时，《流行机械》杂志曾给他带来极大的启发。在后来的日子里，比尔·盖茨的微软公司和乔布斯的苹果公司成为这场电脑革命的最知名标志。盖茨和乔布斯都是电脑神童，一个致力于搞软件，一个热衷于搞硬件。

微软公司从一开始，就专注于"应用软件"的开发，从而树立起软件产品的行业标准。通过与英特尔、IBM、苹果等公司合作，

还在上中学的盖茨和同学艾伦一起学习编程，1971 年盖茨写出了他第一个电脑编程作品

他们几乎实现了软件市场的垄断。

盖茨比 IBM 更懂得拥有 PC 操作系统的重要性；不到 10 年，微软就超过了 IBM。盖茨缔造了类似快餐的消费垄断软件：标准化、无处不在、差强人意。他在 20 岁的时候就写下了微软公司的座右铭："每家的每张桌上都要有一台电脑，每台电脑都运行微软软件。"1995 年，微软公司借鉴流行文化推出"视窗 95"，结果大获成功。当时的人们惊叹道："在世界各行各业中，没有一个人像盖茨那样赚钱赚得那样快。"

软件让电脑变得无所不能。CAD（电脑辅助设计）软件出现以后，彻底颠覆了工程师绘制蓝图的传统工作模式。不管是一枚螺丝，还是一辆汽车，乃至一栋大厦，CAD 软件都能让人随时随地修改其设计模型，准确地设定各种参数，并监控实际生产过程。

与蒸汽机一样，计算机也掀起了一场经济革命。

如果说蒸汽机降低了工作能源的成本，那么计算机则降低了信息存储、索检和处理的成本。之前只有人类可以做这类工作，现在机器可以做得更快、更好，成本更低。1970年，刚刚从大学毕业的史密斯创办了"联邦快递"，它采用计算机技术来跟踪包裹，很快就成为全球最大的快递公司。

对大量的政府机关、社会组织、公司和企业来说，基于计算机的文字处理器很快就取代了机械打字机，打字机的键盘也因此成为电脑的标准配置。

说起打字机的发明，它或许是受到了钢琴的启发。用郭沫若的说法，打字机"在文化史中，应该是继造纸术、印刷术之后的第三种重要文化工具的发明"。[28]对西方字母文字来说，即使非专业人员，打字也比手写快6倍以上，这无疑是谷登堡之后的又一场文字革命。打字机与电报技术结合，产生了"电传机"；与排字印刷技术结合，产生了"排铸机"。

1874年，美国雷明顿公司制造了第一台打字机。第一个6年，雷明顿打字机只卖出了5000台；第二个6年，则卖出了5万台。随后，几乎所有主流的商业公司都用上了打字机，以至于当时的人们认为，如果一家公司没有打字机，就不像一家体面的公司。

打字机和电话将人类社会的沟通带入机器时代。一个世纪之后的欧美国家中，打字机已经可以完全代替笔，成为使用拼音文字的欧洲人的主要写作方式。

对于非字母的汉字来说，有限的字母键盘始终不能有效地解决汉字输入难题，这使打字机在中国一度难有用武之地。电脑出现以后，

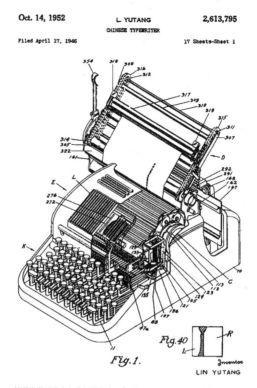

林语堂发明中文打字机并申请了专利

其强大的文字处理能力终于实现了汉字的全面机械化和电子化。[29]

自谷登堡以来，电脑引发了文字和印刷的最大一场革命，这场技术革命传播速度之快，远非 500 年前可比。

在世界范围内，从 1965 年开始，排版工作很快就由电脑垄断。印刷厂实现了整页版面的设计，设计者可以在电脑屏幕上轻易地将文字、标题、图片编排在一个版面上，并加以存储。激光照排技术迅速改变了传统印刷的面貌，所有的报纸和图书都为之面目一新。

自从旨在辨别计算机能否和人一样对事物作出反应的图灵测试出现之后，我们已经沦为计算机。我们可以被开机、编程，我们可以处理数据，可以计算，也可以停机。我们基本上就是被植入了已经演化数千年的软件和硬件线路的计算机。在不久的将来，我们也许可以被下载到磁盘上，存储到世界末日。一切计算机语言都适用于我们，随着重复使用，我们开始认为自己就是计算机。计算机至少是积极的、有用的甚至强大的，但现代生物学却把我们还原为争斗不休的基因的无助的玩物。

——［英］布莱恩·里德雷

第二十章　智能时代

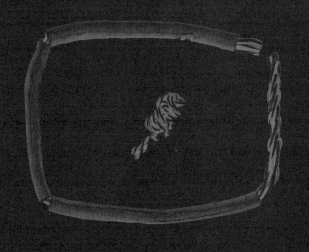

互联网

一个人一旦长大，就会有自己的人生道路。爱迪生当年发明摄影机和唱片机时，根本没有料到会诞生电影和唱片行业。电脑的发展，也远远超出了早期很多技术专家的设想。比如，IBM公司的创始人托马斯·沃森在1943年断言，全世界总共只需要5台电脑；到了1977年，迪吉多数字设备公司创始人奥尔森还这样宣称——每个家庭都要一台电脑，这根本没有必要。

1964年，英国《新科学家》杂志做了一期对1984年的未来想象的内容，IBM的一位高级主管预言：在20年内，计算机会变成唯一的传播媒介，繁重的文书会被驱逐出我们的办公桌。还有人预言，到1984年，人们可以通过拨打图书馆电话，待在自己家里读到任何一本书，书的页面会直接出现在电视屏幕上，而盲人、懒人和不识字者，则可以"听"书。

1990年，英国科学家蒂姆·伯纳斯·李创造了万维网（WWW）。随着互联网时代的到来，文书工作并没有消失，"一人、一桌、一台电脑"成为大多数办公室的标准配置。

信息革命无异于一场写字楼地震，日新月异的电子技术与新机器早已实现了无缝对接和无纸办公。

人是智慧的动物，至今人们仍无法解释智慧之谜，但智慧是人类唯一不同于其他动物并统治地球的东西。这也是一种不同于其他自然力的力量。智慧的人类的独特之处，是他在自然界中，既能看到自身的处境，又能根据自己的意愿改造整个自然界。

毋庸置疑，计算机——或者电脑，是人类发明的所有机器中最为成功的作品之一，它甚至模糊了人与机器的界限。无论是取代了双腿的汽车，还是延伸了眼睛的望远镜，都无法与电脑相提并论。

麦克卢汉说，电脑可以接管整个的机械时代。过去机械条件下所做的事情，都可以比较轻松地用电脑来做。在过去，机器指的是将一种能量转化为另一种能量的技术装置，现在可以指用来变换信息的技术装置。

在许多方面，电脑甚至胜过人类中的所谓"大师"，比如下棋、游戏、记账、存储、索检、编辑、设计、制作等形形色色的工作。

有了计算机辅助设计（CAD），制图员可以在直观显示终端的屏幕上绘图，不用铅笔和橡皮，也不用尺子和圆规，就能绘制详细的机械图、建筑图和电路图，可以任意放大、缩小、插入、删除、修改，画好的图纸储存在计算机里。在此基础上又发展出计算机辅助工程（CAE），它不仅能对尚未造出的物体进行审查分析，还可在计算机上用模拟破坏的方法来进行"测试"。

车床自从 18 世纪末被发明出来后，一个多世纪几乎都没有什么变化。随着计算机的出现，车床的控制逐步交给计算机。越来越先进的数控车床可以加工更复杂的工件，需要的人力却在迅速减少，无人化工厂成为大趋势。

在摩尔定律下，不管是手机还是电脑，价格每年都以一定的幅度下降，而性能却在以倍增的速度上升。如果说现代的历史是一部机器发展史，那么这部历史起始于钟表，兴盛于电脑，前者解放了时间，后者解放了信息。它们都经历了一个从原始到完美、从奢侈到廉价、从大到小的过程，正如经济学家舒马赫所说，"小的才是美好的"。

如果说钟表曾经创建了一个统一的时间体系，那么由电脑创建的这种瞬时性媒介体系，以前所未有的时效和快速，从根本上改变了人类的时间经验。

作为一本现象级的畅销书，《大数据时代》一书基于一个著名的观点，或者说"世界观"：本质上，世界是由信息构成的，并非原子而是信息才是一切的本源；而且信息不会像其他物质产品一样，随着使用而有所耗损。

在信息论者看来，人类的历史就是一部信息演进史，语言、文字、印刷术、电磁波和计算机构成信息史的五次革命。

语言的产生使信息范围和效率大幅提高，人类的信息活动从具体走向抽象。文字打破了时间和空间的限制，使信息可以传得更久、更远。印刷术使信息的传递速度和范围进一步扩展，人类对信息的存储能力也得到加强，并实现了信息共享。现代以来的电信革命是人类信息史上的划时代进步。

现代信息技术伴随计算机的出现，与通信技术相结合，实现了信息处理一体化与自动化，由此人类社会迈入一个崭新的信息时代。

1994 年，比尔·盖茨坐在两摞 A4 打印纸上，手里拿着一张光盘——"这张光盘能装下的信息比下面所有纸能记录下的都多"

从口语文化到书面文化，再到电子信息处理，技术进步必然引发社会、经济、政治、宗教等的变迁。

早在 1971 年，"互联网"一词尚未诞生时，智利总统阿连德[1]就已经下令打造一个由电报机组成的网络系统。

按照阿连德的设想，这个"超现代信息系统"可以向政府官员显示全国的工厂如何运行，以及国民如何快乐，并且这一切都是实时的。这个实验产物，旨在使用类似计算机网络的系统来统筹管理国民经济，它确实在 1972 年成功解决了卡车司机大罢工导致的食品短缺危机。

从这个意义上来说，所谓"大数据"与计划经济有一定的渊源。1973年，英国《观察家报》在头条宣称："智利被计算机掌握了！"

如果说20世纪是电时代，那么21世纪就是互联网时代。

互联网的影响远远超过了电脑本身，它以软件的名义使技术更加抽象和独立，地球因此进一步大大"缩小"和变平，全人类几乎实现了零成本的信息交流和知识共享。人们的生产、生活、工作、学习、思维等都发生了深刻的变化，知识经济将人类带入一个"信息时代"。

当电脑实现了文本的数据化，电子书（eBook）出现了，一些收录了大量电子书的在线图书馆随之产生。

作为一位伟大的世界公民和现代思想家，马克思具有天才般的洞察力和批判精神，他有过很多关于资本主义的批判，但更多的是对专制主义的憎恶。马克思认为，"出版物在任何情况下都是人类自由的实现"，"没有出版自由，其他一切自由都是泡影"[1]。1967年7月4日，美国总统约翰逊签署了《自由信息法案》："信息流通自由十分重要，除非事关国家安全，否则不应有任何个人或官员会限制信息自由。"

同一年，社会学家丹尼尔·贝尔预测了互联网的兴起："我们可能将会看到一个全国性的计算机联网系统，人们在家中或办公室

1- [德] 马克思：《第六届莱茵省议会的辩论（第一篇论文）》，载《马克思恩格斯全集》第一卷，人民出版社1956年版，第62、94页。

法国1982年推出的家用终端Minitel，借助电话的网络连接能力，支持在线订票、收发邮件、浏览新闻、聊天互动等功能，一度发展了数以千万计的用户

中登录这个巨大的计算机网络，提供和获取信息服务、购物和消费，以及其他诸如此类的行为。"

互联网时代的到来，让很多人欢呼雀跃，简直把它当作人类进化以来摘到的最好的一个桃子。人们相信，互联网不仅解放了信息，也解放了人本身，信息自由必然带来人的自由。因为有了互联网，人作为个人存在才真正开始了。

实际上，近百年历史的电报与电话早就构建起了一个覆盖全球的巨大网络，并且实现了全数字化编码。计算机网络几乎就是对电话网的升级改造，只是将电话机换成了计算机。

1969 年 10 月 29 日，美国国防部高级研究计划局下属研究人员，在加利福尼亚大学洛杉矶分校和斯坦福研究所的实验室之间，发出了第一条主机对主机的信息。这标志着互联网的诞生。

1973 年，文顿·瑟夫用 23 台电脑创建了最早的"互联网"；10 年之后，有 563 台电脑接入网络；1990 年，网络空间全面开放，连接互联网的电脑超过 30 万台；以后的时间，这一数字以爆炸般的速度持续增长，人类变成了"网虫"。

1987 年 9 月 20 日 20 时 55 分，中国第一封电子邮件发出——"Across the Great Wall we can reach every corner in the world."（越过长城，走向世界）

2006 年，《时代》杂志把"YOU"（指所有网民）选为"年度风云人物"，其封面注释说："是的，就是你。你控制着这个信息时代，欢迎来到你的世界。"

按照媒介理论，工业革命用机械延伸人的肢体，而互联网延伸的则是人的大脑。远古时代，人类依靠结绳和刻木记事，或者用钟声和烽火传递信息，每条信息的字节受限，文字与电报使可传输的信息量迅速扩大，而整合了文字、声音和图像的互联网则突破了信息量的限制。

互联网使信息的排列组合具有无限可能性。正如凯文·凯利所说，互联网让人类真正成为一种多细胞的有机体。互联网成为人类社会前所未有的交流平台，这个虚拟世界对现实世界产生了极其深远的影响。对今天的人类来说，互联网世界和现实世界一样重要，它已经成为现代人生活和工作不可或缺的组成部分。

大数据

"一个蝴蝶在巴西轻拍翅膀，可以导致一个月后得克萨斯州的一场龙卷风。"历史是如此奇妙和不可预测，技术无疑是全球化时代最耀眼的"蝴蝶"。人类作为世界上最善于沟通的物种，一旦发明了这样强大而廉价的新式交流途径，无不对此趋之若鹜。

互联网催生出一种人们意想不到的人工智能，这是一个巨大的以"集体智能"或"蜂群意识"为特征的高效率的思想与信息市场。通过互联网参与创造集体智能的人们，能够生产出更多、更客观的知识，而且涉及的学科领域要超过任何专家群体所涉及的学科领域。

网络完全改变了知识的传播方式。在互联网之前的244年中，《大英百科全书》作为售价1395美元（2010版）的奢侈品，就像房车一样，曾是精英身份的象征。但如今这部极具权威、金色字体的百科全书已成绝版，印刷正被电子网络无情地取代。

2009年，百年《西雅图邮报》也放弃了纸面版，转型为新闻网站。在很多地方，电子书销量已经超过纸质图书，实体书店似乎无可挽回地走向黄昏。虽然采用"电子墨水"的"电纸书"并没有完全取代传统纸书，但"无纸阅读"确实正在成为一种被广泛接受的阅读方式。

数字化和互联网打破了传统印刷书的知识承载与传递方式，信息总量以几何倍数在增长，互联网与书籍之间的界限日益模糊。互联网的出现刷新了数字书籍的传播方式，以格式屏幕为外观呈现的数字书籍彻底改变了书籍的面貌，而内容副本复制的成本几乎接近于零。相较于网上书店售卖纸质书籍，以复制下载为特征的数字书籍销售模式无疑更具有颠覆性。

汽车尚未出现之前，人们是不会想到需要汽车，他需要的是更快的马；汽车出现之后，马消失了。仅仅数年光景，音像店和胶卷冲印店也像马一样消失了。电影随着进入数字化的"无胶片"时代，其制作和发行成本大大降低，既不需要洗印、运送和储藏拷贝，也没有传统的放映机和放映员，同一部电影可以不受限制地同时提供给多块银幕使用。

早在中国加入互联网的 1994 年，世界网络流量就达到每月 20TB，此后 20 年以每年 10 倍左右的速度增长，这就是所谓的"大数据时代"。

1800 年，美国国会图书馆刚成立时只有 740 册图书和 3 张地图，进入 21 世纪后，拥有的图书达到 1.28 亿册，这些图书的信息量总共有 100 万亿比特，即 10TB。与美国国会图书馆相比，互联网的信息总量不知要大多少倍，这形成前所未有的淹没效应。

与苹果电脑一样，谷歌同样诞生于一个车库。《经济学人》杂志将谷歌与谷登堡相提并论："1440 年，谷登堡为了能提供大量的圣经，在欧洲发明了第一台现代化的机械式印刷机。这技术取代了早先用手书抄写圣经原文的方式，并拥有更快的效率，也因此有

1976 年，一名"磁带"管理员在洛杉矶的电脑磁带存储库内整理文件

助于知识的传布，间接导致了文艺复兴。如今谷歌正在做类似的事情。"

过去数年间，谷歌将数以百万计的图书数字化并将之上传至网络，这些书来自大型研究型图书馆的收藏，其中很多是受著作权保护的。这项工程被称为"谷歌图书搜索计划"。[2]此外，谷歌地球更是提供了一个让每个人都能掌握的精确地图。

如今，网络越来越明显地成为人类知识和信息的汇聚之地，这既方便保存，也方便获得，各种网站、资料库、博客、在线百科、搜索引擎，以及便捷的下载与传输，使知识不仅从少数人的奢侈品变成大众的日用品，甚至成为像空气、阳光一样免费的人类公共资源。这是启蒙运动时代的人们做梦都想不到的。

人类进入文明时代之后，写作最早是巫师的专利，意味着神圣和神秘；国家的出现使写作成为一种统治方式。在中世纪的欧洲，人们的写作和发表必须经过权力的许可。即使在印刷时代，公开发表或出版一部作品也是极其幸运的事情。

当年，初出茅庐的沈从文一直为发表不了自己的作品而苦恼："我们对这个时代是无法攀援的。我们只能欣赏这类人的作品，却无法把作品送到任何一个大刊物上去给人家注意的。"后来，通过关系认识了周作人，沈从文的文章才在《语丝》发表，沈从文为此喜极而泣。

有了互联网，写作不再是少数人的特权，也不再是一种特定的职业，写作成为一种体现人类智慧的文化活动。[3]同时，发表权也不再被垄断在少数人手中，优秀作品在网上一经出现就会不胫而走，读者直接决定了一部作品能走多远。从某种意义上来说，互联网时代的作品是作者与受众的一场合谋。互联网以分享精神实现了信息和知识的共享，使人类走出孤独与孤立。

对互联网时代的人来说，绝大多数知识都触手可及，但很多人却记不住任何知识，这同时也暴露了一部分人甘于无知的劣根性。求知是一种高级需求，对大多数人来说，知识和常识仍然是奢侈品。

如果说成吉思汗曾将火药和火器传遍整个欧洲大陆，那么"可汗"[4]（萨尔曼·可汗）则将知识和文化传播到地球上很多角落。他凭一条网线，颠覆了美国传统教育，成为一位数学教父。盖茨是可汗的忠实粉丝，他称赞说："萨尔曼·可汗是一个尽一切所能利用技术让更多人学到知识的先锋，这是一场革命的开始。"据说美国有2万所学校的数学老师上课不用讲课，就播放可汗的视频，然后只需答疑解惑即可。有人说，互联网让全美国只需要一个数学老师。

值得一提的是，在2019年底暴发的新冠病毒感染疫情影响下，很多国家的学校将教室搬到了网上。换句话说，是网络拯救了学校和教育。

互联网的诞生，基本解决了一直困扰人类几千年的"遗忘"难题。人们可以随时随地找到自己想要的信息和知识，这是传统图书馆根本不可能做到的。

正像文字解放记忆一样，有了"互联网图书馆"，人们可以彻底抛开那些需要记忆的细节末梢，将精力专注于更重要的思想与创造。人脑中"硬盘空间"的大量清空，使其"内存"得到极大扩展，因而创造能力得到强化。在互联网时代，想象力和推理能力远比记忆力更加重要。

在某种程度上，互联网也是一场口语文化的复兴，它的特点就是信息的碎片化。碎片化其实就是去中心化，甚至是去意义化。但互联网的关联性又能使碎片之间重新建立有效的联结，并使其浮现出新的意义，这或许是一种新的进步。

在互联网时代，书本被社交网络代替。文字的变迁改变了人们的思维方式，对话取代了阅读，个性取代了共性，小众取代了大众，开放取代了封闭，思想成为一种新力量，信息成为生产力。

在互联网到来的这几十年间，几乎不受限制的信息极大地释放了人类的思想能量，它所创造的价值超过了之前5000年的财富总和。有人统计，从人类文明出现到2000年，人类所留下的所有信息的总和可以装满100万个1000G的硬盘。这个庞大的数据量仅相当于今天人类两天创造出的数据量。

今天的人类财富越来越虚拟化。作为人类活动的结果，数据是最大的财富，这就是所谓的"数字经济"。对今天的美国来说，数字经济已经占到GDP（国内生产总值）的60%左右。在数字经济时代，数据就是"石油"。世界权力之争正在数据领域展开，5G（第五代移动通信技术）只是其中一个战场。

随着智能手机和5G时代的到来，世界已从互联时代走向超级互联时代。所谓"物联网"，是指将数十亿的电子设备联网。那时我们的手表、衣服、汽车和数字助理可能会满足我们的每一项需求，提供极大的便利。与此同时，它们也会监视我们日常生活的方方面面，就连肌肉的一次小抽搐也不放过。

离不开的手机

斯威夫特在《格列佛游记》中写了一个有趣的情节：格列佛有一块怀表，他在大人国时，因为看表看得过于频繁，以至于大人国的人们以为那块表是他的"上帝"——他看表是为了向上帝请示。

对当下这个时代来说，手机无疑更像是很多人的"上帝"。

2001年10月23日，苹果公司发布了首款iPod，号称它能够将"多达1000首CD质量的歌曲放入一个可放入口袋的超便携、6.5盎司设计中"（iPod首款广告词），定价199美元。iPod其实是iPhone（苹果公司发布的手机产品）的预告版，正如乔布斯说的，"苹果重新发明了手机"。自从苹果在2007年初推出iPhone手机以来，智能手机就成为我们这个时代最为醒目的标志。在仅仅10多年的时间里，这个机器就彻底改变了我们的生活与社会，让人类成为一种"低头动物"。

随着智能手机横空出世，曾经遍布街头的公用电话亭几乎一夜之间就消失了，同时消失的还有每个人身上的名片夹和通讯录，以及城市交通图。每个人的手机上都有一个免费、可任意放大缩小、自动更新的，而且分辨率极高的地图，这是人类历史上第一个能够随意移动并且告诉我们当前确切位置的地图。

在智能手机出现之前，或者说在手机只能用来打电话的时候，

2007 年 1 月 9 日，乔布斯在旧金山马士孔尼会展中心推出了革命性的初代 iPhone

人们随身携带着钱包、身份证、银行卡，钱包里夹着爱人的照片。如今这些都被手机取代了，钱包里的照片变成了手机屏保。有了手机，手表和日记本便只剩下象征意义，手机还淘汰了收录机和随身听。

似乎一切都被手机代替，要么已消亡，要么就在被代替或"被"消亡的路上。

在智能手机之前，电视一直占据着客厅最尊贵的位置。如今，一家人吃过饭后围坐在一起看电视的情景少了。即使吃饭时，每个人也往往看着各自的手机。很多人每天起床后做的第一件事和睡觉前做的最后一件事，就是看看自己的手机。

人们依赖手机进行会面、工作、出行、学习、购物和娱乐，乃至恋爱。用手机记录自己所见所闻所想，随时随地与人分享。不管有没有家人和朋友，只要手机在身边，每个人都能在孤独和沉默中打发掉无聊的时间。

不管怎么说，现代世界的人，无论民族和国家，无论贫富和长幼，从贩夫走卒到名流显贵，每个人几乎离不开手机。

手机对于现代人，近乎火或者弓箭对于原始人一样重要。手机的风靡验证了那句话——人其实是一种非常简单的动物，喜欢好看的、新鲜的、闪闪发光的物品。而手机这种光滑发亮的小盒子几乎容纳了现代人所有的想象。

在手机之前，好像没有其他任何人造物或机器能够达到这种令人痴迷的程度。人们曾经迷恋丝绸、瓷器和手表，但它们即使加在一起，也无法与手机相提并论。没有一种东西像手机这样彻底改变了生活的本质，让人类千百年形成的传统和习惯消失无踪。

手机刚刚出现不久，我们身处的世界就悄然改变——书报亭和电话亭没有了，绿色的邮筒和远方的书信减少了，与朋友不期而遇的邂逅也没有了。

从钟表、印刷机到蒸汽机、内燃机，从火车、汽车、飞机到航空母舰、宇宙飞船，从照相机、灯泡、广播到电视、计算机，从来没有一种机器像智能手机这样集所有机器之大成，将机器的魅力提升到惊天地泣鬼神的地步。即使最让人沉迷的电视，也没有像手机这样令人疯狂。

"我害怕有一天科技会取代人与人之间的交流，我们的社会将充斥着一群白痴。"从某种程度上说，爱因斯坦最担心的事情或许正在成为现实。

iPhone 几乎在一夜之间便传遍了全世界，有人甚至称其为

"爱疯教"。这种没有数字按键的新式手机将这个世界变得像它一样扁平，把几十亿人连在一起，把人类的所有知识也都聚集在一起。

这一切在过去看来简直是痴人说梦。

按照麦克卢汉的说法，任何机器都是人的身体器官的延伸，但手机简直就是人的"外挂器官"，是直接嫁接在我们身上的一个信息接收器。

从主要功能来说，智能手机整合了电脑、电话、电视、图书和互联网，从而实现了信息系统的"人体植入"；换句话说，手机也实现了人的手、眼睛、大脑、嘴巴和耳朵的整合，并将人体与机器整合成一个新的"电子人"——一个人和机器的混合体。

电子人颠覆了人类与机器的区分，实现了人类智能与机器智能无缝连接。人类的功能扩张了，以电子辅助设备或假肢延伸，改变了原有的认知系统，使人类精神世界发生了根本性的改变。打个比方，手机就像乌龟身上的甲壳一样，成为人身体上的壳，从而使人的生物体发生了某种诡异的进化或者变异。

从 iPhone 出现以来，智能手机就基本定型，大部分手机都是一块玻璃面板和触摸液晶屏的长方体，扁平而又光滑，让人可以舒适地拿捏把玩，只需要拇指就可以操作，点击、滑动、拖动、选择和分享，甚至连猴子和婴儿都会迷上它。

乔布斯曾经开启了 PC 时代，他最后又成为 PC 的终结者。

现代人都追求方便，但方便的缺点是明显的。移动设备显然不如个人电脑那么开放，手机以封闭和专用见长，因此失去了调整和编程的可能。手机网民更接近于电视用户，从而成为信息的接受者。APP（手机软件）不同于网页，每个APP都如同一个深沟高垒的营地，互不沟通，互联网因此而显得支离破碎。但不管怎么说，手机无疑已经成为互联网的主流终端。

手机不仅颠覆了PC时代，也颠覆了微软的霸主地位。在iPhone诞生的同时，谷歌推出Android（安卓）操作系统。

Android一词的本义指"机器人"，最早出现于法国作家利尔·亚当在1886年发表的科幻小说《未来夏娃》中。不管是iPhone还是Android，现在人们都使用类似的软件和硬件，智能手机带给现代人一种类似的生活方式。

传统时代的人类为食物奔波，如今我们面对丰盛的食物首先做的是用手机拍照。对现代人来说，最重要的是神经系统，是时刻保持与外部世界的联系。比起满足某些现实的需要来说，与外界持续不断的互动更让人兴奋。通过社交软件，对一个人从陌生到熟悉的路径大大缩短；一个陌生人可以快速升级为好友，但原本最熟悉的家人、同学却越来越疏远。

无论是从现实原因还是心理原因看，手机网络几乎满足现代人关于马斯洛金字塔的所有需求，从生存、安全感、社交、被尊重到自我实现，手机几乎就是现代人的"阿拉丁神灯"。人们早已习惯了通过手机来欣赏美景和享受美食，手机的拍照功能配合各种社交媒体的直播，构成现代人"炫耀性消费"的玻璃橱窗。

目前手机在中国人均超过1部，全国手机用户数量超过13亿，短视频用户超过10亿，位居全球第一。随着实名制的实施，手机在当下中国就像当年汽车在美国一样，成为公民身份的象征。以手机为平台，滴滴和美团不仅改变了人们的生活方式，也改变了城市的生态，这为下一步无人驾驶汽车完成了铺垫，届时不仅出租车可能会消失，连私家车可能也失去了存在的意义。

手机越来越多地支配着人们的生活空间。人们真正用手机来处理工作的时间其实不多，大部分时间都在浏览新闻、玩游戏、看肥皂剧和看小说，等等，让各种碎片化信息填满脑袋，只为了保持与这个世界的连接。除此之外，就是用手机与人聊天或者围观群聊，保持与他人的沟通。也就是说，手机让人时时刻刻都处于社会和人群之中，扮演着社会人的角色。反过来，这也说明我们害怕孤独，害怕被遗忘，不能独处，一个人的时候会感到无聊和恐慌。正如弗洛姆所说，现代人因为害怕孤独而"逃避自由"。实际上，手机不仅让人更加孤独，也平添了更多焦虑。沉迷手机的"拇指一族"也许是人类有史以来最严重的"笨手族"，日本记者石川结贵则直言不讳地称其为"手机废人"。

据说，现在很多车祸是因为司机在开车时玩手机导致的。虽然手机严重分散了人们的注意力，侵犯了人们的私人时间，但人们仍然乐此不疲。人们对待手机，更像是对香烟，已经失去抵抗力，完全上瘾了。

在人们沉迷手机的同时，一些机构和黑客也通过它悄然潜入。很多时候，当使用手机时，人们其实都是在用隐私换取方便。人们在日常活动中生成的大量数据，很有可能被一些组织和机构通过手机搜集并利用，而你却对此一无所知，甚至也无能为力。

2016年，苹果公司拒绝了美国联邦调查局（FBI）以反恐名义索取用户数据的要求，但并不是每个公司都能如此。实际上，一些依靠手机和网络软件的运营商并不在乎服务收入，因为它们利用客户的"大数据"，往往能够获得不可思议的商机和暴利。[5]

网络与社会变革

美国心理学家马斯洛将人的需求从低到高分为五个阶段，依次是生理需求、安全需求、社交需求、尊重需求和自我实现的需求。按照马斯洛的需求理论，第一次和第二次工业革命主要是满足人的生理需求和安全需求，而信息技术革命更多的是满足了人们的社交需求、尊重需求乃至自我实现需求。

新的技术革命催生新的交往方式和信息传播方式，同时也在塑造新的语言、新的文化与新的社会亚群体。

苹果手表的出现，某种程度上再一次唤醒了现代人关于机器和时间的最初记忆。"人是悬挂在自己编织的意义之网上的动物。"韦伯的这句话在今天看来简直就是先知的预言。

互联网创造了一种新的时空观，空间消失了，人们不再考虑距离，只关心时间，人类能够低成本地进行超大规模合作，让群体智慧的潜力得到充分挖掘。同时，任何人都可以在任何时间、任何地点与世界上大多数人保持联系——这种前所未有的通信技术构成了现代社会变革的重要前提。

所谓"互联网思维"，不仅意味着一个新的理念，更意味着一种新的价值观：开放、透明、协作与分享。

互联网革命的另外一个重要影响，就是传统媒体的衰落与自媒体的兴起。

2004 年，Facebook（脸书）创立了一个过去从没有过的信息获取方式：每个注册用户看到的信息流都是通过用户自己决定关注谁而获得的，这完全不同于以前信息的传播方式。传统的信息传播是高度中心化的，每个人获得相同的信息，现在人们至少在一定程度上能够自己决定看什么和不看什么。

自媒体以"去中心化"赋予每个人话语的权力，平等的话语权塑造了一代互联网公民。社交媒体以爆炸的方式迅速崛起，这虽然增强了普通人的发言权，也让人群更加分化和对立，群氓主义和民粹主义找到新舞台。所以有人批评社交媒体上的年轻人"装腔作势且缺乏同理心"，并且"恐惧与他人持不同的意见，因此剥夺了自己思考、学习和成长的机会"。

总之，这场"互联网革命"导致信息的民主化和免费化，使传统的图书、杂志、报纸、电视等媒体的地位一落千丈。

作为一种最广泛、最有力的大众媒体（媒介），互联网大大降低了交易成本。基于互联网的"网店"与电子支付技术，改写了人们的消费观念和传统商业格局，不仅时间和空间区隔被消除，而且"长尾效应"也使"少量需求"和小众群体成为一种普遍现象。

随着物流业的迅猛发展，人们足不出户便可购物，消费大规模地转移到互联网上，无现金支付正成为一种大趋势。在中国，电商经济的发展尤其迅猛，已经占据了整个零售额的半壁江山。[6]

如今，人们生活的方方面面都已经被智能手机连接起来。"移动互联网"彻底实现了人与人的真实连接，这无疑是一场社会革命。有一种说法认为，互联网使人们的身份多元化，地位民主化，权利分散化。

互联网形成了一个"扁平的世界平台"，使得"人微言轻"的普通人能够以个人的形式采取全球行动，个人因此被赋予了强大的力量。但同时应当承认，社交媒体在团结公众的同时，也创造了一个数码"环形监狱"。[7]

在家居场所、工作场所之外，互联网作为一种第三空间，占据着一个介于公共空间和私密空间之间的私人化地带。人们在这一空间的行为兼具公共和私密两种性质。用来记录一个人上网痕迹的服务器日志很容易变成一种监视工具，尤其是各种社交软件，最容易引发隐私与安全方面的问题。

2013年，斯诺登将美国国家安全局的网络后台监视系统公之于众，引起轩然大波。[8]按照他的说法，"你能阅读任何人的电子邮件，只要你有邮件地址。你能看到任何网站的输入、输出数据。任何有人正在操作的电脑，你都能看到它的屏幕。任何笔记本只要被跟踪，你就能追踪它在世界任何角落的移动"[1]。

早期的互联网几乎是自由主义者和无政府主义者的全球化乌托邦。《赛博空间独立宣言》完全模仿了《独立宣言》的风格："工业世界的政府们，你们这些令人生厌的铁血巨人们，我来自网络世界——一个崭新的心灵家园。作为未来的代言人，我代表未来，

1- ［英］詹姆斯·布莱德尔：《新黑暗时代：科技与未来的终结》，宋平、梁余音译，广东人民出版社 2019 年版，第 188 页。

要求过去的你们别管我们。在我们这里，你们并不受欢迎。在我们聚集的地方，你们没有主权。我们没有选举产生的政府，也不可能有这样的政府。所以，我们并无多于自由的权威对你发话。我们宣布，我们正在建造的全球社会空间，将自然独立于你们试图强加给我们的专制。"[1]

其实从一开始，互联网的自由与自治精神就遭到传统权力的抵制。互联网并不能突破国家的藩篱。

人类世界始终处于竞争和冲突状态，虽然互联网让世界越来越扁平化，但以国家为单位的竞争和冲突仍将继续，甚至会愈演愈烈。在一个共同的公共广场，各种不同的价值观针锋相对，技术竞争与资源争夺更加激烈。

在这个由计算机与互联网技术打造的全球化3.0时代，包括人力资源在内的一切资源都被置于同一市场，人类前所未有地站在同一起跑线上。

在电脑和互联网普及之前，收音机和电视曾是西方家庭的壁炉，或者说是客厅的主人，一家人都围绕着它们生活。按照安德森的媒介资本主义说法，电视与网络所创造的"电子资本主义"已经取代了传统的"印刷资本主义"。

按照一位传播学家的说法，传统的甲骨、青铜、石碑、竹简和羊皮卷都属于重媒介，功能上储存大于传播，它们使文明能够连接

1- ［德］乌尔里希·贝克等：《全球的美国？——全球化的文化后果》，刘倩、杨子彦译，河南大学出版社2012年版，第434页。

过去，保持历史的永恒。相对于重媒介的轻媒介就是纸，纸非常便于传播，从而使帝国得以出现。与纸相比，电子媒介将传播功能发挥到极致，但同时也失去了与历史的连接。

有人认为，互联网普及之后这二三十年，尤其是从 PC 端转移到智能手机之后，人类整体的智慧不但没有提高，反而退步了。[9] 从某种意义上说，手机互联网实现了极度的平民主义，降低了获得信息的门槛，专家被污名化，廉价的平等侵蚀着人与人之间的信任和尊重，"沉默的螺旋"[10] 无处不在，反精英反理性和群氓主义很容易成为社会主流。在美国内华达州共和党初选中赢得高中或以下教育水平的人 57% 的票数之后，特朗普宣告："我热爱教育程度低的人。"

跟任何机器一样，网络这东西会用能增益，不会用反而有害。一般而言，互联网之利不言而喻，但对有的人来说，只有沉迷其中的虚无和娱乐至死，这与以前人们沉迷电视是一样的。[11]

早在 1881 年，美国神经病学家乔治·比尔德就对电报和报纸提出批评："我们匆匆忙忙就建立一个系统，浮光掠影地理解科学，在日常生活中也是一味求新猎奇。"针对"数字生存"带来的困惑，美国科技作家卡尔总结为"浅薄"；德国著名脑科学家施皮茨尔则用了"数字痴呆症"这个警告性的新词；法国认知神经科学专家米歇尔甚至说，过度的电子产品使用是人类历史上前所未有的"大脑切除术实验"。

互联网时代的人常常以为，只要信息自由流动，人就可以获得思想自由。思想包括信息、知识和智慧。互联网只是促进了信息的传播，而信息的泛滥反而可能会抑制知识的获取，让智慧更加遥不可及，甚至信息、知识和智慧之间的区别将会消失。同时，计算机、互联网以及通信技术也减弱了人们对"意义"和"记忆"的关注。

2020年，法国国民议会表决通过一项新法案，全面禁止幼儿园、小学和初中学生在校园内使用智能手机、平板电脑、智能手表等各种具有联网功能的通信设备。这其实只是一个开始，2021年，中国也出台了类似的规定。在荷兰，不仅规定未成年人不得使用手机，并且成年人也不得当着未成年人使用手机，将其视为危险示范。

在智能手机时代，信息的视频化在某些方面逐渐取代大众阅读和面对面的交流。以网络为主的新兴大众传媒，带来了信息和知识的民主化，但也颠覆了启蒙文化的理性思考，同时也在瓦解民主本身。

当今的大众英雄不再是拥有强权的人，比如帝国缔造者、发明家或者颇有成就的人。甚至很多人眼中的名人就是电影明星和歌手，这些"名人"常常宣扬一种快乐哲学，远离规训与劳动。事实上，这种名人效应只有流量而没有思想，这是信息时代的特点。一个名人之所以是名人，不是他做了什么，而是人们都知道他是名人。

赫胥黎是奥威尔在伊顿公学的老师。作为著名的反乌托邦作家，奥威尔担心文字狱和禁书，赫胥黎则担心无人读书；奥威尔害怕信息短缺，赫胥黎则担心被信息淹没。奥威尔预言"老大哥"通过机器监视着人们，精巧的机器沦为一种邪恶的权力技术和统治手段；赫胥黎则认为，人类失去自由和历史并非因为"老大哥"，而是人们过于依赖和崇拜那些使人丧失思考能力的工业机器。

20世纪40年代的美国正值报纸的黄金时代，各行各业的专家学者都勤于笔耕，热衷于成为各大报纸的专栏作家。李普曼就是其时名震一时的公共知识分子之一，他在《舆论》一书中坦言："报纸被民主主义者当成了弥补民主制度自身缺陷的灵丹妙药，然而新闻的特性及对新闻业经济基础的分析表明，报纸不可避免地反映并强化着舆论机器的缺陷。"[1]

其实，将这段话中的"报纸"换成"互联网"也同样成立。

现代世界虽然在科学技术和文化方面越来越全球化，但思想上却越来越部落化；互联网让信息传播越来越普及，但人们对常识和真相却知道得越来越少。人类离其他的行星越来越近，与同一个地球上的同类却越来越远。面对对世界资源与权利的前所未有的激烈争夺，人类社会正把自己撕裂，撕裂成越来越小的碎片。

互联网曾给我们制造了一个信息海洋，但如今的算法却编织了一个个"信息茧房"[12]。在所谓的"后真相时代"，每个人活在自己的信息茧房中，只看到自己想看的，只听到自己想听的，这就像袁世凯和《顺天时报》一样，带来可怕的后果。

据说，袁世凯当总统前很喜欢看《顺天时报》。有一段时间，《顺天时报》连篇累牍都是劝袁世凯早日登基的马屁文章，这让袁

1- [美] 沃尔特·李普曼：《舆论》，常江、肖寒译，北京大学出版社2018年版，第26页。

世凯以为民意支持他登基称帝。其实他看的那份《顺天时报》，是他的儿子袁克定专门为他印制的。袁世凯对《顺天时报》信以为真，结果称帝后引发国内外公愤，郁郁而终。

在印刷时代，要给每个人定制一份《顺天时报》是不可能的，但在互联网时代却变成轻而易举的事情。由此带来的回音壁效应[13]势必会粉碎社会共识，引发社会撕裂。有人指出，互联网已经颠覆了传统的社会权力结构，网络社交平台正成为覆盖面最广、穿透力最强、影响最深刻的超级权力。

2016 年的美国总统大选中，特朗普依靠网络社交平台的优势意外获胜。4 年之后的大选中，他却遭到网络社交平台的集体封杀，这让很多人开始意识到"数字独裁"的威胁。《纽约时报》评论说，多西（推特）和扎克伯格（脸书）的名字从未出现在选票上，但他们拥有一种地球上任何民选官员都无法宣称拥有的权威。

在 2022 年的俄乌冲突中，互联网和自媒体成为另一个没有硝烟的战场。一方面，"信息茧房"使得人们的价值观更加对立；另一方面，社交媒体也重新定义了政治与战争的内涵。乌克兰总统泽连斯基足不出户，就可以在世界各国到处演讲，争取支持。在冲突现场之外，虚拟现实的赛博空间构成了一个更为广泛的战场，马斯克甚至为此特意提供了星链系统作为支持。

神奇的游戏世界

在动物世界中，尤其是哺乳动物，几乎都有游戏的天性。游戏也是动物熟悉生存环境、彼此相互了解、学习生存能力的必由之路。用柏拉图的话来说，游戏是一切幼子（动物的和人的）生活和能力跳跃需要而产生的有意识的模拟活动。

古希腊历史学家希罗多德曾经讲过一个古老年代游戏救国的故事：

> 大约3000年前，阿提斯在小亚细亚的吕底亚为王，有一年，全国范围内出现了大饥荒。起初，人们毫无怨言地接受命运，希望丰年很快回来。然而局面并未好转，于是吕底亚人发明了一种奇怪的补救办法来解决饥馑问题。计划是这样的：他们先用一整天来玩游戏，只是为了感觉不到对食物的渴求……接下来的一天，他们吃东西，克制玩游戏。依靠这一做法，他们一熬就是18年，其间发明了骰子、抓子儿、球类以及其他所有常见游戏，只有跳棋这一项，吕底亚人说不是他们的发明。[1]

1- [古希腊] 希罗多德：《历史》，徐松岩译注，中信出版社 2013 年版，第 50 页。

游戏最早的雏形，可以追溯到人类原始社会流行的活动，如捉迷藏、扔石头、射箭。这些游戏显然是为了增强野外生存能力而设计，同时让无事可做的人们有事可做。进入文明社会后，人们的闲暇更多，游戏也更加复杂和高级，出现了各种棋牌和一些竞技游戏项目，而且许多体育比赛其实也都属于游戏。

随着计算机和互联网的出现，游戏迎来了一个前所未有的新时代。甚至可以说，在那个"个人计算机实际上什么也做不到"的年代里，正是电子游戏的出现才推动了个人计算机的普及。

电子游戏以其多样和虚拟的真实，远远超越了人们对传统游戏的印象。传统游戏只能算是一种"拙劣"的娱乐工具，而如今的电子游戏已经越来越接近真实世界，甚至在一定程度上超越了真实世界，因此有人将其称为"第九艺术"。相对于传统的八大艺术（文学、音乐、舞蹈、绘画、雕塑、戏剧、建筑、电影），游戏不仅有强烈的交互性，而且有其明确的目的性。

虽然大多数游戏是以休闲娱乐为主，但仍有不少严肃游戏能够将知识、经验和技能融为一体，让人在游戏中不仅能学到很多知识，而且能体会到学有所成的成功感。这就是电子游戏的神奇魅力。

电子游戏的历史与电脑的历史几乎是重合的。1958 年，美国物理学家威利·希金博特姆用示波器演示的双人网球算得上是世界上第一款电子游戏。

进入 20 世纪 60 年代后，电脑技术取得突破性发展，当时几乎所有美国大学都有了计算机，很多学生都在学习编程。史蒂夫·拉塞尔——这位麻省理工学院学生借用当时流行的星球大战文化，在美国 DEC 公司生产的 PDP-1 型电子计算机上制作了一款宇宙战争主题的游戏，命名为"RUN"。这个电脑游戏曾经风靡一时。

一般认为，拉塞尔是电脑游戏的发明人。因为游戏的意外诞生，人与机器的交互方式发生了根本性改变。

美国从城市兴起时就有着根深蒂固的酒吧文化和咖啡馆文化，在这些地方会摆放一些电动弹珠台之类的游戏装置。这些弹珠台在技术上不断升级，功能越来越多，声色俱佳，吸引了越来越多的人。

1972 年，被誉为"电子游戏机之父"的诺兰·布什内尔发明了第一台商业化电子游戏机。当时计算机的成本已经大为降低，诺兰的游戏机其实是一款虚拟的乒乓球游戏机，与传统弹珠台不同，诺兰的"乒乓球"完全是一个无重力的电子图形，但它遇到光源的碰撞后，竟然也能跟真正有重量的乒乓球一样，依照物理法则运动。与真实的乒乓球不同的是，它根本不需要对手，而是与电脑进行对打。

诺兰的游戏机一经面世，就把玩弹珠台的人们都吸引过来。当时没有接触过游戏机的人很多，大家就像看"魔术"一样，既好奇又兴奋，每个人都跃跃欲试，想在游戏中打败那个看不见的对手。

仅仅 1973 年一年，诺兰的公司就制造了 1 万台这样的游戏机，净赚了 300 万美元，成为当时风头无两的创新公司。诺兰的公司名为"ATARI"，来自日语中的一个围棋用语（雅达利），这是欧美公司第一次用日语来命名。

这一时期，日本在世界电子电器行业异军突起。任天堂原本是一家经营扑克牌的百年老店，他们敏锐地意识到游戏业的新方向，便努力开发家用游戏机，后来推出第一款 8 位游戏机。世嘉和索尼等公司也随后跟进，他们共同挖掘出了一个巨大的家庭游戏机市场。

1986 年，美国 ABC（美国广播公司）频道通过电视直播两个孩子玩任天堂游戏机的比赛，这被视为电子竞技登上世界舞台的开始。

随着苹果个人电脑问世，电子游戏迎来了真正的春天。

尽管这些早期的电脑游戏从图形效果上看还非常简单粗糙，但各种类型化的游戏纷纷登场，电脑的商业化与游戏的商业化互相激荡，将游戏设计带入一个不可限量的未来。

从 20 世纪 80 年代到 90 年代，电脑软硬件逐步完善，有了更好的显卡和声卡，再加上多媒体与互联网，电脑游戏进入黄金时代。当时不少人买电脑的主要用途就是打游戏。

在整个电子游戏中，电脑游戏逐渐占据了越来越重要的位置。位于得克萨斯的 ID 公司在《半条命》和《反恐精英》之后，又在 1993 年推出《毁灭战士》，这种基于第一人称的射击游戏彻底改变了电脑游戏产业，具有里程碑意义。

与此同时，位于拉斯韦加斯的韦斯特伍德公司开发出了《沙丘魔堡》和《红色警戒》，由此开了即时战略游戏的先河，后来的《魔兽争霸》与《星际争霸》都是他们的徒子徒孙。

至此，电子游戏的三个主要类型都趋于成熟——体育模拟游戏、第一人称射击游戏和即时战略游戏。1997 年正值亚洲金融危

《红色警戒》曾经风靡一时

机爆发，来自美国的《星际争霸》和《反恐精英》掀起一场全球电竞游戏热潮。进入新千年后，电脑从软硬件到互联网的发展更是一日千里，狂热的电脑游戏将全世界数字化的新一代年轻人都席卷其中。

《命令与征服》最早实现了基于局域网的多人游戏，在此之后，网络游戏很快成为电脑游戏的主流。接下来，iPhone拉开了智能手机的序幕，游戏和网络一起从PC转移到手机上。无论是中国还是全球，移动游戏（也被称为"手游"）越来越成为主流，而4G、5G技术更加速了这一趋势。

中国于1994年接入国际互联网，在之后的几年，受限于个人电脑和联网的昂贵成本，大量公共网吧如雨后春笋般出现，并爆发式增长，网络游戏成为很多人光顾网吧和上网的唯一理由。尽管中国政府于2004年曾经出台过《关于禁止播出电脑网络游戏类节目的通知》，但在 4 年之后，电子竞技游戏还是获得了合法性，并被批准为第 78 号正式体育竞赛项目。

令人印象深刻的 2021 年东京奥运会开幕式，特意以电子游戏音乐作为背景音乐。实际上，体育运动也是一种游戏，而奥运会则是国家之间的游戏。

有人说，人类的精神需求不外乎三方面，即舒适、荣耀和刺激。其中刺激是最难得的，代价也最高，只有极少数人才能享受烽火戏诸侯这样的"刺激"。如今，电脑游戏就以其低成本充分满足了一般人"及时行乐"的体验性需求。这是一个极其广阔的大众市场，所以电脑游戏成为一个价值数千亿美元的产业。

席勒在《审美教育书简》中写道："只有当人充分是人时，他才游乐；只有当人游乐时，他才完全是人。"从文化意义上来说，一部人类游戏史的背后，是一部人类技术史和人类心灵史。

在现代社会，城市生活空间不断在走向隔离与割裂，而在孤独的现实中，电子游戏提供了一种逃离和慰藉。游戏如同是一个切换空间的理想轨道，只要随手打开一款游戏，你就可以马上从身边的物理环境中逃离，进入一个神奇的魔幻世界。怪不得美国林登实验室将其开发的一款游戏命名为"第二人生"。

古人说，人生如戏；对现代人来说，却是人生如游戏。人们不禁会问，现实与游戏，哪个更容易？

虽然游戏是现实的镜像，但在某些人看来，这个镜像却比现实更完美，更有趣，更能让人随心所欲，找到自我。对于那些深陷其中无力自拔的玩家来说，现实实在是一个设计得太糟糕的游戏，

"现实已经破碎，而我们需要创造游戏来修复它"。游戏能满足他们在现实中无法满足的需求，带来现实世界提供不了的奖励，并将他们彼此联系在一起，构成一个与现实平行的虚拟社会。

在一些人看来，游戏只不过是将人类狩猎本能进化替代的产物，但虚拟现实所涉远远大于传统游戏的范畴。VR（虚拟现实技术）打开了这道众妙之门，游戏者可以尽情体验现实中难得的经历。当身体的物理限制和相关行为限制被解除之后，人们在虚拟世界里的沉浸式体验将会深刻地改变人类的现状，包括人类的思想与生活。从这个层面来说，游戏是自由的替代物。

当然，电脑游戏从来不乏批判者，有人甚至将其斥为"电子毒品"。电脑游戏尤其容易让未成年人沉迷其中。游戏本来是儿童的天性，但长期沉迷电脑游戏必然影响学习。

无论虚拟的游戏场景设计得多么美好，总还是无法摆脱其机械的属性，除了视觉和听觉，人的触觉、嗅觉和运动其实还是停留在现实里。游戏只不过是以电脑制造的假象来欺骗人脑罢了。从逻辑原理来说，电脑游戏的玩家所体验的只是一种对机器的控制欲，这其实是人们在这个疯狂的机器时代最普遍的心理需求。

或许，我们真正害怕的不是游戏，而是在游戏结束、现实开始时迷失了方向。这正如鲁迅先生所说："人生最苦痛的是梦醒了无路可走。"[1]

1- 鲁迅:《娜拉走后怎样》，载《鲁迅全集》第一卷，人民文学出版社 2005 年版，第 166 页。

机器人

自 1946 年第一台电子计算机问世至今，才过去了 70 多个年头，计算机与通信线路连接起来的全球网络，已经是人类有史以来所建造的最大机器。

正像凯文·凯利所说，互联网是世界上最大的复印机。在互联网上，一切都可以复印，一切都变成了复制品，而且最重要的一点是，复印和复制都是免费的，至少是廉价的。在经济学上，一旦某个东西变得廉价、免费和易得，它就会无处不在。

互联网时代，信息呈指数级爆炸，但人脑却没有——人类大脑每秒钟只能处理 110 字节的信息，一生也不过 1730 亿个字节。计算机正越来越多地接替我们思维和记忆的任务，同时，传统的人工流水线大多被机器人之类的高级工业手段所取代。

从 20 世纪 70 年代以来，微处理器的价格与原先相比微不足道，工业生产率却被提高了数万倍，传统工业体系被彻底颠覆。电子芯片已经成为现代经济的支柱，被用于写字楼、超市的收银台、电话交换机、电站、纺织厂和各种生产线。微型处理器被安装进汽车、设备和各种电器中，在诸多自动化工厂中，高度先进的程序控制设备基本代替了工人。

机器人具有极高的自调能力，除维修保养外，不需要任何人力。自动化时代的到来，"在几十年里就使工厂变得空空荡荡，把人类从它最古老最自然的重负 —— 劳动的负担和必需性的束缚中解放出来"[1]。

在西方语言中，"机器人"一词来源于捷克语"Robota"，指的是重复乏味的工作，类似苦力、劳役、奴隶之类。这说明机器人的诞生，就是为了代替人类执行那些需要高度精确性，同时又具有重复性的任务。[14]

1948 年，福特汽车公司设立了一个自动机械部门，"自动化"（automation）和"自动工厂"风靡底特律。自动化的机械手和机器人等连续自动工作机器，配合各种专用机床，构成一个完整高效的新式生产体系，这被称为"底特律自动化"。

其实，在石油化工领域，很早就实现了从原料到产品工序全部自动控制的自动化生产过程。从工序自动化到工业自动化，这主要得益于电子技术的进步。

即使自动化早期的机器，也已经体现出相对于人的技术优势。"机器起到了取代人的感官的作用，包括精确测量形状、大小和重量以及测试压力和温度的能力，在 30 年代又结合了最早的在商业上可行的光电管。这个'现代科学的阿拉丁神灯'能够比人眼看得更清、更远，没有错误、疲劳和色盲。它证明了自己是一个无与伦比的仆人，可以用来分类物品，匹配色调，计算打眼前经过的

1-［美］汉娜·阿伦特：《人的境况》，王寅丽译，上海人民出版社 2009 年版，第 4 页。

物体，调整光亮，让电梯与地板自动对齐，开门，以及守卫大门和监狱的高墙。"[1]

1954 年，美国发明家乔治·德沃尔设计了第一台可编电子程序控制的工业机器人，并于 1961 年获得了该机器人的专利。后来，德沃尔和企业家约瑟夫·恩格尔伯格联手建立了世界上第一家工业机器人公司。同年，大众汽车公司使用了第一个工业机器人——通用机械臂。这个工业机器人能完成复杂的工作，如汽车制造中的焊接和喷漆；还擅长做单调乏味的工作，如把加工好的部件从机器上卸下来。

从此以后，这种机器人便在世界许多发达工业国家推广起来。

1984 年，世界上第一座实验性"无人工厂"在日本建成运行。工厂里安装有各种能够自动调换的加工工具，从加工部件、装配成型甚至到最后一道成品检查的工序，都可在无人的情况下自动完成。无人工厂由数控机床等各种机器构成的自动输送系统、自动仓库系统和电子计算机控制的管理系统所组成，各个生产环节的人员只需要将生产任务编制程序号码送到电子计算机控制中心，由一个人通过电视监视装置观察机器的运转情况就可进行生产。

在这里，所有工作都由计算机控制的机器人、数控机床、无人运输小车和自动化仓库合作实现，工人成了"指挥员"和"医生"，不再需要直接参与具体的生产工作当中，工业机器人则成了具体完成工作的"工人"。

1-［美］狄克逊·韦克特：《大萧条时代》，秦传安译，新世界出版社 2008 年版，第 284 页。

飞利浦公司从 1939 年就开始生产电动剃须刀，如今，他们在荷兰乡间建成的电动剃须刀组装工厂全部使用机器人。

在这里，128 个机器人以瑜伽式的灵活度做着同样的工作。摄像头引导它们进行的操作精确度远远超过最灵巧的工人。机器人不停地在两条连接线上作出三道完美的弯，然后将零件穿进肉眼几乎看不见的小孔中。

这些机器人每天 24 小时、每年 365 天不停地工作，不需要休息。一个机器人每两秒钟完成一次装配，每分钟可制成 30 个剃须刀，一年就能生产 15768000 个。[1]

在美国，制造一个工业机器人的初始成本约 25 万美元，可替代两名机器操作工人，一个工人的年薪约 5 万美元。以机器人 15 年工作周期计算，一个机器人通过取代人工和提高生产率，能节省数百万美元的开销。

机器人并不只是对人的取代，它在很多方面远远超过人。也就是说，许多机器人能做的工作是人无法完成的。在机械加工领域，一些机械零件只能靠数控机床来加工；离开数控机床，人对此无能为力。

机器人能够以人无法达到的精度，去测量一块钢板的厚度，并发现其内部缺陷；机器人也能够以人所不具备的洞察力监视生产，并进行各种调节和控制。事实上，许多机器人所掌握的高深科学原理，已经远远超过一般人的理解能力。[15]

1-［美］约翰·马尔科夫：《与机器共舞：人工智能时代的大未来》，郭雪译，浙江人民出版社 2015 年版，第 67 页。

在富士康的流水线上，有很多比较简单重复的工作，比如重复点击某一个按键，以前都是工人来操作，现在由机器人来完成，不仅可控性高，而且效率也会提高一些。

昆山作为中国制造业基地之一，2015年包括富士康在内的35家台企总共投入了40亿元应用人工智能技术。通过使用机器人，富士康昆山工厂的员工人数从11万减少到了5万。在2012—2016年间，富士康已有40万个工作岗位被机器人取代。

很多生产线和工厂实现了完全自动化，不需要人，甚至不需要开灯。这样的"熄灯车间"其实只是近年来这场"机器换人"浪潮中的一朵浪花。如今，珠三角很多企业都在使用机器人，其自动化程度远远超出人们的想象。

中国的自动化起步虽晚，追赶速度却很快。从2013年到2016年，中国制造业平均每万名员工中的机器人数量从25台增加到了68台。2017年，中国成为工业机器人的主要购买国，销往中国的工业机器人占全球总销售额的35.6%。2019年，中国每万名员工中的机器人数量已经达到140台，与西方发达国家基本持平。麦肯锡估计，到2030年，自动化可以取代中国制造业五分之一的岗位，近1亿工人需要重新求职。

在迅猛发展的物流快递业中，具备搬运、码垛、分拣等多功能的智能机器人如雨后春笋般蓬勃发展，而且末端配送环节机器换人的速度也在不断加快。机器人能以世界短跑冠军的速度将货物存放、取出、包装起来，大大高于人的工作效率。

全球超级电商亚马逊收购美国基瓦（Kiva）机器人公司后，越来越多的机器人出现在其大型配货中心。亚马逊新开业的便利店

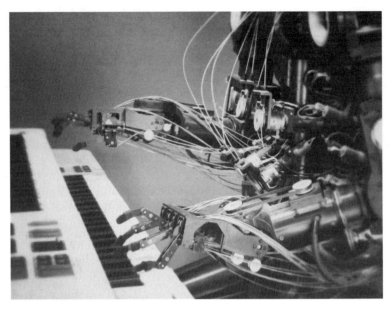

弹琴的机器人

使用计算机视觉和机器学习算法来追踪购物者，并对商品收费，从而取消了传统的结账柜台和收银员岗位。

在中国，饭店和宾馆业已经有许多内部配送机器人在运行。作为中国最大的配送公司之一，美团公司崛起后，不断招募外卖骑手，吸纳了大量制造业工人。相较于那些流水线工厂工人，外卖骑手这个职位因其自由和无门槛而备受"追捧"。2021年，美团再次融资100亿美元，主要投入无人配送领域研究，其意图很清楚，现有的美团骑手在未来可能被无人机取代。实际上，美团无人配送已开始落地。试验型的美团新一代自研无人配送车装载量达150公斤，容积近540升，配送时速最高20千米/小时。一个外卖箱子大概 1.5 公斤，一辆无人配送车的配送量相当于 100 人次的配送量，而这还不包括配送时速上的差距。

　　柯达相机刚上市时有一句著名的广告词："你只需按下按钮，剩下的事情都交给我！"这句话用在机器人身上更加合适。机器人现在可以从事各式各样的任务：进行外科手术、挤奶、搬运货物、军事侦察和打击。在这场"机器人革命"中，机器与人即将展开贴身肉搏。

　　在美国，由机器人驾驶的"自动驾驶汽车"已经"上路"。[16] 1900 年时，美国大街上大都是马车，但是只过了十几年，街上就几乎都是汽车，而没有马车，这是极其惊人的转变。可以想象，等到 2035 年时，街上可能大多是自动驾驶汽车，人类驾驶则变成了极少数。

　　如果说当年马车夫、黄包车夫还可以变身为出租车司机的话，那么无人驾驶汽车的出现，则意味着一个古老行业的彻底终结，就如同当年汽车终结马一样。

　　对无人驾驶汽车来说，超人的感知力让它可以在不到一毫秒的时间内刹车，而人类驾驶员需要一秒左右的时间。当自动驾驶成为安全可靠的普及性产品时，数以亿万计的驾车者免去了在驾驶、停车和加油方面的麻烦，路上更加轻松；如果共享汽车普及的话，人们甚至都不必拥有自己的汽车。这样一来，困扰城市的交通事故和拥堵现象也将得到顺利解决。

　　2021 年，通用公司宣布已经开始自动驾驶汽车的商业量产。有人预计，在未来 25 年，美国汽车销量可能会下降约 40%，降至 950

1960 年想象的未来的自动驾驶汽车

万辆。在长途运输方面，现在的货运卡车将被无人驾驶卡车代替，不再需要司机，车辆也不需要配备驾驶室，未来的卡车将变成"自动驾驶的集装箱"，这可使运输成本降低近一半。

在中国一些城市，自动驾驶的洒水车和清扫车已经像扫地机器人一样上街。专家估计，无人环卫在中国的潜在市场空间高达3291 亿元，如果在各个城市实现大规模商业化应用，可以填补环卫工人的人力缺口。

汽车从 100 多年前出现以来，就基本定型——人类驾驶与内燃机驱动。如今这两项内容都将被改变，自动驾驶的电动汽车正向人们驶来。从历史来看，自动驾驶与汽车的出现一样，必将带动相关行业和城市面貌的剧变。目前正处于一场机器革命的临界点，我们将有幸亲眼看到，这场革命如何从根本上改变我们与世界的互动方式。

1907 年 4 月 24 日，纽约灯夫工会宣布罢工，曼哈顿街头的两万多盏路灯无人点亮，整个城市一片黑暗。

灯夫罢工的原因并非工资，而是抗议电灯的出现。自从 1414 年伦敦出现路灯，就有了灯夫这个职业，每到天黑灯夫们会举着火把给路灯一一点火。一个灯夫只能管 50 盏路灯，而一个电工能管理几千只电灯。有了电灯和开关，灯夫这个古老的职业便失去了价值。正如当时的《纽约时报》所说："大都市的灯夫成了过多的技术进步的受害者。"[1]

有了印刷机，就不再需要抄写员；有了电灯，灯夫便会失业；类似还有电话接线员和电梯司机。同样，车床之后出现了装配线，数控机床的数量迅速增加，计算机代替了监工。随着工业产品产量的提高，工作岗位反而在迅速减少。

新的电脑与通信技术将世界推入"第三次工业革命"。数控机床的出现引发了管理革命——由管理人变成了管理机器；信息时代的软件技术使世界文明更加接近一个不需要工人的世界。但控制论之父诺伯特维纳警告说："让我们记住，自动化机器恰恰是奴隶劳动的经济等价物。"

在工业革命时期的卢德运动中，资本家使用一台机器的成本

1-［瑞典］卡尔·贝内迪克特·弗雷：《技术陷阱》，贺笑译，民主与建设出版社 2021 年版，第 2 页。

低于雇用一个熟练工人的成本。未来的情况可能是,生产一台机器的成本会低于雇用或培训一个工人的成本,而这些机器将由会学习如何生产机器的机器来生产。在现代经济中,机器由天才设计,由傻瓜操作。从企业管理来说,让机器替代人力的关键原因并不仅是机器提高了生产率,而主要是降低了生产成本;与人力资源管理相比,机器的设计、制造和管理要容易和便宜得多。

过去几十年,经济学家曾普遍认为,技术进步让劳动者增加的就业机会和失去的机会同样多。但现实越来越超出人们的预期,自动化不仅让工人的工资缩水,工厂的就业岗位也正在减少。尤其是在汽车制造、机械制造、电子器件、集成电路、塑料加工等较大规模的生产企业,工业机器人的应用更加普遍。

10年前,工业机器人协助工人完成生产任务;但现在,机器人淘汰了不少工人,剩下的工人有些只能给机器人打下手。有些人管这些按照严格自动化步骤劳动的工人叫"人肉机器人",他们根本不需要什么岗前培训。在生产线上,电钻都是由电脑控制的机械臂掌握,工人只需把机械臂拉到正确的位置,让机械臂钻孔。

机器从一开始就是工具的替代,每一台机器都由人来操作,但现在正向"无人机"转变,机器不用人就可以自己工作得很好。

从长远来说,技术进步能让人们更富有,生活得更好,但技术变革带来的短期阵痛总需要有人付出代价。科技能够增强人类的知识和力量,但是技术的不均衡也将导致权力和知识的集中化。从纺织厂到微处理器,自动化和计算知识的历史不仅仅是技艺精湛的机器逐步取代人工的过程。在这段历史中,权力越来越集中到少数人手里,知识也越来越集中到少数人的头脑中。

技术进步与"创造性破坏"总是相伴而生。事实证明，后工业时代很难复制工业时代的大规模生产。

自从工业革命以来，煤炭就成为支撑现代文明的主要能量来源。煤矿业不仅是资本密集型产业，也是劳动力密集型产业；同时，采煤一直都是危险的地下作业，塌陷、冒顶、煤层气泄漏等事故层出不穷，防不胜防。可以说为了获取煤炭，人类付出了极高的代价。

蒸汽机其实是为了采煤才被发明出来的，其最早的应用也是为了给矿井排水。从蒸汽机开始，人们不断地改进采煤技术，发明了各种机器设备，一方面减轻人的劳动强度，另一方面减少矿难发生的概率。说白了，煤矿机器的最终发展方向就是减少井下采煤人数。

如今，随着煤矿智能化，井下采煤工作基本交给了远程监控的机器人，实现了采煤自动化。依靠摄像头和传感器，人在地上监控室就可以操纵机器，不仅更加安全，效率也更高。采煤无人化正在成为普遍现象。

机器人革命正在颠覆传统的劳动密集型产业，将使许多以廉价劳动力为比较优势的发展中国家不仅享受不到人口红利，反而可能面临一场人口噩梦。

在孟加拉国、印度和巴基斯坦，总共有 2000 多万人在服装业就业。人们一直以为服装业不易受自动化的影响。例如棉布制作的 T 恤衫极其轻薄，容易卷曲，机器人根本无法像人手一样精准拾取和加工。但一家美国公司研制的自动缝纫机器人，已经可以代替工人对衣物和鞋类进行精确的缝纫和生产，生产一件 T 恤衫只需 22 秒，成本仅为 33 美分，每天能生产 80 万件 T 恤衫，其制造成本大幅下降。这对那些依靠传统劳动力优势的服装业大国来说无疑是一场噩梦，也不由得让人想到当年的工业革命。

在中国，曾经拥有数十万员工的食品厂正在变成无人工厂，因为机器人已经学会了包饺子。有人预计，机器人全面应用后，中国将释放超过 2.4 亿的就业人口。联合国预计，发展中国家将可能有三分之二的劳动力被机器人取代。

为了尽可能降低产品的总成本，有必要将工厂建造在原材料、劳动力和能源附近，或是靠近成品消费者的地方。如果机器人能够用比人类更低的成本生产任何产品，那么，工厂靠近市场而非廉价劳动力的源头，就变得更加经济。这也是近年来很多大型跨国企业陆续将工厂从发展中国家迁往发达国家的原因。

在过去，很多制造品是在穷国生产，在富国销售，而现在，穷国可能被抛弃了。

回想过去，古代社会以农业为主，绝大多数人都必须在田地里劳动，生产粮食；工业革命以后，人们进入工厂，操作机器制造各种商品。如今，无论是生产粮食还是制造商品，很多都交给自动化机器，人唯一可做的就是买和卖。当人类不再劳动和制造，所谓工作其实只是为了糊口罢了。

不管怎么说，后工业社会只需要极少数人去做研发、设计和管理，大多数人从事的工作与机器没有太大不同。

在一些发达国家，人们对自动化机器人的抗拒，不仅是因为它夺走了一些人的饭碗，还因为它没有"人情味"。

　　曾有两位前谷歌员工发明了一种智能化的无人售货机，购买者用 APP 打开柜门，选取自己要买的商品，摄像头配合扫描仪记录销售，并从购买者信用卡自动扣款。然而，令他们没有想到的是，"智能售货机"陆续进入办公楼和居民社区后，立刻招致了各种批评。人们认为，它对依赖小商店生存的低收入人群构成了威胁，同时这些售货机让买家来去匆匆，以前那种小店带来的社区感也随之消失。

人工智能

据说在 1769 年时，一位匈牙利工匠制成了一个会下棋的"机器人"，它外形是一个巨大的箱子，上面摆着一个棋盘，侧面安置有一个木偶人。在接下来的 40 年里，这个"机器人"打遍世界无对手。败在其手下的，既有雄才大略的拿破仑和腓特烈大帝，也有聪明过人的本杰明·富兰克林和查尔斯·巴贝奇。

实际上，这个"机器人"像木偶一样，所有动作都是由藏在箱子里的人操纵的。也就是说，这个会下棋的"机器"只是徒具人形而没有任何思维能力。进入电脑时代，机器不仅具备了思维能力，而且在逻辑思维方面更具优势，下棋不再是人类的专利。

1997 年 5 月 11 日，国际象棋大师卡斯帕罗夫与电脑对弈，最终 IBM 的"深蓝"获胜。这在当时成为轰动全世界的大新闻。

国际象棋一直被看作一种具有代表性的纯智慧活动，很多人虽然对人类体能远不如机器毫不在意，但却无法忍受人类在国际象棋上对机器称臣。卡斯帕罗夫在赛前扬言，他是为人类智慧的尊严而战，"我不能想象过一种计算机的知识比人更强的生活"；媒体将他形容为"人文的最后防线"，结果这道防线成为电脑时代的"马其诺"。

俗话说，三个臭皮匠，胜过诸葛亮。实际上，不论是搜索还

18 世纪的下棋机器人其实只是一个机械装置

是评估，"深蓝"的算法都包含了大量的人类智慧。 与其说"深蓝"战胜了人类，不如说超级计算机＋科学家＋一群顶尖棋手，战胜了一个卡斯帕罗夫。

与国际象棋相比，围棋要复杂得多，围棋的棋盘为 19×19 的网格，比国际象棋大，可能的下法超过已知宇宙中所有原子数目的总和。 巨大的变数和可能性，让围棋棋道被称为"人类智慧最后的堡垒"。 当年的"深蓝"要靠人工调试的算法，而后来的AlphaGo（阿尔法围棋）则完全靠自己在海量数据中摸索。 只用了两年，AlphaGo 就从零起步登顶世界第一。[17]

继 2015 年战胜欧洲围棋冠军樊麾后，2016 年和 2017 年，谷歌人工智能 AlphaGo 再次战胜"世界围棋冠军"李世石和柯洁。

作为世界围棋冠军，李世石在过去 15 年里总共下了一万盘棋，他的大脑每秒钟能够想出 10 个走子的可能。相比之下，只有"两岁"的 Alphago 每秒可以想出 10 万个走子的可能。机器通过网络共享一切资料，硬盘存储能力和运算速度都是人不可比的。相对而言，李世石只能依靠他自己的大脑，终归是"一个人在战斗"。

一个有趣的细节是，AlphaGo 可以击败世界冠军，但却必须借助人手来在棋盘上移动一枚小小的棋子。

早在 1990 年，美国发明家库兹韦尔就预言了"棋王"们的失败。他甚至说：随着"奇点"的临近，21 世纪的人类和机器将难分彼此，人类将不再是万物之灵；电脑的智能将比人脑高一万倍；机器不仅具有智能，而且具有灵魂，将具有人类的意识、情绪和欲望；未来的人类身体中将植入用生物工程和纳米材料制成的电脑芯片、人造器官，他们比现代人类更长寿，有更强的学习能力、更灵敏的视觉和听觉，而虚拟现实甚至有可能使人机发生"恋爱"，乃至结婚生子。[18]

互联网创造了一个前所未有的"大数据"时代，电脑因其卓越的学习能力——尤其是深度学习神经网络和遗传算法，不断地刷新机器的智能水平，使人工智能一步步逼近甚至超越人类的智力水平。如果说这是一场"智能革命"，那 AlphaGo 就是这场革命的产物。

所有主张人工智能不可能超越人类智能的人，其想法往往是出于被造物不会超越造物主这个古老神话。

2011 年时，IBM 模仿人脑的"沃森"（Watson）超级计算机参加了美国老牌智力问答竞赛节目《危险边缘》（*Jeopardy*），并在回答自然语言的开放式问题时打败了那些非常聪明的人，这被科学界视为一个里程碑式的事件。2015 年，日本东大机器人不仅参加了"高考"，而且取得了优异成绩。[19]

1950 年，图灵发表了一篇题为《机器能思考吗？》的论文，为他赢得了"人工智能之父"的桂冠。图灵在这篇论文里第一次提出"机器思维"的概念，并提出一个假想：一个人在不接触对方的情况下，通过一种特殊的方式，和对方进行一系列的问答，如果在一段时间内，他无法根据这些问答判断出对方是人还是计算机，那么就可以认为这个计算机具有同人相当的智力，即这台计算机是能思维的。这就是著名的"图灵测试"。

尽管人们不承认已有计算机通过"图灵测试"，但可以确信的是，机器正在不断地逼近这历史性的一刻。

人工智能的神奇之处是它的学习能力，这使它的智能水平能够以指数级不断升级提高。有科学家根据摩尔定律推算，如果一个人工智能系统用几十年时间能达到幼儿智力水平，那么在到达这个节点一小时后，电脑就能立刻推导出爱因斯坦的相对论。在接下来的一个半小时，这个强人工智能就能变成超人工智能，其智能瞬间即可达到普通人类的 17 万倍。

人类虽然已有不短的机器史，但对于人工智能的未来，却只能自叹想象力的贫乏。

自古以来，技术都是人类智慧的一种，但令人想不到的是，智慧最后会成为技术的一种。与以前的工业革命相比，当下这场智能革命极大地加快了科技进步的速度，一切都远远超出人们的想象。

经济学家熊彼特说，资本主义的历史也是革命的历史：在农业机械中，从轮作、耕种、施肥到收割、传送，这是一场革命的历史；从木炭炉到炼钢炉的钢铁工业史，从冲击式水轮到现代电厂的电力史，从马车到飞机的运输史，这些也全是革命的历史。

回首现代的历程，第一次工业革命时，人们以蒸汽机代替畜力和人力；第二次工业革命，以内燃机和电动机进一步替代了人力和畜力；第三次工业革命，正在以电脑和机器人代替人本身。这种"具有人类智慧功能的机器"成为人工智能的滥觞。一些更为激进的观点甚至认为，移动互联网和物联网，都只是人工智能革命的前奏。

我们花了大约200万年才进入青铜器时代，然而，进入计算机时代后，我们只花了不到50年时间，就进入太空时代。随着一个信息化的全球时代到来，人类的集体学习能力达到前所未有的程度，未来出现的每一个新发明所蕴含的计算成果，几乎都等于之前的科技成果的总和。

应该承认，人工智能为生产力的提升提供了史无前例的可能，它无疑会彻底改变人类的进程。有人甚至将这次变革与人类的出现相提并论。晚年的霍金教授对人工智能的未来充满忧虑，他说："人工智能可能是人类历史上最大的事件，不幸的是，这也有可能是最后一个事件。"[20]

现代美国只靠2%的人就胜任了传统社会占人口比例98%的农民的工作，在农业革命时，"多余的人"可以流向工业和服务业，

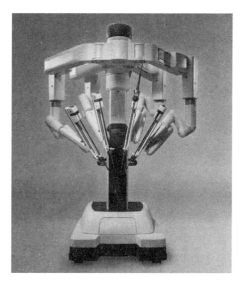
手术机器人

如今"智能革命"正导致工业和服务业也发生了当初像农业那样的变革。

当自动生产线和第一代工业机器人出现时，很多蓝领工人很快就消失了，现在轮到了被视为社会主流的白领阶层。如果他们也变成"多余的人"，职位被机器取代，他们将无处可去。

实际上，人工智能只要在特定能力上胜过人类，就可以轻易将人类挤出就业市场。

2000 年时，高盛纽约总部的股票交易柜台有 600 名交易员，2017 年时只剩下两名交易员"留守空房"。瑞银集团连续数年大裁员。这些只是全球金融公司的一个缩影。最新开发的财务机器人能够全天候运转。36 万小时的人工工作，交给财务机器人，只需要几秒就能完成。

2018 年 6 月 30 日，在北京国际会议中心，一群顶级医生和人工智能展开了一场比读脑部核磁共振或者 CT（计算机断层扫描）片子速度和正确率的竞赛。人工智能的速度当然更快，比人快了30 倍以上。在准确率上，这些顶级医生的准确率是 66%，而人工智能的准确率达到了 87%，人工智能"完胜"这些全国顶级医院的顶级医生。

这场比赛貌似人工智能战胜了医生，但其实跟"深蓝"战胜"棋王"一样。人工智能算法充分利用了所有医学经验，而这些医生只能依赖自己的经验，其局限性是显而易见的。

工业革命以来，劳动生产率迅速提高，对劳动者的需求却一直在减少。蒸汽机从出现到普及用了一个多世纪，相比之下，人工智能的进步堪称神速。着眼未来，机器取代人的工作，无论是深度还是广度上都将超出人们的想象。

在农业社会里，养育孩子的成本并不高，一个孩子还未成年，便开始劳动；进入工业社会后，家庭不再成为一个劳动单位，一个人要想成功地融入现代社会，必须从童年起就接受漫长的教育和职业训练，孩子的养育成本（尤其是教育成本）被大大提高。同时，现代养老制度也减弱了人们的"养儿防老"观念。

工业化、信息化以及智能化潜移默化地改变了人们的生育观念，导致普遍的低结婚率和低生育率。很明显，技术进步比强制性的国家政策能够更有效地降低人口增长，而人工智能和机器人技术将使未来人口进一步缩减。

在生物科学中，没有证据证明死亡是必然。衰老并不必然与时间相关，机器用得久了也会旧，但只要修复损伤和更换零部件，机器就会运行如初。从本质上来说，人与机器是一样的，只是更复杂而已。

如果衰老和死亡只是一个技术问题，那么人类完全可以变成"人工"的，从而做到"万寿无疆"。有人设想，随着纳米技术、生物技术等呈几何级数加速发展，人类的身体、头脑和文明等，都将发生巨大的改变。当纯粹的人类文明终结之后，未来人类可能会将命运真正掌握在自己手中，再也不受衰老、疾病、贫穷以及死亡的困扰。[21]

类似这样的社会变革不管是好还是坏，都值得人们深思。

2021年年初，一个知名艺人的代孕事件曾引起轩然大波。一个人因为自己不能生，甚至不想生孩子，只提供卵子和精子，让他人代为怀孕生产，以此得到自己的孩子，这已经不只是技术问题和经济问题，而是伦理和道德问题。

人类的弱点是目光短浅，盲目乐观，盲目自大，只见其利而不见其害。人工智能作为一种新技术，如果被不受限制地滥用，必将带来严重的社会道德伦理方面的困扰，甚至灾难。不幸的是，现代社会对新技术的接受程度甚至超过技术本身的进步速度，在新技术面前，人类常常不顾一切。

比如人脸识别技术，虽然它刚刚出现没几年，如今已经应用于多个领域。一个人终其一生也只能认识有限的一些人，而机器却可以"认出"大街上的每个人，并对他的日常活动、人际关系和经济状况了如指掌。除了用"扫脸"来给手机屏幕解锁，在美国，教堂使用人脸识别来追踪教徒做礼拜的出席情况；在英国，零售商用它来辨认有偷窃前科的顾客。在中国，人脸识别不仅被用于银行取款和车站检票，也被用于治安管理和打击犯罪。

可怕的算法

英国有这样一个传说，有个发明家在制造了很多精妙绝伦的机器之后，突发奇想造出了一个机器"人"。这个极其完美的机器人与真人一样惟妙惟肖，甚至具备人的情感。当他用地道的英语说话时，人们可以听到其内部齿轮转动的声音。他唯一的缺陷是没有灵魂。当意识到这一点后，他便追着发明家索要自己的灵魂。无论发明家走到哪里，他都会追上讨要：给我一个灵魂！

2017 年 10 月 25 日，在未来投资计划大会上，AI（人工智能）机器人索菲娅获得沙特国籍，成为历史上第一个拥有公民身份的机器人。这是一件具有历史意义的事件。"当事人"索菲娅不管有没有灵魂，"她"至少有了国籍和公民身份 ——"我为此殊荣感到光荣和骄傲。"

与人类智能相比，基于电脑的人工智能具有更大的可能性。

《互联网进化论》一书中有一句话："工业革命把人变成机器，信息革命把机器变成人。"这至少包括四层意思：工厂诞生于工业革命后，消失于信息革命中；科学技术进步改变了人的思想观念与生活方式；机器与人的斗争，始于工业革命，止于信息革命；信息革命后，机器具有了"人脑"的作用。

从速度上来说，人脑神经元的运算速度最多是 200 赫兹，今天一般的微处理器能以 2G 赫兹，也就是比神经元快 1000 万倍的速度运行，而这比强人工智能[22]所需要的硬件差远了。大脑的内部信息传播速度是每秒 120 米，相比电脑的信息传播速度是光速差了好几个数量级。从容量和储存空间来说，人脑就那么大，后天没法把它变得更大，而电脑的容量几乎是无限的，而且比人脑更加准确和精确。当然，电脑也不会像人脑那样疲劳、萎缩、衰老。

人类之所以成为地球的主宰，主要是在集体智能上碾压所有的物种，正所谓"知识就是力量"。从早期的语言和大型社区的形成，到文字和印刷的发明，再到互联网的普及，都是人类集体智能超越其他物种的成果。从软件上来说，电脑可以编辑和升级，在集体学习能力上更是远远超出人类，人工智能很容易就变成"超人工智能"。

一个超人工智能一旦被创造出来，将是地球有史以来最强大的东西，而所有生物，包括人类，都只能屈居其下；这一切，有可能在未来几十年里发生。

讽刺的是，人类社会的专业分工提高了劳动效率，但这也使得人更容易被机器和人工智能取代。

按照麦克卢汉的解释，所有工具和机器都是人的功能器官的延伸，但人工智能使机器能够从模仿学习和替代人类比较专一的单项功能，走向自我深度学习和把握人类相当复杂和全面的活动，例如无人驾驶汽车就是这种综合功能的体现。

反过来，如果人类通过基因工程、芯片植入和脑机融合等技术，将人工智能引入人自身，使人本身越来越强大，越来越健康，这样必将会带来人与机器的高度融合。然而，这种人机合一的产物究竟是人还是机器，将会难以分辨。

人工智能与其他机器的不同之处，是对人脑的突破。即使人类发明了核武器这样足以毁灭地球的武器，它也仍在人脑的控制之下。而人工智能的出现，意味着人脑可能失去最后的控制权，所以人工智能的潜在威胁甚至大于核武器。

当人工智能拥有对海量数据的处理能力并能够自我编程时，它的智商就已经非人脑可及。

人工智能与人脑的不同之处，是它只有"脑"而没有"心"；当工具理性成为现代人类的最高美德时，人工智能无疑将拥有超越人类的核心优势。如果历史真的这样，我们不得不思考最后一个问题——人类往何处去？

人工智能的理论依据最早来自数学家维纳的《控制论》（1948），他用数学理论分析了计算机与人类思维的机械性，最早提出了自动化工厂、机器人和由数字计算机控制的装配线等新概念。维纳睿智而又悲悯，他生前最担心的是人类屈从于机器，放弃选择和控制的权利，所以内心深处总是充满一种即将来临的"悲剧感"，"觉得自己是一个会给人类带来灾难的先知"。

1872年，一位英国作家出版了他的小说《乌有之乡》。在小说中，机器已经拥有生命和意识，而人类正发起一场毁灭所有机器的战争。

电影发明以后，机器人也成为电影的热门题材，从《弗兰克斯坦》《西部世界》《终结者》，到《机械姬》《银翼杀手》《人工智

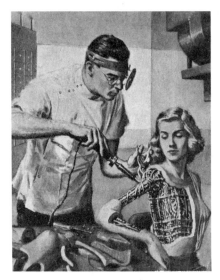

20世纪50年代时，人们想象的机器人形象

能》等，在这些电影中，机器人的形象都显得冷酷而可怕，甚至有些恐怖。

50多年前，日本机器人专家森昌弘提出过一个"恐怖谷"效应。由于机器人与人类在外表、动作上相似，所以人类亦会对机器人产生正面的情感；而当机器人与人类的相似程度达到一个特定水平的时候，人类对他们的反应便会突然变得极其负面和反感，哪怕机器人与人类只有一点点的差别，都会显得非常显眼刺目，从而使人们对机器人感到恐怖。

正如霍金所言："尽管人工智能的短期影响取决于控制它的人，但长期影响却取决于它究竟能否被控制。"人类文明中始终伴随着一种挥之不去的末世情结，对人工智能的忧虑也引发这种担心。在 2017 年的一期《纽约客》杂志封面上，人类沦为向机器人乞讨的叫花子。更严重的恐惧，是超人工智能会不会毁灭人类这个问题。[23]

帕斯卡说，人是会思考的芦苇。在机器面前，人类是脆弱的，但人的思想和情感是高贵的；归根到底，人工智能作为机器，依然是人类的创造物。人类的伟大与悲哀，或许也在于此。

现代以来，任何一次重大的技术进步都不是削弱，而是强化了人类控制机器的能力。人类借助科学的发展和进步，不断地提高改造世界的能力、速度和智慧。但是，人工智能的出现可能颠覆历史。人工智能有可能彻底改变科学的工具性，并赋予科学以主体性的地位，科学在服务于人类的同时，也将改造人类，重建一个人工智能的文明尺度。

这就像一个命题——上帝能否造出一个他搬不动的石头？人们常常用这个悖论来破解"上帝万能"的神话。现在，这个悖论也落到了人类身上，人类好像创造出了自己无法战胜的对手。面对机器，人们常常陷入"第二十二条军规"的困境，使个体既意识到这种荒谬性，又丧失了保护自己的权利和能力。

在海勒的小说《第二十二条军规》中，一名飞行员只有疯了才能免除飞行任务，但必须本人提出申请。飞行员一旦提出申请，则证明他是正常人，必然没疯，因此他仍需执行飞行任务。

《礼记》中说："鹦鹉能言，不离飞鸟；猩猩能言，不离禽兽。"进入人工智能时代之后，机器越来越聪明，也越来越像人。或者说，机器在人类化。机器发展到更高级的阶段便是实现对人的控制。人类发明机器的初衷是为了让机器服务生活，让生活更美好，但等机器发展到一定阶段，那些掌握机器的、拥有话语权的人有了更大的野心，机器因此异化成为控制、规训人类的工具。

人工智能不仅是一次技术革命，它还将引发社会结构的变化。在未来社会，拥有高级人工智能而本身没有意识的"算法"若取代大多数人类的工作，那么将出现一个由算法组成的上层社会，他们也将掌控整个人类世界。

《人类简史》三部曲的作者尤瓦尔·赫拉利曾担心，随着算法将人类挤出就业市场，财富和权力可能会集中在拥有强大算法的极少数精英手中，造成前所未有的社会及政治不平等。以交通运输业为例，人数达到数百万的出租车司机、公交车司机和卡车司机拥有强大的经济和政治影响力，每个人都在交通运输市场中发挥自己的力量。如果集体利益受到威胁，他们可以团结起来，组织罢工进行抵抗。然而，一旦数百万的人类司机都被算法所取代，这一切的财富和权力都将被拥有算法的公司所垄断。[1]

这样的担心并非杞人忧天。文明的冲突一直是人类历史的重要主题，向未来看，人工智能不一定会成为人类的敌人（统治者），但并不代表少数人类精英不会有依靠人工智能，实现对全人类的奴役和统治的野心。

人工智能作为一种机器或技术，它不存在道德和价值观，但可能会放大人类天性中的劣根性。任何机器都是人创造的，哪怕是

1-［以］尤瓦尔·赫拉利:《未来简史：从智人到智神》，林俊宏译，中信出版社2017年版，第290页。

最可怕的机器；在人类史上，从来不乏用人性恶来编程的"作恶机器"。在科幻电影中，拥有强大暴力的机器人往往扮演着人类敌人的角色，而人类在威胁面前总是那么懦弱和无助。

早在计算机时代之前，就有很多政治统治者在有目的地对人类进行改造，将其变成可怕的作恶机器。如果从程序语言来审视纳粹组织的罪恶，或许能更容易理解阿伦特关于"平庸的恶"的警示。

2020 年，一篇《困在算法里的外卖骑手》引发社会话题。在外卖系统算法与数据的驱动下，外卖骑手疲于奔命。人们突然发现，机器控制人的方式已经发生了变化，从机械化工厂流水线换成了计算机算法。

在此之前的 2019 年，亚马逊就被曝出用 AI 监控员工。AI 监工可以跟踪每个人的工作进度，精确计算工人消极懈怠的"摸鱼时间"（Time Off Task）。更可怕的是，这套 AI 系统能根据实时数据生成在线解雇指令，直接绕过主管开除工人。其实这已经算不上什么新闻，也不只是亚马逊在这样做。

2017 年柯洁对战 AlphaGo，柯洁输棋后哭了，AlphaGo 赢棋后并没有笑。苹果 CEO（首席执行官）库克在麻省理工学院 2017 年毕业典礼演讲时说："我所担心的并不是人工智能能够像人一样思考，我更担心的是人们像计算机一样思考，没有价值观，没有同情心，没有对结果的敬畏之心。"

机器利维坦

工业革命不仅是一场技术变革和经济变革，更是一场社会变革，它将原有的农业社会彻底砸碎，然后在全球范围内，对人口和能源进行集中和重组，诞生了公司这个以逐利为目的的人类新组织。

公司作为极少数股东或管理者的利益共同体，其本性就是扩张。因此，公共权益和社会组织必然遭到公司的侵袭与蚕食。

霍布斯在《利维坦》开篇中，用机器来解释集体政治何以"将许多人变成一个人"，而这"一个人"是机械的，排除了一切非物质的东西，比如灵魂、精神和心灵。"生命不过只是四肢的运动，开始于身体的一些重要部分，为什么我们不能说所有的自动机器（发动机像表一样由发条和齿轮驱动）都是人造的生命呢？因为心脏就是发条，神经就是一根根的细线，而连接点就是齿轮，给整个身体提供能动性，似乎就像造物者刻意而为之？艺术刻意模仿大自然最理性最杰出的作品——人。艺术创造了利维坦，也被称为联邦共同体或者国家（拉丁语叫 Civitas），这就是人造的人。"[1]

霍布斯写作《利维坦》的时候，机器尚不发达，他只是把国

1- 转引自［美］杰西卡·里斯金：《永不停歇的时钟》，王丹、朱丛译，中信出版社 2020 年版，第 79 页。

家想象成一个巨大的怪物，谁知后来出现的机器让古代传说中的任何怪物都相形见绌。对现代人来说，国家和公司是真正的利维坦，无论任何人在任何时间和任何地点，都逃脱不了它的控制。

> 在我们这个时代里，国家已经变成了一台庞大的机器。这台机器以其非凡的方式在运转着，其精确无比且数量惊人的手段所带来的效率之高，令人叹为观止。一旦国家在社会中拔地而起，它只消轻轻一摁按钮，就可以启动无数操作杠杆，并以它们势不可挡的力量，作用于社会结构的任何一个部位。[1]

现代社会是唯经济导向性的，在这一点上，公司与国家具有惊人的同构性。西方许多大型企业所雇用的保卫力量与警察机构相比毫不逊色，一些充满专制垄断色彩的大型家族公司甚至比国家更像国家，比帝国更像帝国。当然，一些国家也比公司更像公司——股份公司或者家族公司。

2009 年，全球 100 大经济体中，51 个是公司，49 个是国家；世界上有 161 个国家的财政收入比不上沃尔玛公司，全球最大的 10 个公司的销售总额超过了世界上最小的 100 个国家国内生产总值的总和。有些国家不大，但却有很大的跨国公司，这些大公司几乎就等同于国家。如 2020 年韩国的 GDP 是 1.63 万亿美元，而三星集团一个公司的营收就占韩国 GDP 的 24%。作为中国腾讯公

1-［西］奥尔特加·加塞特:《大众的反叛》，刘训练、佟德志译，吉林人民出版社 2004 年版，第 114 页。

司第一大股东，南非报业手中的腾讯股票市值就相当于南非 2020 年 GDP 的 57%。

美国电话电报公司的股东人数超过 100 万，但没有一个人的股份超过公司总股本的 1‰，而这正是公司管理层所希望的，权力首先是权利生存的保证。美国孟山都公司控制了世界 90% 的种子基因专利，有人批评说，这种失衡的权利体现在人类无法平等地获取和利用从生命科学革命中产生的各种重要突破。

远古时期，人们日出而作日入而息，凿井而饮，耕田而食，帝力于我何有哉。农耕时期以工具为主，木制机器还比较初级和原始，官僚组织也很松散。现代社会已经从冷兵器发展到航空母舰，机器变得复杂、智能和强大，再加上庞大而又分工明确的官僚机构，国家终于完成了对机器权力的彻底垄断。

1989 年，时任美国总统的罗纳德·里根宣称："极权主义这一巨人歌利亚将被微芯片大卫打倒。我相信，比起军队，比起外交手段，比起民主国家良好愿望，通信变革将是有史以来增进人类自由的最大力量。"但现在看来，里根还是过于乐观。

罗素说，与古代帝国相比，轮船、铁路和飞机使现代政府能在遥远的地方迅速行使它们的权力。通过使用铁路、公路、电话和宣传等现代技术，现代化的专制国家比过去的农业帝国更加稳固。由于技术的发展，那些拥有庞大机械力的人如果不受任何控制，就可能自命为神。

如今，越来越多的有识之士对互联网科技的滥用提出批判。他们认为，每个时代都有自己的技术，不管是电报、无线电、塑料、核子、电视还是互联网，从前采用公众化公民审议的方式，而今却被日益私有化的个人主义技术官僚取而代之。

"现代的极权主义国家与传统的专制主义国家不同。由于彻底否定自由价值和吸收了全面战争的经验，极权主义国家对公众施加了更加严格的控制。"[24]哈耶克发现，电脑的出现极大地加强了大规模组织机构的权力，比如军队、公司和政府。

传统社会因为技术制约而"天高皇帝远"，现代社会则是高度政治化的社会，或者说现代人完全生活在政治化时代。这并不是指现代社会的政治凌驾于一切之上，而是指现代社会里的政治因素已经渗透到人们生活的每一个角落。在现代社会，一个人想超然世外，独善其身，即使不能说不可能，也可以说是很难的。

现代技术不仅使人们可以更轻易地砍伐森林和捕捞鱼虾，也使战争和统治更加危险而残酷。一旦政府开始将所有公民视为假想敌和潜在的嫌疑人，从警察到立法等一切有关国家和社会的形态及运作方式都将发生微妙的变化。

美国民运领袖马丁·路德·金曾遭到 FBI（美国联邦调查局）的长期秘密监控。虽然"水门事件"[25]让尼克松黯然下台，但一个可怕的"被监控时代"已经全面到来。互联网不仅没有受到公众的控制，反而摇身一变成了控制者。在某种程度上甚至可以认为，它已经成了"老大哥"的一个化身。[1]

1- 可参阅［英］约翰·帕克：《全民监控：大数据时代的安全与隐私困境》，关立深译，金城出版社 2015 年版。

启蒙运动时代的哲学家边沁设想了一种"圆形监狱"，在这种监狱中，每个犯人随时都受到监视。奥威尔的《一九八四》和扎米亚京的《我们》都设想了一个"人变成了编号的动物"的世界，一个人无论是在家里还是在街上，都被国家严密监控。[26]

1897 年电话刚刚问世时，就有一位伦敦的媒体人忧心忡忡，担心"我们很快就会变成彼此眼中的透明果冻"。[1]

如今，现代计算机技术所带来的"数字化统治"远远超出这些反乌托邦作家的想象。新技术使公民的权利在很多情况下被政府所剥夺，也被大企业所侵害，现代人成为信息时代的透明人。所谓隐私，已经不再是人人皆有的公民权，而变成极少数人的特权。

英国一家媒体报道，奥威尔当年在伦敦创作《一九八四》的公寓外面，现在至少有 30 多架监控用的摄像机。

1871 年，当照相机刚刚出现时，巴黎警察就用照片来大肆搜捕巴黎公社成员。如今的摄像机远比当年的照相机复杂便捷得多，而且更加智能。应该承认，对公共场所的监控大大减少了刑事犯罪的发案率，但事实上，数字化使信息更易储存、复制、传输和搜索，现代社会正在进入一种新的、全球性的过度监视状态。

如果说《机器的叛变》只是一部电影，那么《纽约时报》的这段描述足以令每个人不寒而栗——

你每次用信用卡购买的东西、订阅的每种杂志、买的每种药、

1- [英] 马特·里德利：《创新的起源：一部科学技术进步史》，王大鹏、张智慧译，机械工业出版社 2021 年版，第 312 页。

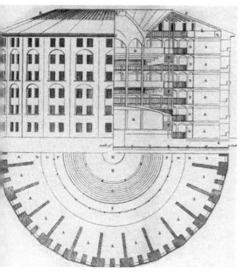

1785 年，英国哲学家边沁提出了一个圆形监狱构想，即在一个圆形设计的监狱里，监视者可以监视所有的犯人，而犯人却无法确定他们是否受到监视

去过的每个网站、收发过的每封电子邮件、得到的学校成绩、在银行的每笔存款、订过的飞机票、参加过的每个活动 —— 所有这些交易和通信都会进入国防部所称的虚拟集中的海量数据库。[27]

人类的科技越来越全球化，政治却越来越部落化；人类的传播系统越来越普及化，对于该传播哪些东西却知道得越来越少；人类离其他的行星越来越近，对自己这颗行星上的同类却越来越不能容忍；活在分裂之中，人类越来越得不到尊严，却越来越趋于分裂。面对世界资源与权力的前所未有的激烈争夺，人类社会正把自己撕裂，撕裂成越来越小的碎片。

——〔美〕哈罗德·伊罗生

第二十一章 撕裂的世界

泰勒的管理

北京颐和园里，有一块叫作青芝岫的巨石，长8米，宽2米，高4米，重达30吨。当初，乾隆皇帝动用了举国之力，才将它搬到颐和园。

在古代，一个普通人可以搬动一块几十斤或者上百斤的石头，如果借助杠杆，或许可以搬动更重的石头，但要搬动这块30吨重的"青芝岫"，或许只有乾隆这个皇帝才能办到。这并不是说乾隆帝本人力可拔山，而是他拥有国家这台无所不能的"大机器"。

从技术角度来说，国家依靠军队、官僚、组织等，构成一台复杂的巨型机器，因此而创造了从金字塔到长城、从后母戊鼎到青芝岫的历史奇迹。

1586年，罗马圣彼得大教堂前正在立起一座方尖碑，与其说它标志着当时起重运输水平，不如说是对大规模协作组织能力的一场考验。

方尖碑高23米，重327吨，是古罗马时期从埃及运来的。圣彼得大教堂完工后，决定将它竖立在教堂前的广场上。建筑师封丹纳为此进行了周密的计算和设计，经过几百人长达半年的努力，这块巨石才被移到指定地点。最后一步是把方尖碑竖立到11米高的基座上。为此，他特意组织了一个严密的指挥系统，总共动用了 40 盘绞磨、140 匹马和 800 个壮劳力。

当时虽然没有直播，但罗马全城人都在关注着这项工程。每当工程有大的进展时，全城礼炮齐鸣，所有教堂都撞钟庆贺，人们欢天喜地，额手称庆，举城欢腾的盛况犹如过节一般。

> 无论从组织能力或作业方式，或从最终生产成品来看，建成金字塔以及其他庙宇的这大机器，以及在其他领域其他文化中完成其他同类伟大建筑工程的这些巨型机器，无疑都是名副其实的机器。通过这一系列重大工程，这些机器实现了一大群动力机械共同作业才能达到的同样高效率成果，包括动力推土机、压路机、拖拉机、机械锯、风钻作业的总和，而其精度效果竟如出一辙，且操作技艺之娴熟，最终产品质量之精湛，至今成为佳话。[1]

百万年前，人类祖先刚刚学会用石头砸开坚果，用棍棒撬起巨石，还不知道机器是什么。人类经历了漫长的木器时代，进入现代以来，机器的进步远非古人可以想象，而国家更将机器的规模和力量发展到一种极致。近年来，重型火箭起飞推力达到 3500 吨，可以轻松地将 100 吨的卫星送上太空。[1]对掌握各种机器的现代人来说，无论是 30 吨的"青芝岫"还是 300 吨的方尖碑，要搬运它都是轻而易举的事情。中国作为基建强国，拥有全世界最多的

1-［美］刘易斯·芒福德：《机器的神化：技术与人类进化》，宋俊岭译，中国建筑工业出版社 2015 年版，第 267 页。

大型机械：巨型挖掘机仅一斗就可以铲起 60 吨的物料；履带起重机可以在很短的时间内将 4500 吨的重物提升到指定的高度，而海上起重船的起重量更是达到 12000 吨。

今天，我们生活在一个对比日益悬殊的世界，机器的幽灵毫不费力地将自然资源转化为源源不断的新产品。信息时代清洁、宁静、高效的新机器，将整个世界放在我们面前，使我们获得控制环境和自然的神奇力量，这在我们祖先和父辈当年，几乎是不可思议的。

在 20 世纪 80 年代，杰里米·里夫金提出"熵"的概念，他认为这是机器时代的一种新的世界观——

我们生活在机器的时代，精密、速度与准确是这个时代的首要价值。我们遇事总是要问："它跑多快？"或者，"你去那里要花多少时间？"对某件事情的最高赞扬就是说它计划完美，运转自如。我们喜欢铝、钢和克罗米金属抛光，而发动机和启动开关成了我们最高的美的享受。

我们的世界是一个滑车、杠杆与轮胎的世界。工余闲暇时间，我们津津有味地在各种机械玩意上敲敲打打。上班时间，我们又整天忙于调节着精密仪表和监视器。我们用一种叫时钟的机器来调节日常生活，用一种叫电话的机器来交流思想。我们用计算器、电子计算机和电视机来帮助学习，我们用汽车、飞机旅行，我们甚至用机器来看东西，那就是电灯。

机器成了我们的生活方式与世界观的混合体。我们把宇宙看成是伟大技师上帝在开天辟地时启动起来的一台巨大机器。它的设计完美无缺，以致它能够"运转自如"，绝不会错过哪怕一个节拍。它是如此可靠，以致可以对它的运行预测到任何精度。[1]

确实，机器的发展不仅提供了一个不断超越的可能，也极大地拓展了人类有限的经验。一切都被机器改变，包括时间和空间，更多的事情被挤压进更短的时间，效率成为机器最显著的特征。

现代社会的到来，让社会人群的机械化成为物质世界机械化的前提。印刷革命使语言走向统一，进而启蒙运动推动了思想的一致。规模、一致、准确和标准为工业化的全面到来做好了文化铺垫。铁路和轮船将世界连为一体。

美国经济史学家罗伯特·海勃朗纳认为"机器制造了历史"，特定社会的技术总会强制推行一种特定的社会关系模式。托夫勒在《第三次浪潮》中归纳了工业社会的基本法则，是标准化、专业化、同步化、集约化、规模化和集权化。这六个相互联系的原则，构成工业化法则，统筹安排千百万人的行动，影响到人类生活的各个方面。

工业革命始于生产，终于消费。在某种程度上，机器是生产与消费分裂的结果，因为生产不再是为了满足自我，所以要追求效率和利润，机器便应运而生。因为机器无处不在，标准化便成为

1-[美]杰里米·里夫金:《熵:一种新的世界观》，吕明、袁周译，上海译文出版社 1987 年版，第 13 页。

现代社会最基本的法律。

钟表作为标准化的基础，将每一个现代人都纳入同一个时间体系。与其说机器越来越自动化，不如说人越来越自动化，时间观念成为机器时代的人的最明显特征。效率不仅支配人们的工作，也控制了人们的生活，因为机器已经成为生活不可或缺的一部分。

时间就是金钱，金钱就是生命。一万年太久，只争朝夕，效率席卷一切。

工业革命时期，浪漫主义作家爱默生写道："事物坐在马鞍上，驾驭着人类。"这句话形象地概括了当时的时代特色。

爱默生与卡莱尔一样，看到机器控制了人的身体之后，机械论正主宰人的思想。钢铁煤炭的年产量、船舶的总吨位、增加产量的发明创造的数目和种类等，这些冷冰冰的抽象数字成为衡量一个国家或民族是否文明的尺度，而且人们都期待所有这些数字会逐年增加。

起初，人们发明机器，只是为了让工厂里的工作更高效。但自从火车问世以后，机器已经不只是用于解决高效的问题，而是彻底改变了人们的生活和思想。工业革命从发明机器和改进机器开始，在机器的效率大大提高之后，管理者便将目标从机器转向人，让人更像机器。

进入现代，基于机器理性的企业管理成为一门新兴学科。1895年，《科学管理原理》出版，泰勒在书中提出管理的专业化和效率原则，即以最短的时间，最少的能量、劳动力和资本，获得最大的产出。"只有通过实施'强制性'的标准方法，'强制性'地采用最

"科学管理之父"泰勒（1856—1915）

好工具和操作条件并实施'强制性'的协作，才能保证以更快的速度来操作。"[1]泰勒用秒表将每个工人的工作任务划分为最小的操作部分，然后重新计算出最短时间，以节省宝贵的几秒钟，甚至几毫秒。

泰勒通过大量实验，以高速工具钢取代碳素工具钢制成刀具，使机床的切削速度一下子提高了12倍，这项革命性的发明创造了一个高效的机械制造业。[2]泰勒与福特的合作造就了T型车的巨大成功。但美国劳工联合会主席指出，泰勒管理制度的主要问题并不在

1-［美］弗雷德里克·泰勒：《科学管理原理》，马风才译，机械工业出版社2007年版，第63页。

于给工厂老板带来了多少利润，而是在于它剥夺了工人从工作中获得意义感和满足感的权利，将工人变成了工厂里面一个"高速运转的自动化机器"，好像一个"安装在大机器上的齿轮或螺母"。[1]

在当时，泰勒的思想受到美国工会人士的强烈抨击。他们说，根据泰勒的效率原则，从下往上系扣子比从上往下系扣子要节约 4 秒钟，而同时用两只剃须刀刮胡子效率可以提高一倍，唯一的麻烦是处理伤口比较费时。但实际上，泰勒确实以对待工作的狂热对待休闲娱乐，刻苦努力下，他不仅赢得了 1881 年美国全国网球冠军，还代表美国高尔夫球队参加了 1900 年的夏季奥运会。就泰勒的科学管理模式而言，其核心是在尽可能多的地方用机器来取代人，其结果是人力资本不断贬值，而金融资本不断增值，公司不断发展壮大。

虽然批评声不断，管理大师德鲁克仍然对《科学管理原理》大加赞赏，甚至将其与汉密尔顿的《联邦论》相提并论。"达尔文、马克思和弗洛伊德是经常被提起的'现代世界最有影响力的人物'。要是世界上还有公理的话，那就一定加上泰勒。"[2]

德鲁克指出：利用了机器之后，社会生产力有了显著的改善，不过工人本身的生产力还跟从前古希腊的奴隶或罗马帝国的筑路工人、文艺复兴时代佛罗伦萨的纺织工人没有两样。但是，自从泰勒开始把知识运用到工作上后，不到几年，整个社会的生产力就开

1-［英］詹姆斯·苏兹曼：《工作的意义：从史前到未来的人类变革》，蒋宗强译，中信出版社 2021 年版，第 260 页。

2-［美］彼德·F. 德鲁克：《后资本主义社会》，傅振焜译，东方出版社 2009 年版，第 21 页。

始以每年增加 3.5% 到 4% 的速度成长，换句话说，大约每 18 年就增长一倍。自泰勒之后直到现在，先进国家的生产力已经增加了50 倍左右。[1]

从 20 世纪初开始，美国成为世界工业的领头羊。以美国为榜样，西方工业国家也逐渐从"资本主义"向"管理主义"转变。作为一种权力和控制体系，现代管理专家在利用科学知识、信息流动和组织等级方面达到极致。

美国教育学家基斯·霍斯金指出，并不是现代企业发明了管理，而是管理发明了现代企业。借助泰勒的管理体系，伊瓦·克鲁格通过大规模兼并，成立了瑞典火柴公司（托拉斯），以极其低廉的价格生产火柴，并取得不可思议的收益，他因此成为享誉全球的"火柴大王"。

有观点认为，希特勒之所以在 1941 年向美国宣战，是断定美国缺乏庞大的运输船队，无法将武力伸到欧洲；此外，还断定美国缺乏能制造精密光学仪器的技术工人，而这是现代军工业的关键。战争初期的情况确实如此，但美军开始实行泰勒的科学管理方法。按照泰勒的"任务管理"，美国在短短几个月之内，就把完全没有技术的南方农民训练成流水线工人。按照分工原则生产出来的战船和光学仪器，不仅产量大，而且质量一流。就这样，美军成功地迅速生产出最新装备，不断地补充前线。而这是希特勒没有预

1-［美］彼德·F. 德鲁克：《后资本主义社会》，傅振焜译，东方出版社 2009 年版，第 20 页。

料到的。

有人认为，美国之所以能够在第二次世界大战中获胜，与其说是依靠其强大的工业生产能力，不如说是依赖泰勒的科学管理方法。事实上，战争的运筹帷幄本身就是一种管理，所有军事家首先都是一个管理专家。

泰勒的管理促成了高效的复制，从钟表、印刷机到流水线，工业的本质是复制。

早期的惠特尼和福特复制的是产品和硬件，后来的麦当劳复制的则是服务和软件，或者说它复制的是"笑脸"。就全世界100多个国家的3万多个分店来说，麦当劳超越了传统的工业企业，这不仅包括空间的扩展，还包括内容的延伸。

麦当劳所有的门店都是统一的：统一的原料、统一的制作方式、统一的包装，就连"一片腌黄瓜的宽度都要有一定的标准"，更不用说所有的员工都经过严格的统一培训，将食物放在顾客面前的时间都有严格的规定。

麦当劳之所以取得巨大成功，就在于竭力奉行高效率、可计算性、可预测性和全面控制的理性化原则。麦当劳代表了一种典型的现代文化，它不仅是一个全球化的餐饮品牌，而且还是一种模式。在当今社会的很多领域，都出现了麦当劳化的趋势。

精益生产

自从德国人卡尔·本茨在 1886 年制造出第一辆商用汽车,在之后的 100 多年里,汽车产业作为"工业中的工业",始终是发达国家的主要产业及支柱产业,也是一个现代国家经济崛起的重要标志。

汽车是集机械、电器、铸造、液压、动力等多种技术于一身的复杂产品,由钢铁、电子、橡胶、玻璃、塑料等多种行业配合完成。它还和美学密不可分,一辆汽车也是一件艺术品。[3]

二战之后,日本在美国的支持下迅速步入发达国家行列,汽车产业扮演了排头兵的角色。

作为日本现代纺织工业的缔造者,丰田佐吉将长子送到东京帝国大学工学系机械专业读书。丰田喜一郎用父亲转让纺织机专利所得的 100 万日元,[4] 创办了丰田汽车工业株式会社。"贫穷的日本需要更为廉价的汽车。生产廉价汽车是我的责任。"[5]

丰田喜一郎像当年的福特一样构想:如果每 10 人拥有一辆汽车,那么 1 亿日本人就需要 1000 万辆。他没有想到的是,后来的日本平均每 3 人就拥有一辆汽车,同时还将大量的汽车出口。

1950 年,丰田公司总裁丰田英二专程考察福特公司。当时福特每天的产量是 7000 辆,这比丰田一年的产量还要多。1980 年,日本汽车产量首次突破1000万辆大关，一举击败美国成为"世界第一"。

日本汽车工业超越美国的秘密武器是精益生产。这种不同于福特大量生产的"丰田模式"，也被称为"后福特主义"。精益生产方式将汽车工业生产率水平提高了整整两倍。[1]它将单位生产时间减少了一半，故障率降低了三分之二。

举例来说，当时美国工厂更换冲压机模具要花1到3个工作日，而日本工厂只需要5分钟。

在现代工业体系下，已经能够生产精确可靠、没有一粒可拆卸零件的整体手表。这在以前是不可思议的。精益生产的主要特点，就是可以大批量生产个性化的产品，或者完全定做的产品。比如，在美国五角大楼91亿美元的采购品中，批量生产不到100件的产品占到78%。

谷登堡的印刷革命揭示了大批量生产的秘密，在电子信息时代，工业印刷与打印技术进一步融合，由计算机控制的电子排版、电子分色、电子制版使印刷进入数字化时代，在传统工艺下难以完成的小批量、多品种印刷越来越容易。

如果说瓦特蒸汽机代表第一次机器革命的话，那么机器人带来的就是"第二次机器革命"，指数级增长的技术创新将更有力地改写当下这个物质世界的运转方式。

1- 可参阅［美］詹姆斯·P.沃麦克、丹尼尔·T.琼斯、丹尼尔·鲁斯：《改变世界的机器：精益生产之道》，余锋、张冬、陶建刚译，机械工业出版社2015年版。

有学者将现代制造业的发展划分为五个阶段：第一个阶段是少量定制，第二个阶段是少量标准化阶段，第三个阶段是大批量标准化生产，第四个阶段是大批量定制化，第五个阶段是个性化量产。

3D（三维）打印技术的出现，无疑掀起新一轮技术革命。这已经不只是一台"制造机器的机器"这么简单，它在某种程度上正向自我复制的方向发展。不管想象与现实之间还有多少距离，都必须承认，这种以数字模型文件为基础的快速成型技术即将改变我们的未来。

近年来，随着大数据、车联网、物联网等新概念的出现，美国通用电气公司（GE）还提出"工业互联网"的理念，即将互联网与机器设备结合，利用对机器运转产生的大数据分析，提升机器的运转效率，从而减少停机时间和故障。

福特当初在汽车业率先引入大量生产方式，曾给单件生产工人带来新的工作，这些工人尚可以为新的生产系统制造所需的生产工具。但当精益生产方式代替大量生产方式时，那些被裁减的工人因为没有技术（这是由大量生产方式的本性所决定的），很难找到新工作。因此，精益生产虽然大大降低了日本制造的汽车的成本，但却造成了严重的失业问题。

另外一方面，虽然精益生产对工人的需求降低了，但对购买者的需求却增长了。今时今日，机器和体系本身就成为工业产品的主要消费者。相比10年前，现在的汽车需要装备更多配件才能跑起来。

恩格斯当年就敏锐地发现，一旦进入机器时代，机器本身就会

作为工业生产之集大成者，汽车生产过程的自动化程度越来越高，正在向着无人化生产迈进

不断进化和扩大，从而出现更多和更精良的机器。"我们已经看到，现代机器的已经达到最高程度的改进的可能性，怎样由于社会中的生产无政府状态而变成一种迫使各个工业资本家不断改进自己的机器、不断提高机器的生产能力的强制性法令。"[1]

当年，福特汽车公司的胭脂河工厂有 10 万工人，从钢铁到羊毛都自己生产，2018 年胭脂河厂只有 7000 名员工，他们负责汽车的品牌、设计、组装和营销。2017 年，一家特斯拉超级工厂的 4

1-［德］恩格斯：《社会主义从空想到科学的发展》，载《马克思恩格斯全集》第十九卷，人民出版社 1963 年版，第 236 页。

个核心制造环节只有 150 台机器人，鲜有工人的身影。

100 年间，机器人逐渐替代了流水线上的劳动力。[6] 即使早期的机器人，其使用成本也只有一个工人工资的几分之一。

作为世界最大的汽车制造商之一，美国通用汽车公司在 2011 年的汽车产量超过 900 万辆，它的北美工厂只雇用了 4.75 万名蓝领工人。

恩格斯曾批判说："机器这一缩短劳动时间的最有力的手段，变成了使工人及其家属一生的时间转化为可以随意用来增殖资本的劳动时间的最可靠的手段；于是，一部分人的过度劳动造成了另一部分人的失业。"[1] 在越来越多的企业家眼中，给那些从任何标准来看都不比机器人更有用的人支付高工资，正在变得没有任何优势可言。

在工业革命早期，斯密就赞赏高工资和低工时："一个能工作适度的人，不仅能长期保持健康，而且在一年中会做出比其他人更多的工作。"与传统的大量生产相比，精益管理模式的核心是压力管理，装配一辆雪佛兰轿车的时间从 22 小时降为 14 小时，这种效率来自有目的的系统施压。

在精益生产模式下，日本工人要比美国工人每年多工作 200 到 500 小时。生产线极快的工作节奏给工人造成沉重的压力，工人长期处于"超载"的疲劳状态；"过劳死"成为这种高效率的副产品，而遭遇机器奴役的工人则成为牺牲品。

1- [德] 恩格斯：《社会主义从空想到科学的发展》，载《马克思恩格斯全集》第十九卷，人民出版社 1963 年版，第 236 页。

据说，日本每年有1万人死于"过劳死"。日本关西大学经济学家森冈孝二在《过劳时代》一书中指出，全球化发展、信息通信革命、消费资本主义、雇佣关系的改变以及新自由主义席卷世界等，导致了这种超强工作模式。[1]

实际上，遭遇这种超强工作压力的不仅是普通工人，就连职业地位较高的白领也无法逃避。在竞争激烈的市场环境中，每个人都被迫加班加点，甚至不用老板强迫。那种崇尚狼性的企业文化使得这些"过劳"都在潜移默化中变成规训。

1- 可参阅［日］森冈孝二：《过劳时代》，米彦军译，新星出版社2019年版。

后机器时代

在自然界中，最引人瞩目的是那些顶级掠食者，它们不断进化，变得更高、更快、更强，但仍然很难持久地生存。这是因为越大的生物，越需要更多的能量供应；越是强悍，就越是需要海量的资源。如果环境无法承受巨大的能量消耗，整个生态系统就会走向崩溃。

当然，并不是所有强者都会遭遇这种"诅咒"。或许人类就是一个幸存者，人类的身体并不是最高、最快、最强的，但非常善于学习和合作，这导致人类战胜了所有顶级掠食者，成为食物链的顶端。

人类的进化打破了自然界的一般进化规律，进化的是智力而不只是身体机能，这种突破是革命性的。

1957年10月4日，第一颗人造卫星成功发射到太空。阿伦特称其是"比原子裂变还重要的事件"，通过这种"对给定的人类存在的反叛"，人类正成功地挑战着自然的界限。

卡夫卡[7]曾说，人是地球上自由而有保障的公民，但有一根链子限制他越出地球的边界。如今，这条链子却被人挣脱了。

1969年7月16日，土星五号运载火箭在美国发射升空。这是人类历史上使用过的自重最大的运载火箭，拥有当时最大的内燃机，起飞重量为 3038.5 吨。点火后，引擎在 150 秒内燃烧掉 2268 吨精制煤油和液态氧，产生了 3408 吨的推进力。离开地球后，它以 8690 千米 / 小时的速度飞向月球。

当时，阿姆斯特朗就在土星五号发射的阿波罗 11 号上；4 天后，他成功在月球登陆。全球有近 10 亿人通过电视观看了这次登月过程。

2004 年，中国探月工程（又名嫦娥工程）正式立项，开始对月球进行探测，并计划在 2030 年实现载人登月的目标。这可能是自嫦娥登月以来，中国人"第二次"登陆月球。神话即将成为现实。

近代以来，人类的空间观念一直在扩展。人类进行的第一次空间革命是由陆地到海洋，英国抓住了机会，成为海洋民族，建立了世界霸权；工业革命后，英国逐渐被美国超越，在人类征服"空气"的历程中，美国将天空一直延伸到太空。

美国作家诺曼·梅勒说："人类终于可以对上帝说话了。"

从人类发明第一个机器弓箭开始，多达 250 万个零部件的航天飞机成为人类创造的最复杂的机器。经过亿万年的进化，人类终于在这个 100 年里，第一次离开地球，飞上天空，进入太空，登上月球。

正如罗素所说，假如有人问我们"机器是否当真改善了世界"，我们会觉得这个问题很傻，因为机器带来的变化太大了，它引起了巨大的"进步"。

著名的月球脚印

2008 年，人类有史以来最大的机器诞生了，这就是大型强子对撞机（LHC）。为了建造这个庞然大物，总共集 30 个国家之力，投入超过 20 亿美元，来自 100 多个国家的 1 万名科学家和工程师参与其中。该机器建于地下 100 米深处，由一个长达 27 公里的长环组成。它使用了数千台超导电磁体，其功率为 4 万亿到 7 万亿伏特，消耗的电力与附近的日内瓦市相当。作为人类制造的最大机器和最大技术成就，它的用途是为了推进我们对自然的认识。

国际空间站与大型对撞机类似，也是人类联合建造的一架巨无霸机器，10 多个国家参与了它的建设和维护，目前已耗资 1000 多亿美元。国际空间站身处太空，远离地球，建造难度甚至超过对撞机，它的主要价值仍在于拓展人类自然科学知识的边界。

借助机器，人类不仅能上天入地，而且能在天上和地下建造如此巨大的机器；更重要的是，建造这些巨型机器的目的并非为了什么利益，而更多的是为了探索未知。中国古人说：朝闻道，夕死可矣。这或许是人类这种动物最纯粹也最神奇的地方。

从 1948—1973 年间，世界经济走上空前大发展的道路，呈现了有史以来最富有生气的景象。整个世界从工业革命转向信息革命，大致可以说是从 1956 年开始的。美国的白领工人数量超过蓝领工人，也在 1956—1957 年间出现。整个世界从军事竞赛转向经济竞赛，大约是 1965 年开始的，其结果促成了社会的大开放，增大了文化与道德选择的自由度。

如果说工业时代就是现代，那么电脑和互联网的出现，其实意味着现代之后，一个全新的知识时代已经来临。

思想家德鲁克喜欢给许多事物命名，他将正在出现的知识社会称为"后资本主义社会"——与"资本主义社会"相区别。批评家米尔斯谓之"后现代社会"，其特点是大众消费社会来临、权力集中于精英阶层、知识分子被收编，以及大众的低智化。这个"散众社会"的主体是"快乐机器人"。

社会学家丹尼尔·贝尔将近代以来的工业化历史划分为三个阶段：前工业社会、工业社会和后工业社会。蒸汽机出现之前为前工业社会，以传统主义同自然界竞争，土地是唯一资源，地主和军人拥有统治权；蒸汽机之后为工业社会，以经济增长为核心，同经过加工的自然界竞争，机器是主要资源，企业主是社会的统治人物；从电子信息技术广泛应用之后，就是后工业社会，以知识创新为核心，人与人之间展开知识竞争，科技精英成为社会的统治人物。

作为一个超级大国，美国无疑是第一个进入后工业社会的国家。

贝尔无疑是借鉴了马克思的资本主义理论、凡勃伦的制度经济学、熊彼得的创新理论和加尔布雷思的新工业国概念，他在《后工业社会》一书中指出，机器不仅将人们从农业中"解放"，也将人们从工业中"解放"，大多数劳动力将赶向服务业，成为公务员、律师、护士、医生、保姆、警察、管理员、销售员等。

事实确实如此，以美国为例，自南北战争起，职业的主要变动已经呈现出这样一种产业趋势：作为劳动力的一部分，操纵机器的人越来越少，而与人和符号打交道的人越来越多。从 1870 年到 1940 年，包括职业经理、办公文员和推销员在内的白领，在中产阶级中的比例从 15% 上升到 56%，在所有劳动力中的比例从 6% 增长到 25%，而工人却由 81% 下降到 55%。到 1980 年，美国已经有 70% 的劳动力从事服务性行业。

2018 年的一项调查显示：法国最缺的人分别是售货员和打包工、汽车修理工、送货员、销售助理、程序员、物流人员、保姆、服务生、建筑工人和技术销售员。

现代社会还有一个特点，即非自然力的广泛使用使女性与男性更加平等。2010 年，美国 25 岁以上的职业女性拥有高等教育学位的人数比例甚至首次超过男性。

在传统社会，人们的职业分工较为有限，大多数人是自耕自种的农民，此外还有少数匠人、官吏、医生、巫师或神父等。现代社会不仅具有极其细致的分工，同时人与人的关系更加密切，现代人的身份因而更加复杂。一个人可能是工人、公务员、记者、医

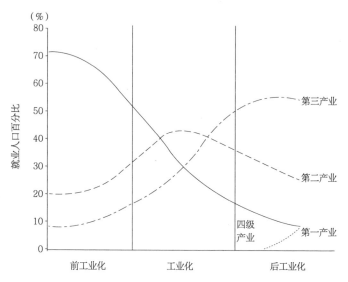

科林·克拉克的"三次产业划分模型"

生、职员、经理、技师、线长、司机、专家、工程师、设计师、发明家等，在另外一个场合，就变成了乘客、机主、用户、读者、观众或网友。

如果说培根的"知识就是力量"是一个预言，那么今天一切都已经变成现实，科学技术成为名副其实的第一生产力。技术创新成为企业利润的主要来源，公司不再只是生产的场所，而更加注重内部的技术改进与研发创新。

电子技术、信息技术、分子生物、海洋工程、核子技术、生态学和太空科技等，改变了传统的工业结构，"第三次浪潮"的新工业骨干正在蔚然兴起，如电子工业、宇航工业、海洋工程、遗传工程，等等。美国未来学家托夫勒指出，权力正从暴力、金钱向知识转移。由白领阶层主导的信息社会，其实就是知识的大量生产。

如果说马克思时代的工业革命是一种体力劳动（农业）向另一种体力劳动（工业）转变的话，那么信息革命则是从体力劳动（工业）向脑力劳动（知识）的转变。随着机器从力量（体力）到思想（脑力）的全面介入，人类的生产与生活都无远弗届地走向机器化，机器成为农业、工业、经济和社会的主要角色，甚至接下来会垄断一切领域。后工业时代发展到最后，必然是一个后机器时代。

在后机器时代，社会所需人类来完成的工作将越来越少，人的工作技能也将发生两极分化。一种是对专业技术要求更加高端，必须具备足够的科学和工程基础，并且有出众的适应能力和创新精神。另一种是工作要求更加简单，只要能操作机器即可，主要工作都交给复杂的机器去做。

知识经济

如果说亨利·福特和洛克菲勒代表了第二次浪潮的财富硕果，那么比尔·盖茨和史蒂夫·乔布斯就是第三次浪潮的精神象征。

人类文明经过第二次浪潮的同步化、专业化和标准化洗礼之后，又一次出现了多样化、多元化、分散化、人性化和智能化的特征。第三次浪潮使物质世界更加丰富，从而使"文明人"步入一个"富裕社会"。

从轮子的发明到计算机的应用，技术革新已经改变了工作的结构和内容，把劳动力从农田转移到工厂，最后转移到办公室。

随着富裕社会到来，蓝领阶层迅速减少，白领阶层逐渐壮大，能源消耗日趋减少，工厂和污染正在向劳动力资源既廉价又充沛的穷国转移。办公室和互联网成为后工业时代的主要象征物，科学与技术继续改变着人类社会的发展道路。

如果说"机械制造"是以前大学的主流专业，那么如今大学最普遍的专业是"广告与营销"。在西方，文科生比理工科学生更容易找到好工作，而未来的创新将是极少数"天才"的专享。[8]

在过去的工业时代，理工科出身的人普遍收入较高，这是全世界都存在的现象，但随着计算机技术的迅猛发展，除少数高精尖的专业技术领域外，大多数制造、生产和一般技术类工作，都会交给更智能化的机器。

在现代经济中，劳动逐渐被资本技术替代，特别是体力劳动，几乎完全转嫁给机器去完成。机器成为生产利润的主要手段。换句话说，脑力劳动才是人与动物的主要区别，而不是体力劳动；体力劳动所得往往只是其所消耗能量的价值，并不能带来更多的财富和收入。

有人计算过，19世纪中叶的美国工业消耗了176亿马力/小时，但只有6%是机器产生的能量。到了20世纪中叶，消耗达到4104亿马力/小时，机器产生的能量占到94%，正好打了个颠倒。

在现代经济中，人类体力能量的转化效率仅仅提高了50%，而人均财富却增长了上百倍，这完全归功于智力的解放。

1956年，美国白领工作者数量第一次超过蓝领工人，由脑力劳动者组成的白领达到总数的50.2%。半个世纪后的2006年，美国的脑力劳动者比例已超过总数的95%，而体力劳动者已不足5%。这正如一个世纪前农民比例的锐减。

作为中产阶级的主要构成，白领成为"橄榄型"社会的核心力量，智慧资本成为美国最有价值的输出商品。

1996年，美国的文化产品（电影、音乐、电视节目、图书杂志和计算机软件等）的出口首次超过汽车、农业、航空和军火等传统行业，位居所有出口产品之首。1999年，美国靠授权费和专利使用费赚进了370亿美元，而作为主要实体输出商品的飞机才赚了290亿美元。1998年，美国硅谷创造了2400亿美元产值。

经济学家罗默从技术创新角度提出"新增长理论"：在现代世

界，凡是能通过新产品或新服务满足需求的人，"创新永动机"就会让他通过暂时垄断，实现短期的利润爆炸，同时，其他所有最终得以分享这一创新的人，则会实现爆发式长期增长。可以说，凡是无法通过劳动力、土地或资本增加解释的发展，都是创新的结果。[1]

创新作为一种知识的再生产形式，它最美好的一点是无限，思想总是无穷无尽的，可以不断地发明和发现。

有一个这样的故事。人们都说埃及金字塔是几十万奴隶建造的，但一位中世纪的瑞士钟表匠却对此嗤之以鼻；他认为奴隶根本造不出这样的人类杰作，建造金字塔的只能是一群快乐的自由人。这位钟表匠根本不懂历史，他完全是基于自身工作的体验做出这种判断的，他正是在自由状态下达到了技艺的巅峰。

希腊人和罗马人善于征伐，但他们却未发明多少有趣的机器，究其原因是存在奴隶制。中世纪欧洲虽然少有奴隶，但行会也禁止工匠使用机器。管理学上有个"温暖法则"，也叫"南风法则"，意思是在宽容自由的状态下，人最容易得到工作的乐趣，提高主观能动性，从而发挥出不可思议的高超能力。

技术来自创新，不断地创新不仅导致技术进步加速，也导致职业技能快速更新。

百年前，福特流水线的工人可以一辈子拧螺丝直到退休。今天的美国人在40年的职业生涯中，至少要换11次工作，并为此要

1- 可参阅［英］马特·里德利：《理性乐观派：一部人类经济进步史》，闾佳译，机械工业出版社2011年版，第206页。

更换三次知识储备。这样一来，他至少要有两年的学习计划，以保证能够胜任新的工作。

1970年，托夫勒的《未来的冲击》刚出版，书中就有这样的惊叹："新职业层出不穷的速度真令人吃惊。什么系统分析员啦，控制台操纵员啦，编码员啦，磁带录制员啦，信息处理员啦，这些不过是和计算机操纵有关的大量职业中的少数几种而已。信息检索、光学扫描、薄膜技术等都需要各种新的专门知识，而旧的职业不是失去重要性就是完全无用。"[1]

作为当代享誉世界的著名管理咨询公司，麦肯锡在2020年预计，未来10年，全球将有4亿到8亿人被自动化取代，相当于全球劳动力的五分之一。在自动化发展迅速的情况下，这些被机器取代的人需要转换职业并学习新的技能。终身学习和从事多种职业将成为一种常态。

传统时代，职业和知识大多是世袭的，一个人在成年之前就已经完成了全部学习，足够他一生使用。现代社会崇尚创新，知识更新速度越来越快，一个人必须不断学习，才能跟上时代的进度，不被淘汰。有人说，现代"文盲"的定义，不是指不会阅读和写作的人，而是指那些不能持续学习、更新知识和重新学习的人。

据统计，目前世界64%的财富依赖于人力或智力资本，知识性的无形财富已经成为人类的主要财富。世界经济由劳动密集型

1- [美] 阿尔温·托夫勒：《未来的冲击》，孟广均、吴宣豪、黄炎林等译，中国对外翻译出版公司1985年版，第100页。

现代社会非常崇尚科技创新。图为罗马尼亚为纪念洗碗机的发明者约瑟芬·科克伦而发行的邮票

转向知识密集型，软件比硬件更加可贵。

在微处理器的价值中，原材料的成本不到 3%，其余全部是信息技术。类似微软这样的企业，其附加值最高的电子产品几乎没有重量；相比之下，之前通用汽车公司的产品重量达到 4 吨。20 世纪 80 年代中期，无形资产在美国上市公司市值中约占 40%，而在 2002 年，这一数字已经增长为 75%。

Facebook 公司开盘时，其正规的金融资产与其未记录的无形资产之间相差达 20 倍。正如德鲁克所说，"后资本主义社会"最根本的经济资源不再是资本或自然资源，也不再是劳动力，而是知识（技术不是知识）。

知识将成为唯一重要的资本，从而将人类带入一个"个人主义时代"。

发明过程如同登山探险，呈金字塔结构，上部每层的人数都在减少。有发明想法的人很多，能去实施的就少多了，而去认真做的就更少，坚持下来的凤毛麟角，最终获得成功的可能只有一个人。正如王安石所说："夫夷以近，则游者众；险以远，则至者少。而世之奇伟瑰怪，非常之观，常在于险远，而人之所罕至焉，故非有志者不能至也。有志矣，不随以止也，然力不足者，亦不能至也。"（《游褒禅山记》）

以数字化、智能化、网络化为特征的第三次工业革命，意味着传统生产方式的彻底颠覆。在此之前，传统的企业既需要高技术的人才，也需要普通工人。在全球分工时代，高技术企业不再有普通工人，而低技术企业则不再有高技术人才。

虽然"苹果"是富士康公司"制造的"，但却是苹果公司"创造的"。以 64GB 存储容量的 iPhone 6S 为例，其初始售价为 749 美元，硬件成本仅为 234 美元，其余的多体现为知识的价值。富士康旗下百万员工，2017 年的营收大约为 1500 亿美元，相当于苹果营收的 60%，但市值（400 亿美元）仅相当于苹果的 4%，其根本原因在于产业链的弱势地位。多年以来，富士康净利润一直维持在 3% 上下。

打个比方，苹果就好比著名作家，而富士康就是一家大型印刷厂，创造性和技术含量决定了利润差距。

按照美国哲学家威廉·詹姆斯的说法，人类的一切作为都可以归结为各种发明家的创造和其余人的模仿。某一个人指出道路，确定模式，其余人只管跟随就行。

爱迪生有句名言："所谓天才，就是 1% 的灵感，再加上 99% 的汗水。"这就如同一粒种子后来长成一棵大树，但最根本的还是那一粒貌似微不足道的种子。所谓现代经济，其实就是 1% 的创造，再加上 99% 的复制。有意思的是，很多人常常忘掉爱迪生这句话的后半句——

但是，那 1% 的灵感是最重要的，甚至比那 99% 的汗水更重要。

技术创新与资源诅咒

从一定程度来说，机器的历史也是技术的历史。人类的智力最典型的体现就是技术，而机器便是技术的载体。随着人类的技术进步，机器也越来越复杂；技术的专业化程度越高，一般人越难以理解机器的技术原理。

瓦特蒸汽机以活塞带动曲轴转动，相比之下，如果以蒸汽直接驱动涡轮转动，则更加高效。1894 年，第一艘涡轮蒸汽船"托宾尼尔号"首航，时速达到 34.5 节，也就是 64 千米 / 小时。很明显，蒸汽涡轮机的效率远远超过了传统活塞式的瓦特蒸汽机，由此带来了一场商船和军舰革命。

1939 年，喷气式飞机在德国试飞成功，这标志着更先进的燃气轮机的诞生。1947 年，第一艘高速舰艇在英国下水，它的动力来自 1.86 兆瓦的燃气轮机。

燃气轮机的工作过程与蒸汽涡轮机相似，压缩机吸入空气并将其压缩，压缩的空气与燃料在燃烧室混合后燃烧，产生膨胀的高温高压燃气，从而推动涡轮叶轮高速旋转。

与活塞式内燃机和蒸汽机相比，燃气轮机要小得多；同样的空间，燃气轮机可提供高出数倍的动力输出。这无疑是蒸汽机和内燃机之后的又一次动力革命。

其实，早在纽科门蒸汽机之前，在华的闵明我神父就制作了一个由蒸汽涡轮机带动的装置，康熙和众官僚只看到了一件新奇的机器玩具，他们并不知道这是世界上第一台蒸汽（涡轮）发动机。

作为一种古老的中国传统工艺，走马灯堪称是现代燃气轮机的原始模型。[9]晚清时期的作家富察敦崇曾有感而发：

> 走马灯者，剪纸为轮，以烛嘘之，则车驰马骤，团团不休。烛灭则顿止矣。其物虽微，颇能具成败兴衰之理，上下千古，二十四史中无非一走马灯也。……走马灯之制，亦系以火御轮，以轮运机，即今轮船、铁轨之一班。使推而广之，精益求精，数百年来，安知不成利器耶？惜中国以机巧为戒，即有自出心裁精于制造者，莫不以儿观视之。今日之际，人步亦步，人趋亦趋，诧为奇神，安于愚鲁，则天地生材之道岂独厚于彼而薄于我耶？是亦不自愤耳。（《燕京岁时记·走马灯》）

从洋务运动算起，中国现代化之路走了一个多世纪，其间有许多坎坷与反复，直到最近40多年才发生了根本性的巨变。改革开放以来，中国发挥后发优势，充分利用全球化带来的技术扩散效应，推动经济增长和技术进步，从而实现跃进。

中国用40多年时间，走过了西方资本主义从黑暗的中世纪到文明的后现代社会400年的发展道路。一个西方人活400年才能经历这样两个天壤之别的时代，一个中国人只需40多年就经历了。400年间的动荡万变浓缩在40多年中，这几乎是整整一代中国人神奇的经历。

面对这40多年的剧变，我们一时之间很难从今天的西方找到参照。但如果翻开尘封的巴尔扎克和狄更斯的小说，或者马克思的《资本论》，或许能够从一个更长的时段照见我们当下的征途。

"国家的进步和财富的增长，首先是体制和文化；其次是钱；但从头看起而且越看越明显的是，决定性因素是知识。"[1] 托夫勒将人类社会的发展分为三个阶段：暴力社会、财富社会和知识社会。早期野蛮时代和专制主义都属于暴力社会，所有的权力都来自暴力；在传统资本主义社会，金钱代替了暴力，财富是权力的主要出处；在后工业时代或者后资本主义时代，取之不尽用之不竭的知识将成为最大权力。在传统时代，暴力属于强者，财富属于富人；在科技时代，知识属于每一个人，包括弱者和穷人。

古人说，吾生也有涯，而知也无涯。暴力和金钱可以被垄断，但知识是难以垄断的，知识是最具民主性格的权力来源。按照托夫勒的说法，暴力与财富都建立在掠夺之上，知识经济则消除了掠夺，人类社会将更加文明。

全球化竞争依靠的是比较优势，资源型国家相对于创新型国家来说，很容易导致"荷兰病"[10]，短期繁荣之后总难免长期萧条。"资源诅咒"理论认为，大多数自然资源丰富的国家的经济增长速度比那些资源稀缺的国家增长更慢。纵观世界，这样的例子比比

1-［美］戴维·S.兰德斯：《国富国穷》，门新华、安增才、董素华等译，新华出版社 2010
年版，第297页。

20 世纪 70 年代, 荷兰依靠能源红利而蒸蒸日上, 人们对未来充满美好憧憬

皆是。

随着全球分工, 现代经济的发展已经不完全取决于资源的多少; 一个资源匮乏的国家同样可以实现富裕, 比如以色列、新加坡和日本, 高水平的人力资本成为国家兴旺的关键。 换句话说, 一个国家走向繁荣强盛的根本原因是资源得到合理配置, 人才和资源能得到充分利用。 相反, 落后国家却面临着严重的人才和资源流失问题。

巴菲特曾说:"如果你来中东是寻找石油, 那么你可以忽略以色列。 如果你是在寻找智慧, 那么请聚焦于此! "以色列国土面积不大, 人口不到 1000 万, 但这个资源匮乏的小国家, 2010 年在纳斯达克上市的新兴企业总数却超过日本、韩国、中国、印度四国的总和。

以色列建国的历史并不长，自然条件极其严酷——干旱，沙漠遍布，缺水，可耕地面积只占20%——但却创造出了农业奇迹：西红柿每公顷最高年产500吨，鸡年均产蛋280个，奶牛年均产奶量1万公斤；温室大棚每公顷年产1200万支玫瑰；沙漠地区的柑橘每公顷年产量最高为80吨。以色列因此成为当之无愧的世界农业发达国家之一。

钱学森之问

斯宾格勒说，蒸汽机的决定性因素是它的发明者，不是它的伙夫，思想才是重要的。现代的历程告诉人们，创新是一个现代国家进步的灵魂。

依靠技术创新，新公司很容易平地崛起，甚至在很短时间就击败老牌大公司。比如个人计算机的出现，就颠覆了以前的很多大型计算机设备公司，网络零售商也让一些大型实体商店陷入困境。

造纸是芬兰的传统经济产业，诺基亚的崛起也曾为芬兰注入新的活力。然而，iPhone取代了诺基亚，iPad打击了传统纸业。芬兰总理悲哀地说，乔布斯摧毁了一个国家。

如今，马斯克正成为第二个乔布斯。这个从来没有造过汽车的人，在2014年拿到了金方向盘奖的终身成就奖。虽然相隔百年，如果说福特的T型车开创了汽车时代，那么马斯克的新T型车（特斯拉TESLA）则颠覆了那个汽车时代。传统的汽车是四个轮子加两个沙发，现在的汽车变成"一部手机加四个轮子"，特斯拉被认为是"车轮上的iPhone"。特斯拉的创业团队主要来自硅谷，他们用IT理念来造汽车，而不是底特律那些传统汽车厂商的思路。特斯拉汽车极有可能成为传统车企的终结者，截至2021年，它的市值已达5360亿美元，是大众、戴姆勒、宝马市值总和的 2.5 倍。

有人评论说，当下已进入"新硬件时代"。所谓新硬件，不是主板、显示器、键盘这些计算机硬件，而是指一切物理上存在的，在过去的生产和生活中闻所未闻、见所未见的人造事物。

如果说乔布斯在 2007 年展示的 iPad 和 iPhone 还是人们可以理解的事物——电脑和手机，那么今天的多轴无人飞行器、无人驾驶汽车、3D 打印机、可穿戴设备、智能机器驮驴、机器人厨师等，大都是人们之前无法想象的新事物。

中国古语说，制器尚象，穷神知化。发明创造像艺术活动一样，关键在于创造新事物，这是从 0 到 1 的过程，它追求创意和个性，这可以说是人类的专属。创新是工业的灵魂，没有创新的工业就只能去模仿和复制，这个从 1 到 N 的过程属于标准化大量生产，在现代技术条件下基本交给了机器。

如果说第二次浪潮还属于暴力经济的话，那么第三次浪潮就是知识经济或创新经济，完全依靠科技文明，营造一个智能的信息社会。在这里，智慧是一种普遍状态，比人更加聪明能干的机器向人们提出一个哲学命题：机器会代替一切吗？机器会统治人类吗？

好的问题往往胜过拙劣的答案，苏格拉底就常常思考"人应当怎样活着"。

技术变革注定会改变人们思考的方式和习惯，甚至完全改变人们的智力水平和身体结构。"我愿意把我所有的科技去换取和苏格拉底相处的一个下午"，这就是乔布斯的梦想。马斯克则梦想将来自己可以埋葬在火星上。

乔布斯是类似爱迪生和福特那样的人物。从乔布斯打造苹果个人电脑开始，他就给电子消费品产业带来一场又一场革命。到乔布斯去世的 2011 年，苹果公司成为全世界市值最大的公司。

有人打趣说，人类历史上出现过三个著名的苹果：第一个是诱惑了夏娃的苹果，第二个是击中了牛顿的苹果，第三个则是乔布斯开创的苹果公司。乔布斯是革新者、反叛者和梦想家，他重新定义了"手机"和"电脑"，用创新理念颠覆着世界。与其说他是企业家，不如说他是创意大师，他将工业美学通过技术发挥到极致，技术的精妙与艺术的完美融为一体，使工业品充满一种动人心魄的灵魂。

"死亡是生命最精彩的创造。"人间已无乔布斯，有人会问：为什么中国出不了乔布斯？ 2009 年 10 月 31 日，科学家钱学森去世，留下了著名的"钱学森之问"：为什么中国教育培养不出杰出人才？这其实是"李约瑟难题"的改编版。

古代人接受教育是为皇帝或教会，现代人接受教育是为自己和世界。进入现代之后，教育是唯一一种既不妨碍效率，又有利于公平的社会进步方式，教育不公平也是最大的不公平。古罗马哲学家西塞罗说，教育的目的是让学生们摆脱现实的奴役。而现在的年轻人，正为了适应现实而改变自己。

对儿童来说，学习被看作工作的启蒙训练。当学习成为孩子们的工作，分数就是他们的奖金；将教育专注于考试，就如同将球赛专注于球，而忘记了整场比赛。只要是"工作"，便都会丧失过程，而沦为一种功利的结果。如果人们能帮助孩子们在成长的时候学会思考，而不是死背硬记，学会解决问题，学会创造，学会积极参与，则更易于培养出更具创新性的一代新人来。

乔布斯在为苹果配音的一则广告中说："只有疯狂到认为自己能够改变世界的人，才能真正改变世界。"

如今，"疯狂"的马斯克已经成为超级明星般的人物。[11] 他在一次演讲中说："令人忧虑的是今天孩子学习和进步的动力几乎全部来自外在压力和奖励。结果是他们既不会有宏伟的目标，也不会有坚韧不拔的毅力。这样的未来我都不愿意去想象。我相信只要有足够的内驱力，普通的孩子也可以取得非凡成就。我今天所有的成就源自于《2001 太空漫游》作者的那句话：'任何足够先进的科技，都与魔法无异。'"

英国和美国产生现代化的根本是技术，特别是节约人力资源的技术，但这对中国来说，却并不是一种必然。

美国记者海斯勒在中国生活了 10 年，并取了一个中国名字"何伟"，他在《寻路中国》一书中指出："任何国家都面临着浪费巨额财富的诱惑，而中国正巧面临的是对人力资源这种财富的浪费。"[1]

实际上，对人力资源的浪费与人才的短缺互为因果，构成"钱学森之问"的一体两面。

在今天这个时代，科技进步常常要靠极少数天才领导方向，然后其他学者跟进。从重要性来说，关键在于少数天才群体的突破。有些科技领域完全就是天才的世界，就像是一千只狐狸也代替不了

1-［美］彼得·海斯勒：《寻路中国：从乡村到工厂的自驾之旅》，李雪顺译，上海译文出版社 2011 年版，第 351 页。

一只老虎的力量一样。"以虎斗虎，则独虎之不胜多虎也，明矣；以狐斗虎，则虽千狐，其能胜一虎哉？……故为巨室者，工虽多，必有大匠焉，非其画不敢裁也；操巨舟者，人虽多，必有舵师焉，非其指不敢行也。"（刘基：《郁离子·屠龙子与都黎奕》）。大意是说，老虎之间相斗，一只虎不如多只虎；狐狸斗虎，一千只狐狸也赢不了一只虎。

当一个国家的年人均国民收入超过了 6000 美元，它就不再是一个农业社会，而可能是一个拥有一定财产的中产阶级的、复杂的公民社会，以及拥有高水平的精英教育和大众教育。

自 1977 年起，中国高校招生逐年增长，但年平均增长率一直都没有超过 8.5%。1999 年开始扩招，高等教育转向大众教育，到 2020 年，中国高等教育毛入学率已达到了 54.4%。教育代表着一个国家的未来，"教育要面向现代化，面向世界，面向未来"。中国要完成社会转型和现代化的历史任务，关键在观念转变，但观念的改变远比建设新校区要难得多。

从历史来说，现代学校教育是工业革命的产物，其初衷是为了满足工业化大生产的需要，意在培养能适应流水线工作、拥有基本读写算能力的大批技术工人，也就是能掌握和应用既成知识的人，所以传统学校教育的特征是传承知识，侧重考查学生的知识记忆和掌握能力。但进入信息社会后，知识不再稀缺，学校教育面临转向，以信息自动化为方向的所谓"新工科"就是这样一种应对。

如今，新技术飞速发展，流水线上的很多重复性劳动已能被机器替代，面向未来的教育应更注重创造性，尤其是传统的教育观念必须发生转变。未来需要的人才绝不仅仅强调掌握专业学科知识这些智力因素，而是更强调非智力因素，比如有理想、有志向、能与人合作、富于创造力等。

《汉书·李寻传》云："马不伏枥，不可以趋道；士不素养，不可以重国。"意思是说，马不喂夜草，就跑不了远路；不重视人才，国家就发展不起来。千里马常有，而伯乐不常有。教育既是培养人才，也是选拔人才，不可偏废。

后发优势

人类的历史，是一部披荆斩棘的财富奋斗史。

在数千年农耕时代，人类财富不仅有限，而且增长极其缓慢；从小时段来说，财富几乎是稀缺且固定不变的。所谓"天地生财，只有次数，彼有所损，则此有所益"[1]。在这个"前财富时代"，历史的核心命题就是财富分配——偷窃或者掠夺；权力和暴力决定着财富分配，故而暴力和权力（阴谋）构成前财富时代的关键词。

进入工业时代后，人类财富呈井喷式增长，"财富时代"真正地来临了，财富从有限变成无限，财富主要来自创造（技术创新）而不是掠夺。历史第一次从权谋和暴力转向智慧和民主，这种历史转场是前所未有的。

在过去 200 年中，人类的物质文化发生的变化远远超过了过去 5000 年发生的变化。200 年前，人们的生活方式与古代的埃及人和美索不达米亚人并没有什么质的不同：住在同样的土木房屋里，用畜力和人力驮运，帆桨船和木轮车，粗茶淡饭，天黑即睡，偶尔用蜡烛照明。然而今天，铁路、汽车和飞机取代了牛、马和人的双

1- 明·陆楫：《蒹葭堂杂著摘抄·论崇俭黜奢》。

腿，蒸汽机、内燃机和电力代替畜力和人力，合成纤维替代了棉花，电灯消除了夜晚与白昼的界限。只要按一下开关，人类就可以获得大量的能量。

200 年间，这个世界变化得如此之快，以至于超越了人类的理解范畴，不可思议的变化比比皆是。在 100 多年前的康有为看来，中国古人梦寐以求的"大同世界"在这个时代正在变为现实——

> 农耕皆用机器化料，若工事之精，制造之奇，气球登天，铁轨缩地，无线之电渡海，比之中古有若新世界矣；商运之大，轮舶纷驰，物品交通，遍于五洲，皆创数千年未有之异境。[1]

进入现代社会的人类，能够凭借飞机、轮船、汽车和铁路，随心所欲地越过海洋和大陆，能够用电报电话与世界各地同步通信。依靠超自然的能量和充足低廉的钢铁，工业革命不仅使世界统一起来，而且大大超过了封建时代的统一程度。

工业化无疑是这场现代化运动的最鲜明特征，整个世界空间因此必须重新认识和理解。

在最早的轴心时期，人类文明是多元化的，西方是希腊文化，东方则有儒家和佛教；进入现代社会后，文明有走向统一的趋势，至少从物质上是如此。建立在各种发明之上的现代文明无远弗届，席卷全球，所有人都生活在一个由电灯、印刷机、电话、汽车、

1- 康有为：《康有为文集》，《大同书》庚部，线装书局 2009 年版，第 220 页。

照相机、电影、电视机、飞机、核能、电脑和互联网等构建的世界里。

对第一个现代化国家英国来说，从农业到工业，这个变革时期跨越了 183 年（1649—1832）；美国是第二个现代化国家，它为此花费了 89 年（1776—1865）；对拿破仑统治时期开始走向现代化的 13 个欧洲国家来说，这个阶段平均时间为 73 年。但是，在 20 世纪前 30 年内走向现代化，并于 60 年代形成现代化领导权威的 26 个第三世界国家中，有 21 个在此阶段的平均时间仅为 29 年。[1]

在第一次工业革命时代，技术扩散的速度极其缓慢，这导致全球力量极度不平衡，欧洲人能够以极大的优势征服世界其他地区。此后发生的第二次工业革命和第三次工业革命，技术扩散的速度明显加快，西方的优势也在迅速削弱。

两次世界大战其实是西方工业国家之间的内部争斗，虽然法西斯联盟最终失败，但这两场旷世战争也让战胜的各国元气大伤，许多西方殖民地由此走向独立。它们纷纷效仿西方，开始了一场你追我赶的现代化浪潮。

美国是世界大战的受益者。在"二战"后的美国人看来，美国不仅是最发达的现代国家，而且是世界的中心。不管这种领先地位能保持多久，美国的骄傲都是不容置疑的，这让它常常忘记：后视镜中的物体总是比看上去的距离更近。《底特律》这本书记述

1- 可参阅 ［美］塞缪尔·P.亨廷顿：《变化社会中的政治秩序》，王冠华、刘为译，上海人民出版社 2015 年版。

了这样的一个故事：“一天早上醒来，有人告诉我们，我们老了，我们不想相信这一点，然而，它确实是毋庸置疑的事实。”[1]

进入 21 世纪以来，中国等后发国家与以美国为首的发达国家的差距不断缩小，其背后的原因，既有前者的大步追赶，也有后者的迟滞不前。

从第一次工业革命到第二次工业革命，重大科技创新如过江之鲫，技术进步突飞猛进，在能源、交通、通信、冶金、化工、建筑、材料、生物等领域都出现了革命性的创造，这些技术相互促进，形成一系列持续不断的连锁反应，直接改写了人类自古以来的生产与生活方式。但自从 20 世纪 70 年代以来，科技进步的速度明显放慢。[12] 所谓的第三次工业革命，基本限于信息技术领域。

虽然今天的手机不断升级成 4G、5G，但人们在生产和生活的基本面上，主要还是前两次工业革命的成果。就革命意义来说，今天的一部 5G 手机根本无法与 200 年前的抽水马桶和 100 年前的白炽灯泡相比。

欧洲虽然依靠领先一步而取得了对世界的支配权，但这种领先的技术如同涟漪一样，随着工业革命扩散到世界各地，继而欧洲不可挽回地走向衰落。这是因为，每一种技术创新从发明到应用，最后形成规模经济效应，往往需要漫长的时间，而后来者却可以直接应用，这使得现代化总是后来者居上。

1- ［美］查理·勒达夫：《底特律：一座美国城市的衰落》，叶齐茂、倪晓辉译，中信出版社 2014 年版，第 62 页。

100 年前人们想象的可视电话

瓦特蒸汽机发明于 18 世纪，19 世纪初运用到水力运输上，直到 19 世纪末我们才看到蒸汽船取代了帆船，甚至到 1880 年，世界上大多数大宗货物仍然由帆船运输。因此，一个最具革命性的发明，几乎要 100 年才能替代其前身。所有的创新都是"前人栽树，后人乘凉"，这也是现代经济的摩尔定律。[13]

现代社会之所以能跳出"马尔萨斯陷阱"，正是因为财富（不仅是粮食）前所未有地实现了指数增长，而且比人口的增长指数更高，这种从算术级到指数级的巨变，主要得益于技术的介入和机器的广泛使用。

以人均收入翻一番来说，英国从 1780 年起用了 58 年，美国从 1839 年起用了 47 年，日本用了 34 年，巴西用了 18 年，中国只用了 10 年。从 1928 年到 1966 年，苏联人均国民收入增长了 20 倍，而美国在 1968 年时，其人均可支配收入只有 1899 年的 3 倍。

此外还有一个现象就是，每一个科技发明出现之后，并不一定是发明这项科技的国家能最先受益。

以汽车为例，内燃机汽车在德国发明，但是汽车产业出现的前 10 年，德国并不是主要的汽车生产者。在 1914 年之前，美国才是汽车的主要生产者。接着数十年间，德国汽车使用的普及率也低于其他的富裕国家。

动力飞机是美国莱特兄弟 1903 年的发明，但是 10 年之后，也就是 1914 年，英国、法国与德国都拥有数量更多的飞机。

摄影机、电视机和手机也是如此。这些电子产品原本是欧美国家发明的，但却很快成为东亚中日韩三国的主打产品，并且推陈出新，占据了全世界的较大份额。

就整个经济史来说，从技术扩散到财富扩散，这是一个自然而然、不可避免的过程。这也是全球化时代的必然规律。

早在工业革命之前，来自欧洲的统治者就已经依靠风帆战舰建立了一个庞大的殖民帝国。只不过早期的冒险家和征服者只追求个人财富，其殖民地仍属于自给自足的农业模式。机器大生产改变了这种规模较小的掠夺抢劫，形成国际大企业和庞大的帝国主义。新兴的帝国主义从殖民地搜刮原料，加工后以高价把制成品卖给殖民地。

在 19 世纪末期的蒸汽战舰时代，欧洲政治家们宣扬"帝国即贸易"。至此，各个文明已经不再可能孤立存在。机器和资本吞噬一切可以得到的资源，将其变成商品和市场。

货币的工具理性简化了人际关系，社会生活的货币化，传播了一种统一而精确的现代理念，货币贸易营造了一个统一的世界市场，资本家们可以更加便捷地汲取所谓的"资源"。

全球贸易体系的构建，在于西方工业化国家制定并主导的各种制度和规则。从当年的东印度公司到如今的全球 500 强，工业化国家的企业巨头将全球的自然资源、资金和人力悉数纳入全球工业生产体系，推动着人类财富的几何级增长。

除少数治理失败的国家外，绝大多数国家都逃脱了"马尔萨斯陷阱"。可以说，全球贸易体系是人类迈向更好明天的重要制度基础。

全球化

全球化的历史，最早可以追溯到地理大发现时期。

在地理大发现之前，世界各地基本处于割裂状态。由葡萄牙和西班牙开启的大航海运动不仅发现了美洲，也形成了大规模的世界贸易。用马克思的话说，历史成为世界史。"由于开拓了世界市场，使一切国家的生产和消费都成为世界性的了。……物质的生产是如此，精神的生产也是如此。各民族的精神产品成了公共的财产。民族的片面性和局限性日益成为不可能。"[1]

早期的全球化其实是西方帝国主义的殖民运动。1492 年哥伦布踏上新大陆时，欧洲人的统治只占全球的十分之一，1801 年统治了世界的三分之一，1880 年就占了三分之二；1935 年，欧洲的政治统治达到全球面积的 85%，统治人口达到全球的 70%。这是一种何等奇特的景象！500 年间，小小的欧亚半岛控制了地球的绝大部分，包括陆地和海洋。

整个现代史也是一部全球史。第一次工业革命后，工业资本主义取代了传统的商业资本主义；从第二次工业革命开始，竞争的

1- [德] 马克思、恩格斯：《共产党宣言》，人民出版社 2014 年版，第 31 页。

工业资本主义让位于垄断资本主义。在国际层面，自由贸易的帝国主义转变为全球性的殖民主义，新的垄断资本主义在全世界攻城略地，进行殖民扩张。随着新兴工业国家的崛起，老牌帝国受到挑战，战争爆发了。在两次世界大战之后，传统的西方殖民体系走向瓦解，第三世界国家纷纷取得独立，开始了工业化和现代化的进程，世界在分分合合中日趋统一。冷战结束后这三十多年，无疑是全球化发展最为辉煌的一段时期，中国在此期间发生了脱胎换骨的巨变。

进入现代以来，国家间的对立和战争似乎并没有缓解多少，但现代化的大趋势仍然让整个人类社会走向统一。或者说，由于现代科技的进步，整个世界势必合而为一，这是一种比较主流的思想。

1985年6月14日，由德、法等国发起的《申根协定》诞生，到2011年，申根协定成员国已经达到28个，几乎囊括了所有欧洲国家。申根协定的意义在于，它几乎完全消除了国与国之间的边境，人们可以不经任何检查地自由通行，在任何一个城市无限期居住。这或许给未来世界发展提供了一种可能。

与欧洲的申根协定相比，WTO（世界贸易组织）更具有全球化意义。世界各国虽然在政治上和而不同，但在经济上可以互惠互利，合作共赢。最典型的是人和物的全球流通越来越频繁，集装箱货运使大宗商品的运费大大减少，再加上国际自由贸易体系的建立，关税和运费更是大为降低，各种货物更加自由畅通地在全世界范围内流动。随着地球变得越来越平，公司兼并潮催生了无数巨无霸的跨国公司，现代企业变成一个更扁平的组织，不再是像以前那样的层层架构。[14]

快捷发达的物流、人流和信息流也改变了劳动性质和家庭结构，传播技术的进步使社会结构和政治生态发生了微妙的变化。

在现代工业体系下，即使一件衬衣，也是国际分工的结果：制作衬衣的棉花生长在印度，棉花的种子来自美国，棉线中的人造纤维来自葡萄牙，染料则来自六个国家，领口内衬来自巴西，剪裁机器来自德国，最后的制作在马来西亚完成。

再以手机为例，如今的智能手机几乎综合了地球上所有的元素。元素周期表上的 118 个化学元素中，有 70 多个用在了智能手机中。地壳中最常见的硅，被用来制作手机芯片中的数十亿个晶体管，黄金用来做接线——每台 iPhone 使用约 0.03 克黄金，另一种金属铟用来制作触摸屏，制造电池的关键元素锂只有少数国家出产，锂电池中的钴是刚果工人开采出来的，用于焊接的锡则主要来自印度尼西亚的邦加岛，最后，大多数手机都是在中国被组装制造出来的。

大卫·李嘉图将亚当·斯密的分工理论继续推进到国家层面，所谓的"比较优势"，引发了国家与国家之间的竞争与合作，也造成了国家与国家之间的差距与仇视。在比较优势之下，生产总是由成本最低的国家提供，而消费则由收入最高的国家完成。

在现代之前，印度和中国都是西方世界仰望的对象。从历史来说，古代中国创造了一个震惊世界的黄金国度；古印度最著名的创造是佛教，传入中国后，让物质丰裕的中国人得到精神慰藉。如今，中国成为全世界主流的硬件制造大国，而印度则以软件输出而闻名。这或许是关于"比较优势"的一种较为典型的看法。

在全球化背景下，国家与国家之间通过贸易合作"取长补短"，实现利益最大化。1750 年到 1914 年，一体化的世界市场使世界贸易增长超过了 50 倍。在某种意义上，始于哥伦布大交换的全球化经济，既是资本主义兴起的原因，也是其结果。在工业革命之前，中国和印度占有世界经济产出的三分之二；经过工业革命洗礼，G7（七国集团）的国内生产总值曾一度占世界经济的 68%；至 2015 年，涵盖成员范围更广、代表性更强的二十国集团（G20）的贸易总额占世界贸易总额的 75%，国内生产总值合计占世界经济的 85% 以上。

虽然现代以来的世界经济以欧美为中心，但随着日本、韩国和中国的崛起，全球化的形势正悄然发生改变。

马克思当年在《资本论》序言中写道："工业较发达的国家向工业较不发达的国家所显示的，只是后者未来的景象。"工业革命刚刚出现在英国时，只影响了全球 1% 的人口，如今工业狂潮已经将所有的人类都席卷其中，现代的历程无疑也是全球化的过程。

"全球化"（Globalization）一词出现于 20 世纪 60 年代。人们对全球化喜忧参半，既因其帝国主义色彩，也因其自由主义倾向。如果说从前的世界里有许多各自独立的水桶，那么现在这些水桶底部都被一根贸易的管道连接起来。全球化时代，没有一个国家可以独善其身。

按照弗里德曼的说法，全球化经历了三个阶段：从 1800 年到 1920 年，当时的全球化程度比较有限，贸易和资本流动的规模都很小；从一战结束到"冷战"结束为第二个阶段；1989年至今的全球化，则将世界变成了一个单一市场的地球村。

所谓"全球化"，并不是以国家身份融入世界，恰恰是以"去国家化"为重心，个人和企业的"国际化"，把一个个独立的国家经济实体，融合到一个整体的世界经济体系中去。换句话说，全球化不单是一个发展趋势，更是一套国际体系。当前，这套国际体系已经替代了冷战时期的国际体系，拥有自己的规则和逻辑，直接或间接影响了世界上几乎每个国家的政治、环境、地缘政治和经济。在某种程度上，以信息技术为中心的全球化，正在从经济、文化等方面，打破传统社会主权的统一性。

古代世界是互相割裂的方言社会。如今，作为一种文化现象，英语似乎成为一种世界通用语言。英语的全球化，多少可以作为全球化的一个注脚。

从英国的工业革命到美国的信息革命，现代世界几乎是在英语语境中被孕育和被创造的。虽然全世界有无数种文字和语言，但在今天的人类世界，英语几乎成为通用文字和语言。人类的大部分科技出版物是以英语为载体而存在的。[15] 2013年，全世界75%的电视频道是英语节目，85%的国际组织的工作语言是英语，85%的网页是英语网页，80%的电子邮件是用英语传递，100%的软件源代码是英语格式。

然而，无论是在哲学意义上还是在现实生活中，中国正在成为世界文化中的重要部分。西方在面对中国时，常常为文明的另一种可能而惊奇，也为它的奇迹而惊叹。全球化为中国打开了技术大门，有不少技术创新"墙里开花墙外香"，比如面部识别和核酸检测最早由美国发明，但最大的应用却在中国。类似的还有日本发明的二维码和方便面、卡拉 OK 等。

见贤思齐是人类的本性，现代文明的传递从物质和技术开始，最后必然波及精神与文化层面。中国晚清时期提出的"中学为体，西学为用"，跟李氏朝鲜的"东道西器"以及日本明治时期的"和魂洋才"一样，最终都以失败而告终。

日本前首相吉田茂说，因为文明原本是一个整体，无法只单独采用它的科学技术文明。例如，为了引进西方优良的军舰和武器，就必须建造生产它的造船厂和兵工厂，而为了让造船厂和兵工厂能够发挥功能、有效地进行生产，又必须让构成产业基础的经济活动能够顺利展开。这就和视追求利润为不道德的儒教伦理发生了矛盾，因此，拥有西方军舰的结果就是，将不可避免地对本国的核心文化造成冲击。[1]

因此，很多人乐观地设想：科技超越国界，国族的差异将会随科技的发展而消散无踪；随着世界各地不可避免地使用相同的科技，政治体制也会逐渐趋同；社会主义和资本主义的世界最终将合而为一。

但实际上，这种设想并没有变成现实。从文化意义上来说，全球主义到现在仍未实现。从费正清、傅高义到亨廷顿、基辛格，不断有人指出，中国和美国这两个无论从地理、历史、制度还是文

1-［日］吉田茂：《激荡的百年史》，袁雅琼译，上海人民出版社 2018 年版，第 20 页。

化来说，差异都堪称巨大的国家，到底能不能互相理解，某种程度上决定了人类的未来。

橘生淮南则为橘，橘生淮北则为枳。虽然西方国家普遍比较富裕和成功，但其他后起的现代化国家对西方制度，无论是经济制度还是政治制度，以及价值观的移用、模仿和借鉴，都是一个远比想象更加复杂的问题。

许多传统国家既想维持原有的文化认同基础，又试图尽量适应现代化要求，以应对在技术、制度、知识和文化方面的变化。对于非西方国家来说，现代化只是他们走向现代的本土经验，并不是其对西方社会的简单模仿和想象。

赵鼎新先生指出：现代化的到来并不象征着西方文明有着特殊的优秀，也不代表着什么历史"进步"；现代化并没有增强人类作为一个整体在自然界的生存能力。但即使如此，现代化却有着很大的不可逆性——

> 现代化带来了全球化、城市化和信息化，导致任何传统意义上的控制手段都将难以为继：臣民一旦成了公民，就自然会产生种种权利要求；女性一旦全面走向社会就不可能再回到男尊女卑时代；一个人群一旦产生了族群意识就很难再把它抹去……面对现代化所带来的种种诉求和问题，一个时代必须产生与之相应的家庭关系、社区政治、族群政治和国家政治等。同样重要的是，现代化给了以个人成功为导向的工具理

性一个正面的价值。[1]

虽然现代化的大趋势不可阻挡，但在一个有限的时期和有限的区域内，历史有时候也会发生倒退，这正如许多地方的环境恶化一样。

曾经的大英帝国衰落了，但后来的英国仍是世界上最富裕发达的国家之一；苏联衰落之后，留下的俄罗斯却实力大减。在 20 世纪中期一段时间里，苏联在冷战竞赛中几乎与美国并驾齐驱，在经济和技术的部分领域，甚至超过美国。但仅仅 20 年时间，这个曾经的世界第二大经济体和超级大国就急剧衰落了。

1- 赵鼎新：《国家、战争与历史发展：前现代中西模式的比较》，浙江大学出版社 2015 年版，自序第 2 页。

创造性破坏

2018 年 2 月 7 日，马斯克旗下 SpaceX 公司的"重型猎鹰"运载火箭将一辆特斯拉跑车送上太空，在汽车的电路板上刻着"人类地球制造"。这桩带有行为艺术色彩的科技新闻，似乎想诠释房龙的那句话："人类未来幸福的唯一途径就是国际合作。"

虽然大同世界和共产主义一直都是人类的梦想，但目前面临的现实，不平等却是人类的常态。经济学家希勒[16]提醒人们："对于技术，我最大的忧虑是，它是否会加剧贫富分化。"

经济学家皮凯蒂通过对工业革命至今 200 多年的经济数据分析发现，投资回报平均每年维持在 4%—5%，而 GDP 平均每年仅增长 1%—2%。这意味着每 100 年，占有资本的人其财富增加 128 倍，而社会整体经济只不过增长 8 倍。虽然社会整体都在走向富裕，但资本占有者要富有得多，从而使贫富差距变得非常大。[1]

皮凯蒂采用《21 世纪资本论》这个书名，显然是向马克思和他的《资本论》致敬。资本主义从诞生起就不乏反对和批判，实际上，皮凯蒂只是发现了"房间里的大象"而已。

1-[法]托马斯·皮凯蒂:《21 世纪资本论》，巴曙松、陈剑、余江等译，中信出版社 2014 年版。

与封闭保守、发展缓慢的古代不同，工业化、全球化与现代化密不可分，发展不均衡加速了世界的分化。迪顿指出，与 300 年前相比，这个世界变得更加不平等了，经济增长的成果并没有被平等享有，国家内部如此，国与国之间也是如此。

对现代世界来说，科学技术是第一生产力。科学可以无国界，但科研能力却是以国家为单位的。

早期的技术革命相对简单，一个小国家甚至一个人都可以单枪匹马去进行科技发明；如今的科技日趋复杂，一个苹果落地就能发现万有引力的时代一去不返。电子时代的发展速度可谓一日千里，一项技术从基础研究到最后出成果，需要长期的研究投入和积累。小国从人才、资金到市场都存在严重的资源劣势，科技发明已经变成大国才有资本玩的游戏。

20 世纪 70 年代，瑞典对第五代战斗机的预研计划经过反复评估，最后只能放弃 —— 小国难以独立承受研发的沉重负担。

现代世界格局已经变成大国之间的技术和经济博弈，只有大国才能承担起巨额的科技投入，并在生产制造领域进行细致而全面的专业分工，建起门类齐全、独立完整的产业体系。这种规模优势对小国来说可望而不可即。

世界就像海洋，大鱼是永远的主宰者。

孔子说，性相近也，习相远也。从人性上来说，所有人类都是一样的，没有太大的差别，所不同的只是习惯与观念罢了。

全球化虽然缩短了各国之间的地理距离，但并没有缩短心理距离。即使技术和商品趋于一致，但文化差异并没有减小的迹象。

在全球化时代，经济增长改变了国家和地区间的均势，但可能也造成了国家内部和国家间的政治不稳定。正如亨廷顿所言，文化的共性是经济合作的根本。经济交往可以使人们互相接触，但要达成协议，还需要做更多的工作。在历史上，它往往使各国人民更深刻地认识到他们之间的不同，令他们互存戒心。国家之间的贸易不仅带来了好处，也造成了冲突。[1]

二战之后，世界各个国家都出现了前所未有的发展，但发展步伐并不一致。增长速度快的国家缩小了与发达国家间的差距，这一方面使得它们和那些更落后国家之间的距离更大，另一方面也引发了新兴国家与老牌资本主义国家之间的冲突。

工业革命之前，一个富国人均收入只是一个穷国人均收入的两倍，如今这一落差已经被放大到 50 倍以上。这种贫富差距在一国之内也是如此，甚至不分富国与穷国。20 世纪末，全球财富比例尚且符合"二八定律"，即占世界人口 80% 的发展中国家只享有世界财富总量的 22%。而根据瑞士信贷集团发布的《2022 全球财富报告》显示，全球最富有的 10% 的人，拥有全球财富的 82%，已经偏离"二八定律"。

如果说现代世界的不平等，很大程度上是源于技术的不平等传播和应用，那么导致现代世界各国发展更加失衡的原因之一就是信息革命。第三次浪潮带来一个创造的时代，一切守旧的国家都不

1-［美］塞缪尔·亨廷顿：《文明的冲突与世界秩序的重建》，周琪、刘绯、张立平等译，新华出版社 2002 年版，第 242 页。

免落入第三次浪潮的陷阱，甚至被排斥在世界经济体系之外。

一个残酷的现实是，全球化的最大赢家基本限于金融业和信息业，以及那些因市场范围扩大而受益的高技术人才，这些群体像食物链顶端的猎食动物，可以在全球范围内通吃，这就是技术无国界的代价。

经济学家熊彼特指出，最能让一个商人半夜做噩梦的竞争，不是对手降价，而是他的产品被创新产品淘汰。

作为一个比蒸汽机还古老的传统产业，瑞士制表业在 20 世纪 70 年代一度徘徊在末日的边缘。电子石英表的出现，让简单、廉价、精准成为钟表业的新行规，传统机械钟表一蹶不振，那些历史悠久、享誉世界的瑞士表厂奄奄一息，纷纷跳楼大甩卖。

柯达与富士曾在胶卷行业竞争中打得死去活来，但数码摄影的出现，几乎一夜之间就消灭了整个胶卷市场。讽刺的是，柯达还是数码照相机的最早发明者。[17] 随着智能手机的照相功能越来越强大，尼康这家百年老店也不得不关闭自己的部分工厂。康师傅击败所有对手，成为方便面市场的老大，但没想到手机外卖成为它的噩梦。

这种"创造性破坏"对创新能力匮乏的落后国家是极其不利的。科技创新具有溢出效应，不但会推动进一步的创新，而且可以创造新的就业机会。当一个国家在最关键的产业内全面领先，它就能在国家之间的竞争中占据先机。

在创新体制下，先进国家的制造业比例逐年下降，原始工业作为低技术的落后产业，正在从富国转到穷国中去。出于战略与经济考虑，虽然富国不可能完全放弃制造业，但"去工业化"的趋势非常明显。它会只生产一些主要商品，而且采用自动化技术，使用更少的工人。

经济学家接着发现，低收入国家相对于高工资国家具有成本竞争优势，但随着机器人取代工人，这种优势正在丧失。自动化和机器人的发展，将对世界贫穷国家产生较大破坏，许多低技术的工作岗位都面临消亡的危险。

国家统计局发布的数据显示，在2015—2020年间，随着产业升级和自动化水平提高，中国制造业的就业人数减少了近千万。据《全球发展报告》预计，2020—2025年间，全球约有8500万工作岗位将被机器替代。

按照马尔库塞和哈贝马斯的观点，如今世界已经不同于工业革命时期，每个国家都将意识形态作为一种统治技术，同时也将科技作为一种意识形态，这是一种去政治化的"新意识形态"。科技进步不仅是权力合法性来源，也是一种国家策略。

应当说，创新最大的诱惑是垄断。创新必然带来垄断，哪怕是暂时的。这在互联网时代更为典型。

互联网带来的联网效应和全球化服务的便利性创造了一个赢者通吃的市场，如社交网络、搜索引擎、淘宝商店和叫车服务等。可以说，正是科技本身的不透明加剧了不平等。

在某种意义上，美国崛起的秘密就是"创造性破坏"。尽管这种创造性破坏会造成社会混乱，但最终能将人们的生活水平提升到一个新高度。这种以牺牲眼前利益换取未来收益的精神，使美国在世界范围内能够保持领先地位。2021年，美国参议院通过

《2021年美国创新与竞争法案》，提出一个金额高达2500亿美元的庞大科技投入计划。这项法案的宗旨，在于促进自身技术发展，打压竞争对手，保持美国科技在未来的全球领导地位。

失落的铁锈带

回顾整个近现代史，可以看到在相当长的时间范围内，优势总是属于那些有更强物质创造能力的国家。而技术上的突破与组织形式上的变革，则是以物质创造为基础。面向未来，经济增长将越来越多地来源于技术创新，并使这种技术收益被大家共同分享。

新技术虽然可能会造成一定的副作用，但技术仍是人类走向文明的必由之路。从英国的火车、德国的汽车、美国的电脑到日本的电器，这些新技术并没有使大家更穷，反而使大家比以前生活得更好。

相对而言，只有那些不平等的特权社会，人们的财富和机会才常常被权力剥夺。在这样的地方，富人赞成寡头政治，穷人则赞成民主政治。少数人的富裕完全建立在多数人的贫穷之上，从而摧毁了创新精神，最终使一个国家走向贫困和失败。

在现代世界，富国之所以比穷国富有，并不只是富国"钱多"，而是它对自然和人力的控制利用水平更为高超，从而拥有更先进的技术，生产了更多更好的物品和服务。

人才和资本作为现代世界最重要的资源，天然地流向稳定富庶之地，这就是荀子所说的"川渊枯，则鱼龙去之；出林险，则鸟兽去之；国家失政，则士民去之"（《荀子·致士》）。具体来说，人民民主会带来广纳式的制度，进而为社会持续发展创造条件；而寡头统治除了对多数人掠夺外，还会为了统治而抵制创新（因为创新往往是破坏性的，比如印刷术、铁路与互联网），使国家跟不上文明发展的步伐。

一个国家的制度犹如一片森林的生态环境。庄子说，猿猴可以在高大茂密的森林中自由生活，但到了荆棘丛生的荒漠中，马上变得战战兢兢；并不是猿猴没本事，而是环境恶化，让它难以生存。

美国两位经济学家通过对罗马帝国以来世界各国的长期研究发现，与气候、地理、文化、资源等因素相比，人为的政治和经济制度对经济成功与否，其影响更为重要。

中国古人一方面向往天下一家，一方面又梦想着世外桃源。当今逆全球化思潮抬头，正说明我们面临局面的复杂性。

如果说 18、19 世纪的原发资本主义国家通过向海外殖民地转移过剩的人口和产能，从而缓解国内日益加重的社会危机，那么 20 世纪以来的发达资本主义中心区域则通过工业制造业的大规模转移，来缓解生态资源或劳动力资源的紧张状况。

对那些跨国公司来说，全球化给了他们更快的赚钱机会。这些位于食物链顶端的掠食者，利用最新的技术，快速地在世界各地周转巨额资金，从而更有成效地进行投机掠夺。这种全球贸易下的赢者通吃，以及边际成本的下降，使世界资源重组；反过来看，就是一种"劫贫济富"，成本转嫁，酿成数不清的"国际贸易悲剧"。那些缺乏技术优势和创新能力的穷国，则面临着资源被掠夺、环境被污染的问题。

即使对西方国家而言，全球化虽然提高了总体增长水平，但也造成了传统制造业的衰落，以及普通工人失业和不平等加剧。《下沉年代》就写了四位颇具代表性的美国人，他们生长于"二战"后经济增长的黄金年代，如今却迎来传统社会结构的轰然倒塌。

相对来说，全球化不仅没有缩小世界范围内的贫富差距，反而扩大了差距。即使在那些发达国家内部，财富差距也在扩大。很早以前，美国曾掀起反对"美国沃尔玛化"的社会运动；如今，让制造业回归的论调在美国又甚嚣尘上。

实际上，对于拥有美元霸权和高科技的美国来说，它是全球化的最大受益者。美国的创新经济通过中国的庞大制造业而获得量产能力，美国的传统产业因此衰落，失业者因为无法参与到创新产业当中，社会产生撕裂。但从另一个角度看，美国社会的撕裂正是因为它的创新能力和金融垄断，或者说软件化和金融化，过分依赖资本而轻视实体对美国的伤害更大。[18]

在全球化时代，美国的蓝领工人不仅要与自动化机器抢饭碗，也不得不与亚洲工人同场竞争。[19]随着许多传统制造业转移到亚洲，美国出现了失落的"铁锈带"（Rust Belt）。

所谓"铁锈带"，指的是以美国东北部为主的传统工业衰退地区。在第二次工业革命时期，美国东北部的五大湖附近因为水运便利、矿产丰富，成了当时世界最大的钢铁及重工业中心。然而随着信息技术兴起，美国步入以第三产业为主导的经济体系，这些地区的重工业纷纷衰败，很多工厂遭到废弃，荒芜的工厂里任由各种机器生锈报废，因此被称为"铁锈带"。

"铁锈带"是美国人对其东北部到中部大湖区一带老工业区的称呼

与英国工业革命时期的纺织业不同,美国钢铁业的兴起不仅造就了巨型工厂,也催生了极具政治影响力的工会组织。工会力量兴起,一方面提高了工人工资和失业养老金,另一方面也频繁发动罢工运动。1959年的美国钢铁工人大罢工持续长达116天,罢工的直接结果,就是号称"钢铁之都"的匹兹堡开始进口钢材。那些钢铁公司的老板发现,从日本进口钢材比雇用美国工人生产要划算。美国工人在工会保护下,享有优厚待遇和福利,失业之后生活便一落千丈,沦为贫困阶层。

跟随钢铁业衰落的还有汽车制造业。底特律汇集了通用、福特和克莱斯勒等几大汽车巨头,这里生产的汽车曾占全球汽车产量的80%。当时,汽车业是美国的经济支柱,汽车工会的会员有50

万之巨。汽车行业的崩塌，最先摧毁的是一线的员工。

当价廉物美的日本汽车大举进军美国市场后，盛极一时的汽车城底特律陷入困境。"汽车造就了底特律，汽车也毁灭了底特律。底特律是以某种一次性的方式建设起来的。汽车产业推动了城市扩张。汽车工业允许人们逃出底特律这个有着肮脏工厂和冒着蒸汽烟尘烟囱的正在闷烧着的城市。"[1]

曾经的底特律，是美国以大规模生产、蓝领工作岗位和汽车为标志的机器之都；如今的底特律，是美国的失业之都、文盲之都、辍学之都、凶杀之都。想当年，福特汽车的底特律胭脂河工厂拥有10多万工人，它不仅是美国有史以来最大的工厂，也成为工业圣地，仅1971年就有24.3万人到此参观。随着通用汽车和克莱斯勒的破产，到2013年，连底特律市政府都宣布破产了。

如果说像底特律、匹兹堡这样的大工业城市是因为全球化而走向衰落，那么还有很多小城市则因为创新性破坏而衰败。如美国俄亥俄州的阿克伦，原来是以汽车橡胶轮胎业为主的工业城，曾经非常富有。天然橡胶被石化橡胶代替后，工厂全部倒闭，城市也随之变成鬼城。纽约州的罗切斯特曾是著名的摄影底片的产业基地，一度全世界将近一半底片都出自这里，然而在数码摄影技术出现后，胶片业迅速瓦解，这座城市的大量居民也失去了生活资源。

有不少美国蓝领阶层指责中国人抢走了他们的饭碗，但其实早在中美建交之前，美国制造业就已经开始衰退了。应当说，"铁

1-［美］查理·勒达夫：《底特律：一座美国城市的衰落》，叶齐茂、倪晓辉译，中信出版社2014年版，第62页。

锈带"的形成是资本的理性选择，也是市场竞争的结果。面对市场竞争，"铁锈带"的企业只有两个选择：迁移或者倒闭。基础制造业工作数量随着大工厂外迁而持续减少，其结果便是美国中产阶级日益萎缩没落。虽然美国本土仍保留着一部分全球高端的制造业，而且这些高端制造业的薪金很高，可惜他们的雇佣能力却极为有限。

值得一提的是，2015 年，来自中国的企业家曹德旺在通用汽车工厂旧址上投资修建了福耀玻璃厂，数千名失业的美国工人重新找到工作。也是在这一年，中国政府正式发布《中国制造 2025》，这是中国实施制造强国战略第一个十年的行动纲领。

美国人开玩笑说，如果马获得投票权，它们就不太可能从农场消失了。虽然失业者不会消失，但收入下降是肯定的。在西方世界，现代福利制度原本是为了给穷人提供生活保障而设立的，但由此引发的一些后果却违背了人们的初衷。

很多无业的美国人都是依靠福利制度生存，而工作的人税后拿到的收入却未必比无业者领到的福利高。于是，福利就像毒品一样，造就了一个没有上进心、苟且偷生的社会群体。[20]事实上，他们之中不乏醉生梦死的瘾君子。有些人不仅拒绝工作，甚至连饭都懒得做，一日三餐都靠速食品和肯德基等快餐维生。在这些人群中，吸毒、早孕、家暴等司空见惯。

一位黑人经济学家很早就指出，民主党政府的福利政策摧毁了美国黑人社会及家庭，使得黑人更加贫穷。福利政策导致黑人单亲家庭暴增，大量黑人因没有受到好的家庭教育而穷困潦倒，黑人犯罪率激增。

　　与之类似的，最低工资法对低技术工人也极其不利，尤其是对美国黑人。该法律表面上看似乎保护了低收入工人，实际却增加了他们的失业率。如果市场的真实工资低于最低工资，那么企业主就会选择用机器替代，或者用较高工资雇用一名更高效率的工人，以替代两名低收入工人。

马太效应

　　历史虽然存在一些规律，但不是预先注定的。历史是一种时间线运动，人无法穿越回过去，历史也不会为走得慢的人重新开始。

　　福柯讥讽道："如果穷人多劳动而少消费，就能使国家富强，使国家致力于经营土地、殖民地、矿山，生产行销世界的产品。总之，没有穷人，国家就会贫穷。贫穷成为国家不可或缺的因素。穷人成为国家的基础，造就了国家的荣耀。"[1] 阿伦特说："现代肇始于对穷人的剥夺和继之发生的对新兴无产阶级的解放，在现代以前，所有文明都建立在私有财产神圣性的观念之上。"[2]

　　从某种意义上说，私有制的确立，是造成人类不平等及其后果的关键。人类创造了财富，财富最后变成了财产，不平等就产生了。当财富的不平等超过某一限度时，制度就处于危险之中。

　　有研究者指出，法国大革命的爆发并不是因为法国贫穷，而是因为这是一个极度繁荣的国家。中国自古都不乏农民起义，不只

1－［法］米歇尔・福柯：《疯癫与文明：理性时代的疯癫史》，刘北成、杨远婴译，生活・读书・新知三联书店 2003 年版，第 216～217 页。
2－［美］汉娜・阿伦特：《人的境况》，王寅丽译，上海人民出版社 2009 年版，第 41 页。

是因为贫穷，还是出于对不平等的愤怒。严重的社会激变往往起于阶级间的不平等。

自古以来，处于社会等级高层的人群总是极少数，在少数人成为富人的同时，多数人并不能改变自己作为穷人的命运。或者说，在富人更富的同时，现代经济和全球化并不必然会让穷人变成富人。

古人的生活极其封闭，他们终生在乡村，永远无法想象皇帝、国王的富有。但对现代人来说，一方面，富豪生活是全社会关注的话题，越来越发达便捷的交通、传播和通信技术使这种不平等更加触目惊心。但另一方面，在世界范围内，飞机、汽车、高铁和高速公路提高了富人的生活质量，将穷人隔离出他们的视野。

从大趋势来说，现代社会必将走过这样两个阶段：第一个阶段是乡村的沦陷，人类失去故乡，母语方言被标准国语取代，乡村被城市取代；第二个阶段是国家篱墙的崩塌，各种国语被机器语言取代，全人类和所有资源在世界范围内流动并重新配置。

毫无疑问，全球化带给各国精英阶层最大限度的自由，人和财富获得最大程度的解放，富人们可以带着财产去任何他们想去的地方。然而，这必然会进一步加剧全球性的财富不均。

在全球化的当下，非法移民和难民问题已经成为困扰西方国家的严重社会问题。这不仅造成了世界政治的分裂，也引发了欧盟和各国内部社会的撕裂。特朗普在2015年进行总统竞选时，曾就移民问题大喊"狼来了"——"他们正在接管我们的工作，他们正在接管我们的制造业，他们拿走了我们的钱，他们正在杀死我们！"

人类学家马歇尔·萨林斯认为，贫穷从根本上来说完全是文明世界才有的东西。贫困并不意味着个人财产的缺乏，世界上最原始的人很少占有什么，但他们并不穷。所谓贫穷，不是手段与结果之间的关系，更不是东西少，而是人与人之间的关系。换句话说，大多数贫穷其实都是相对的，而不是绝对的。

人们通常认为，穷富往往是对立的，但在自由、公正和法治的环境下，创造财富的人更愿意通过慈善公益事业与他人分享财富，使得财富的分配变得更为平等。

世界上没有绝对的平等，对现代人来说，所谓平等指的是机会平等。

对一个有钱人来说，如何赚钱体现的是能力，如何花钱体现的是教养。其实比起赚钱来，花钱更需要智慧。

福特在 T 型车大卖后，主动提高工人的工资。他认为：使国家变得伟大，依靠的不是交易额，不是私人财富的创造，也不是仅仅将农业人口变成城市工业人口；只有通过发挥才智，提高人们的技能，并且财富被广泛且公平地分配时，国家才能变得伟大。福特的理想正对应了罗斯福纪念公园墙上的那句话："衡量我们进步的标准，不是看我们给富人们带来了什么，而是要看给那些一无所有的穷人能否提供基本保障。"

从现实来说，贫富差距是世界各国普遍面临的难题，这或许是资本主义与生俱来的"原罪"。从资本出现的那一天起，投资总是要比劳动获得更高的收益。尽管谁都有劳动，但并不是谁都有资

人们排队领取政府的救济，墙上的广告写着"全世界最高的生活水平，没有哪里比得上美国"

本，这就是所有不平等的根源。众所周知，在美国，10% 的人大约占有 80% 的股市财富。

人们常常把强者愈强、弱者愈弱的两极分化称作"马太效应"。马太效应往往与意识形态无关，而更多的是一种优势的自我增值循环。好的社会制度应当打破循环，而不是任由其发展，更不会加强这种分化。

社会学家发现，在收入高度不平等的地方，人们向上流动的可能性更小。不平等也降低了人们的合作意愿，撕裂了组织或社群的团结。与此同时，不公正和不平等比贫穷更容易产生暴力。

颇为讽刺的是，经济学家皮凯蒂绘出的诸多经济和财富历史图表显示，不平等一直在加剧，而只有在毁灭性的两次世界大战期间，全球贫富的差距才得到明显下降。

早在二战之前，经济学家德鲁克就指出：资本主义建立在一个经济人社会之上，它是自由而不平等的；一旦失去自由，经济人也将不复存在。极权主义是欧洲两种价值观冲突的结果，"平等"战胜了"自由"，成为政治运作目标的结果。历史告诉人们，西方世界以"自由"之名追逐"平等"，结果既无法得到"平等"，又无法得到"自由"，只能落入奴役的陷阱。[21]

1995 年，在美国旧金山举行了一个展望 21 世纪的全球精英大会。针对未来全球经济化过程中的"二八定律"现象，美国著名地缘战略理论家布热津斯基提出了一个"奶头乐理论"："如果把令人陶醉的消遣娱乐与充分的食物结合在一起，世界上受到挫败的居民就会保持好心情。"[1]

随着生产力提高，全世界大部分的财富掌握在少数人手中，大部分人将被彻底边缘化，他们不必也无法参与产品的生产和服务。"奶头乐理论"主张，为了安慰这些"被遗弃"的人，避免阶层冲突，最好的方法是给他们塞上一个"奶嘴"，以此消解人们的愤怒和抗争欲望。

按照布氏的说法，这种娱乐有两种：一是发泄型娱乐，比如开放色情产业，鼓励暴力网络游戏，集中报道无休止的口水战、纠

1-［德］汉斯·彼得·马丁、哈拉尔特·舒曼：《全球化陷阱：对民主和福利的进攻》，张世鹏译，中央编译出版社 2001 年版，第 6 页。

纷等，让大众将多余的精力发泄出来；二是满足型娱乐，比如媒体上连篇累牍的无聊琐事，明星花边，家长里短，各种小恩小惠的活动，众多的肥皂剧、偶像剧、真人秀等大众综艺娱乐节目。有了这两个"奶嘴"，大众就会沉迷其中，乐不思蜀，心安理得地接受被抛弃的命运，不知不觉地丧失上进心和对现实问题的深度思考能力；只需让他们有一口饭吃，有事情可做，有地方可打发时间，精英阶层就可以高枕无忧。

在有些美国精英看来，这不失为一种既温情而又低成本地解决贫富差距产生的社会问题的好方法。然而在某种意义上，这只不过是反乌托邦小说《美丽新世界》的另一版本。

"奶头乐"貌似麻醉剂，其实是毒品，或者说是毒药，它并不是解决问题，而是掩盖问题，饮鸩止渴。娱乐至死让人们丧失思考的能力，必将带来更严重的"马太效应"，人与人的差距、阶层间的差距将进一步拉大，这对未来而言绝不是好事。

修昔底德陷阱

对西方文明而言，古希腊是一个重要的历史源头。

古希腊位于巴尔干半岛之上，陆地因重重山峦分隔而崎岖不平、支离破碎，平原地区零落而狭小。这样的自然条件，造就了古希腊城邦林立、制度多元的政治局面。公元前5世纪，雅典依靠海上优势迅速崛起，这让老牌强国斯巴达感到威胁。于是，两个强国龙争虎斗，发生了长达30年的伯罗奔尼撒战争，导致整个古希腊经济社会遭到严重破坏。

在古希腊历史上，发生过两次大规模的战争，第一次是公元前500—前449年的希波战争，第二次是公元前431—前404年的伯罗奔尼撒战争。在希波战争中，希腊人团结一致，击退了波斯的侵略，希腊由此走上世界舞台，但20年后发生的伯罗奔尼撒战争使希腊由盛转衰。

伯罗奔尼撒战争是以雅典为首的提洛同盟，和以斯巴达为首的伯罗奔尼撒联盟之间的一场争夺霸权之战。几乎所有希腊的城邦都参加了这场战争，其战场几乎涉及了当时的整个希腊语世界，因此有人称它为"古代世界大战"。

从某种意义上讲，这两场战争也成为西方历史的起点，希罗多德写作了记述希波战争的《历史》，修昔底德著成《伯罗奔尼撒战争史》。

希罗多德和修昔底德分别撰写了两场不同的战争，他们对战争的起因也有不同的见解。希罗多德认为，希波战争的起因是希腊人抢了一个波斯妇女，而波斯人也劫走了一个希腊妇女。修昔底德认为，伯罗奔尼撒战争背后有更为复杂和深刻的原因，那些偶然事件往往只是战争的借口而已——使战争无可避免的真正原因，是雅典日益壮大的力量以及这种力量在斯巴达造成的恐惧。[22]

修昔底德这个论断在后来常常被用来解释许多大国之间的战争，即一个新兴国家的崛起，必然会挑战既有的世界秩序，威胁到原先大国的利益和霸权地位，前者的威胁和后者对威胁的回应，使得战争不可避免。这就是著名的"修昔底德陷阱"。

在现代社会到来之前，尚不存在一个普遍意义上的国际世界，因此"修昔底德陷阱"还不明显。随着大航海运动的启幕，西方世界先后发生了数次大规模的战争。1588 年，英国作为后起之秀一举击败西班牙无敌舰队，这场战争极为典型地诠释了"修昔底德陷阱"。

大航海引发了大规模的西方殖民运动，这主要发生在新大陆和印度洋地区。中国在东亚世界的霸主地位根深蒂固，在工业革命之前，西方国家尚无挑战东亚秩序的能力。葡萄牙通过行贿才从明朝手中勉强获得了澳门这个贸易据点，而荷兰人为了通商不得不对大清皇帝行三拜九叩大礼。

"修昔底德陷阱"变成一种普遍现象，基本上属于现代社会的产物。

现代文明的出现主要基于两大因素，一是国家主权，一是工业革命。这二者之间也存在某种联系。工业革命不仅带来国家主权意识，也带来不同国家之间的竞争、冲突和发展落差，这让国际战争接连不断。几乎每一次重大技术进步，都会直接改变国家与国家之间的力量对比，当国际协商无果时，战争遂成为建立世界新秩序的必由之路。

　　工业革命最显著的成果是西方的兴起。英国得风气之先，独步天下，于1757年征服印度，于1829年肢解奥斯曼，于1840年侵略中国，亚洲这三个老牌大帝国先后失势。

　　英国是第一次工业革命的发起者，自然也是受益者。在滑铁卢战役中击败拿破仑，便体现了英国工业革命的威力。接下来，英国联手法国在克里米亚战争中击败了老牌帝国沙俄。

　　以德国人西门子制成发电机（1866）为标志，第二次工业革命的中心从英国转移到德国，这促成了德国的崛起。1871年，普鲁士击败法国，并在巴黎的凡尔赛宫宣布现代德国的诞生。

　　当德国取代英国成为欧洲最大的经济体之后，"日不落帝国"既定的世界秩序受到挑战，英国感受到威胁而恐惧。结果是，从1914年到1945年，两次世界大战让英国和德国乃至整个欧洲都遭到了毁灭性的打击。

　　二战之后，欧洲没落，苏联和美国崛起，双方为了争夺世界霸权，分别组建了"北约"和"华约"这两个互相对立的军事联盟。虽然没有发生世界大战，但代理人战争在数十年间从未停息。1991年12月25日，苏联这个巨人轰然倒下，美国成为全世界唯一的

"超级强国"。[23]

1947 年 2 月 21 日，英国大使告诉美国国务卿艾奇逊，英国无法援助希腊和土耳其，也保卫不了地中海和中东。艾奇逊明白，美国取代英国成为西方世界领导者的机会来了。

在整个现代史上，美国取代英国成为世界霸主是唯一一次和平的权力转移。除此之外，与英国争霸和与美国争霸的新兴国家都折戟沉沙，以失败告终 —— 德国和日本在战争中失败，苏联在冷战中崩溃。从英国强权到美国强权，像是一场世界霸权的接力跑，这种和平的权力交接大概归功于英美两个国家之间共有的盎格鲁 – 撒克逊文化。

从 20 世纪 50 年代到 80 年代，日本经济都保持着 10% 以上的增长，甚至一度达到 17%。仅用了 20 年时间，日本就取代英国和德国，成为世界第二大经济体（1967）。保罗·肯尼迪在 1981 年出版的《大国的兴衰》中断言，日本正在确立支配地位。1989 年，索尼公司创始人盛田昭夫和石原慎太郎出版了《日本可以说不》。言下之意，作为新兴大国，日本完全有资格对美国的霸权说"不"。

然而世事难料，1989 年并没有成为日本崛起的起点，反倒成为一个终点。随着房地产泡沫的破裂，日本陷入一个漫长的衰退期。与此同时中国开始发力，借助改革开放，连续 30 年保持 10% 左右的增长率，最高达到 14.2%。2005 年，中国超过英国；2007 年，中国超过德国；2009 年，中国超越日本，成为世界第二大经济体。有人预计，如果中国在未来继续保持 4%—6% 的增长势头，那么在 2049 年人均 GDP 就可达到美国的一半，即 45000 美元，而中国 GDP 整体规模将是美国的两倍。

中国自 1949 年开始全面工业化，到 1999 年基本走完第一次工业革命和第二次工业革命的历史进程。新千年之际，中国加入 WTO，外部环境更加理想，尤其是全球化的大市场，让中国成了"世界工厂"。随着互联网的诞生，中国又积极投入第三次工业革命的大潮，很快就从一个后发国家迎头赶上，甚至"弯道超车"，在某些技术领域实现了一定程度上的赶超。

从 2009 年到 2021 年，中国以高出美国数倍的增长速度继续高歌猛进，尤其是 2020 年，在新型冠状病毒肺炎肆虐全球的困境下，包括美国在内的发达国家经济哀鸿遍野，而中国依然保持了难得的正增长（2.3%），中国 GDP 总量实现了百万亿的历史性突破，可谓"风景这边独好"。

如果从很多年后回望 2020 年，能被人们想起的或许不是可怕的疫情，而是发生在中美两国之间的贸易摩擦和一系列不睦。这种景象将来会向什么方向发展，会发展到什么程度，我们现在很难预测。

或许从一开始，"修昔底德陷阱"本身就属于西方思维。用亨廷顿的话说，西方的文明史是一部兴起与衰落的国家之间的"霸权战争"史。在国家关系中，古代亚洲人一般"接受等级制"，在东亚历史上没有发生过欧洲类型的霸权战争。欧洲历史上典型的有效均势体系，对于亚洲来说也是陌生的。[1] 从工业革命以来，西方世界就深受战争之苦，尤其是"冷战"让世界滑落到末日的边缘。相对而言，中国对近现代史有着完全不同的感受，前半部分是从鸦

1-［美］塞缪尔·亨廷顿：《文明的冲突与世界秩序的重建》，周琪、刘绯、张立平等译，新华出版社 2002 年版，第 230 页、第 261 页。

中国加入 WTO 是一个重要的历史事件

片战争到日本侵华的屈辱史，后半部分则是奋发图强、"大国崛起"
的豪迈史。

改革开放 40 多年，受益于"后发优势""人口红利""和平红
利"等因素，中国经济飞速跃进，中国在国家力量方面迅速崛起，
中国人在国际活动中扬眉吐气，信心大长。由此而来的，既有来
自第三世界的惊叹和羡慕，也有在美国等西方世界流传的"中国威
胁论"。某种意义上，这也反映了西方社会对"修昔底德陷阱"的
普遍焦虑。

事实上，中国一直对美国主导的"单极世界"和"军事霸权"
坚决反对，中国追求的是一个多种力量相互依存又相互制约的"多

极世界"。无论如何，随着中国力量的上升，国际秩序正面临自苏联解体以来最显著的一场变革。至于这场变革是否会激化为一场战争或冷战，引发许多政治学家的猜想。[24]

黑格尔曾说："世界上真正的悲剧，不是正确与错误的冲突，而是两种正确之间的冲突。"对于两个拥有大量核武器和人工智能技术的军事大国来说，战争不仅意味着两个文明国家的毁灭，也意味着地球和人类的浩劫。

亨廷顿在《文明的冲突与世界秩序的重建》（1996）中预言，既然中国的崛起不可避免，那么从美国到中国的权力转移中，就很可能发生冲突，甚至是武装冲突。

"中国的历史、文化、传统、规模、经济活力和自我形象，都驱使它在东亚寻求一种霸权地位。这个目标是中国经济迅速发展的自然结果。所有其他大国如英国、法国、德国、日本、美国和苏联，在经历高速工业化和经济增长的同时，或在紧随其后的年代里，都进行了对外扩张、自我伸张和实现帝国主义。没有理由认为，中国在经济和军事实力增强后不会采取同样的做法。两千年来，中国曾一直是东亚的杰出大国。现在，中国人越来越明确地表示他们想恢复这个历史地位，结束屈辱与屈从西方和日本的漫长世纪，这个世纪是以 1842 年英国强加给中国的《南京条约》为开端的。"1 这是西方习惯思维在亨廷顿思想里一次并无新意的重现。

正如许倬云先生所说，欧洲史并非世界史，"修昔底德陷阱"

1-［美］塞缪尔·亨廷顿：《文明的冲突与世界秩序的重建》，周琪、刘绯、张立平等译，新华出版社 2002 年版，第 255 页。

也不是必然的。历史没有剧本，历史从来不会按照人们预设的方向发展。

2022 年突然爆发的俄乌冲突一举改变了大国冲突的固有形态，这在世界政治军事发展史上也具有分水岭意义，必将极大地改变本世纪的大国关系、冲突模式、地缘政治乃至世界秩序的构建，而且会成为 21 世纪国际格局的分水岭。对中国和西方来说，如何跳出"修昔底德陷阱"，仅仅从历史中寻找智慧是不够的，更要学会创造新的历史。

自从进入文明时代以来，财富的增长是如此巨大，它的形式是如此繁多，它的用途是如此广泛，为了所有者的利益而对它进行的管理又是如此巧妙，以致这种财富对人们来说变成了一种无法控制的力量；人类的智慧在自己的创造物前感到迷惘而不知所措。

——［美］摩尔根

第二十二章　机器的统治

富裕的大众

如果从技术和经济角度来看待人类历史，或许大体可以分为这样一个发展过程：猎渔采集社会（蒙昧社会）→ 农业与手工社会（经验社会）→ 工业与商业社会（技术社会）→ 服务与信息工业社会（创新社会）。

在西方工业革命的引领下，人类从工业时代开始就进入现代社会，最明显的标志是工业化、城市化、标准化、规模化，或者说大规模生产与大规模消费。

按照学界著名的"冲击—回应"说法，近代中国文明建构中的许多转型，其实都是主动或被动"回应西方"的结果。冯友兰指出，对中国人而言，从"西化"到"现代化"是一种思想上的"觉悟"。[1]

从大的历史视野来看，鸦片战争以来的中国近现代历史，始终处在一个以现代性为主导的现代政治、经济、文化的演进或构建之中。这样一个古今之变的历史过程，非常类似于西方的 17—19 世纪。也就是说，中国这 100 多年的历史，大致经历着西方社会历经 300 多年才完成的现代社会的形成过程。

但有一点，中国的现代化进程曾经不断被战争和政治因素所打断，出现各种反复。在很短的时间内，通过改革开放，中国社会发生了天翻地覆的剧变，人们在生产方式和生活方式上普遍实现了现代化。

对当代人来说，从大量生产到大量消费，现代化和城市化完全颠覆了传统的自给自足的小农经济。

古希腊文明是建立在奴隶制之上的。亚里士多德解释说："使用奴隶与使用家畜的确没有很大的区别，因为两者都是用体力换取生活必需品。"他认为奴隶制既是自然的，也是合乎道德的，只有在奴隶没有工作可做这一种情况下，奴隶制才不再是一种制度。他认为，唯一可能导致这种局面的情况就是有人发明出自动工作的机器，这些机器"服从和预料人的意愿"，于是，"工厂主不需要工人，主人也不需要奴隶"。

电时代刚刚到来的时候，英国唯美主义运动的倡导者王尔德曾说："未来的世界依靠的是以机器为奴的机械奴隶制。"有人做过一项测算，一个当代美国人享受到的优裕生活，在传统时代需要 400 个奴隶劳动来支撑。过去奴隶来做的家务、烧饭、洗衣、奏乐、缝衣、喂马等所有工作，现在都交给了机器。[2]

从更广泛的意义上来说，机器不仅取代了奴隶，也取代了马和牛。中国人常说"当牛做马""牛马不如"。如果没有机器，也没有牛马，人免不了要做一些极其繁重辛苦的体力活，机器实现了对人的解放。

传统时代，大多数人终日都在田地里挥汗如雨地劳作，如今人们都是在装有空调的房间内工作。进入机器时代以来，多数人不用从事那些又苦又累又无聊的工作了。

经济学家罗伯特·戈登有一个统计发现，从 1870 年到 1970 年的一个世纪中，美国从事重体力或危险工作的劳动者比例从 63.1% 下降到了 9%。戈登说："你只需比较一下（就能体会），1870 年的农民跟在马匹或骡子后面推着犁，忍受着炎热、雨水和昆虫。2009 年的农民则坐在宽绰的、装有空调的拖拉机驾驶室中，使用固定屏幕或便携式平板电脑阅读农业报告、了解作物价格，用全球定位系统导航，用计算机来优化种子的投放和间距。"[1]

与传统时代相比，现代化的进步是颠覆性的，它不是从一辆马车变成两辆马车、十辆马车的扩大，而是从马车变成火车、汽车和飞机的飞跃。传统时代体现了人生的深度，娶妻生子，生于斯老于斯，一个饭碗端到老；现代社会则趋向于人生的广度，全球公民，灵活就业，等等。

在传统时代，一个富人只是骑马而已，如今富人可以乘坐飞机，以每小时 900 千米的速度移动。在资本主义社会，贫富之间的差距更加悬殊。随着现代医疗的进步和商业化，甚至可以说，富人可以通过移植手术获得第二次生命，而穷人可能因为无法支付普通的医疗费而早逝。

富裕并没有让现代人免于疾病的困扰。讽刺的是，如今社会大众患上了一种形而上的"富贵病"，肥胖（贪食）、吸烟（成瘾）和车祸（刺激）成为现代人最主要的死因。一位医生经常遇见各

1- 转引自［瑞典］卡尔·贝内迪克特·弗雷：《技术陷阱》，贺笑译，民主与建设出版社 2021 年版，第 200 页。

种因暴饮暴食导致疾病的病人。有一个笑话，讲一个病人因为连吃 30 个糯米饼而导致肠子被完全堵死。医生用这个病例去告诫人们不能暴饮暴食时，结果听到的第一个问题是："什么糯米饼这么好吃？"

一位医学家说："人类千百年来努力要创造一个真正流出蜜与奶的环境，结果却发现许多现代病和过早死亡都该归咎于这个创造出来的成果。真是莫大的反讽。"[1] 虽然很反讽，但还是让那些制造和销售跑步机、胰岛素、减肥药、抽脂术的商家赚了钱。这就是现代资本主义特有的催吐天才——既能教我们为了某一类产品或服务而违背自己的理智判断，然后又能卖给我们另一批东西来应付已经造成的伤害，以便我们能够回过头来消费更多造成最初伤害的那些商品。

自从人类直立行走以来，抽水马桶、汽车和电脑等现代设备前所未有地将人类变成了一种坐姿动物。对现代人来说，大多数时候完全生活在"轮椅"上。确实，有人曾将带轮子的电脑椅的发明与发明汽车相提并论。

车辆取代步行，再加上体力劳动的消失，导致现代人的活动量大大减少，掉入了"肥胖陷阱"。糖尿病作为"进步的代价"也越来越普遍。与此同时，随着医疗技术的提高，人的寿命普遍延长。根据联合国人口与发展委员会发布的《世界人口趋势报告》，到 2050 年，除非洲外，世界各大洲 60 岁以上的老年人要比 15 岁

1-［美］戴维·考特莱特：《上瘾五百年：烟、酒、咖啡和鸦片的历史》，薛绚译，中信出版社 2014 年版，第 139 页。

以下的孩子还多，但大部分人都不得不带病生存，谈不上什么生活质量。

在人口老龄化的大背景下，许多国家开始进行退休制度改革，将退休年龄延后至 65 岁甚至 70 岁。

"人类自从出现以来，第一次遇见一个真实且永恒的问题，即当从紧迫的经济束缚中解放出来，应该如何利用它的自由？科学和复利的力量为人们赢得的闲暇，使得人们过上了睿智、愉快和满意的生活。"[1] 凯恩斯乐观地预言，2030 年的人类极其富足，人们再也无须为生计而工作。现在来看，凯恩斯的预言只对了一半——富裕是实现了，但为了生计还要去工作，而工作的机会却越来越少了。

加尔布雷斯最早提出"富裕社会"的概念。他认为，当奢侈品变成必需品时，富裕就从少数人走向多数人，贫穷即使没有绝迹，也已不多见。

对于今天很多人来说，贫穷不是生存出现问题，而是支付能力不够。所谓穷，就是无法以足够高的价格卖掉自己的时间，再来购买自己所需要的服务；所谓富，就是不光能够买到自己必需的服务，还能买到自己想要的服务。自由市场经济赋予了雇主决定工时和工作条件的权力，同时激起了我们内心竞争性的、追求身份和地位的消费倾向。

1-［美］凯恩斯：《我们后代的经济前景》，转引自［英］罗伯特·斯基德尔斯基、爱德华·斯基德尔斯基：《金钱与好的生活》，阮东、黄延峰译，中信出版社 2016 年版。

随着财产的虚拟化，人们对财产的欲求越来越没有止境，一切都变成一场数字游戏，这跟 10 万年前人类成群地猎杀长毛象没有什么区别，因为每个人都想成为"成功人士"。

以前的人从小就要学会劳动，现在的孩子很小就已经学会了消费。所谓"童年的商品化"，就是指现代儿童已经成为最纯粹的消费者。

在一个由生产体系和需求体系构成的消费社会中，一切都已经被符号化了，生存竞争已经在很大程度上转变为一场维护体面的斗争。

如果说人类的历史是财富的历史，那么传统历史唯一的主题就是财富分配；工业革命对历史的颠覆意义在于，财富创造取代了财富分配；今天的财富蛋糕已经被做得很大，创造财富比掠夺财富更有效、更持久，也更文明。

在古代社会中，劳动者都没有太大自由，甚至是奴隶，劳动积累非常有限；在现代社会中，人们都是契约下的自由劳动者，积极性和创造力得到最大激发，社会财富因而出现大幅度积累。

某种意义上，金钱带来的是更多选择和自由，而不是更多物质和享受。换句话说，财富积累并不是社会发展的最终目标，而只是实现美好生活的一个手段。

人们不会因为更多机器和体验而快乐，让人们真正感到快乐的，是能控制自己的时间和工作。有机会享受真正的休闲，远离暴力、贫困和腐败导致的不确定性，追求个人自由，而这一切都是随着财富的增长而发生的。

一位作家说:"如果你想幸福,仅有钱是不够的,你需要活在某种文明之中。"在两本反乌托邦小说中,《一九八四》是一个匮乏的社会,匮乏是控制人民的工具,而《美丽新世界》是一个丰裕的社会,丰裕同样成为统治工具。如果社会不能促进人的自由,反而剥夺人的自由,那么先进的技术和富足的物质并不能构成一个文明理想的社会。

从蒙昧时代起,人类的生活就为贫困所苦。从来就没有一场革命能一劳永逸地解决社会问题,将人们从匮乏的困境中解放出来。

机器时代的穷富差距在于数量,从本质上来说,机器实现了消费"共产主义",富人往往只是大生产条件下一个疯狂贪婪的囤积者和挥霍者。机器体系能够以前所未有的效率制造日用品,这些物品就像空气和水一样廉价而普遍。公司不仅制造商品,也制造消费,消费主义成为现代社会普遍的意识形态之一。

在现代社会,农业时代遗留下来的手工业正被挤压殆尽;与此同时,人们的生活被市场分割为生产和消费。在生产彻底机器化之后,消费使人类生活也趋于机器化。

发达的公路、铁路、航空、海运等交通网络,将大批量的工业品迅速送到各个城市那遍布大街小巷的百货商场和超市,这些大规模的连锁销售系统,就像机器一样构成工业化的另外一面。生产的奇迹引发消费的奇迹,从生产到消费,已不存在什么传统的束缚阻止人们购买任何他想要的东西,人们只需要金钱。

消费 [1] 的民主

在古希腊神话中，有一个点石成金的迈达斯，他将自己心爱的女儿也变成了金人。"迈达斯诅咒"已经成为现代机器体系的主要特征：无论什么，最终都将变成机器体系的一部分。

自从工业革命以来，人们唯一关心的就是用机器将自然资源转换成产品。事实上，机器并不是技术的副产品，人们发明和使用机器甚至不是为了获得效率，而是为了支配。相对而言，支配或者奴役一个没有感情和思想的机器，更加合乎人类的伦理道德。从这个意义上来说，机器应是文明的产物，也是文明的象征。

如果说19世纪的机器驯化出了无数生产者，那么20世纪被机器驯化的，则是无数消费者。

现代人常常喜欢用当下的眼光看历史，比如描述古人的日常生活和消费。实际上，在古代农耕条件下，每个家庭都是男耕女织，自给自足，真正的消费很少，大不了买一点盐巴或铁器，而盐铁很早就被国家垄断了。

当然，也不能说古代没有消费，只是古代的消费属于少数权贵的特权。在手工条件下，生产率低下，手工制品大多属于奢侈品。

1- 本书所说的消费，一般指出钱购买产品或服务的行为，并非泛指人们一切物质消耗行为。

总的来说，古代的消费大概类似当下的私人飞机一样，跟普通大众没有关系。举个例子，在 18 世纪的法国，大概只有一个名副其实的消费者，那就是"太阳王"路易十四，只有他享受得起裁缝的服务。

"消费"一词作为汉语，最早出现在东汉王符《潜夫论·浮侈》中，是说奢侈品生产"既不助长农工女，无有益于世，而坐食嘉谷，消费白日，毁败成功，以完为破，以牢为行，以大为小，以易为难，皆宜禁者也"。可见在古代，"消费"是被谴责的行为，消费就是浪费。

消费作为一种生活方式，完全是工业社会的产物。因为机器以极其低廉的成本生产出了大量消费品，人们不再自己制作，变成购买，消费就出现了。这就是马克思说的："没有生产，就没有消费，但是，没有消费，也就没有生产，因为如果没有消费，生产就没有目的。"[1]

英国是最早从农业社会走向工业社会的国家。工业革命时期，英国最早出现了消费热潮。当时，机器突然制造出大量的服装鞋帽、家具器皿和书报杂志，面对物质的丰裕，英国人既感到惊奇，也为之焦虑。

1829 年，历史学家托马斯·卡莱尔将他身处的"现代"称为"机械时代"和"机器时代"。他在一篇名为《时代的征兆》的短

1- [德] 马克思：《经济学手稿（1857—1858 年）》，载《马克思恩格斯全集》第四十六卷上册，人民出版社 1979 年版，第 28 页。

文中写道：

> 如果我们需要一个词来形容我们这个时代，我们忍不住要
> 用的不是英雄时代、虔诚时代、哲学时代或道德时代，而是机
> 械时代（The age of machinery）。这是一个机器的时代，无
> 论从字面，还是从内涵上来说，都是如此。如今没有一件东
> 西是直接做成或手工做成，一切都是通过一定规则和计算好的
> 机械装置来完成的。[1]

有史以来，人们第一次面对这么多一模一样的新东西，每一个
都可以随时更换，这让人很快就感到厌倦。

无论从质量上还是数量上，机器制品都是手工制品无法与之相
比的，但也很难让人珍惜。某种意义上来说，消费是机器的重要
副产品。许多消费其实都是不必要的，人们购买它仅仅是为了满
足一下自己对新东西的期待。一旦这种心理得到满足，商品本身
便失去了价值。

在历史的大部分时期，绝大多数人都在贫困和愚昧中度过一
生。今天被人们视为历史遗物的那些所谓"文物"，诸如陶器、漆
器、玉器、青铜器、瓷器等，大都是国王、皇帝或贵族才能享用的
奢侈品，而普通人与这些奢侈品无缘。绝大多数平民一辈子挑水

1- 转引自［美］雷蒙·威廉斯：《文化与社会：1780—1950》，高晓玲译，吉林出版集团有限
　　责任公司2011年版，第81页。

20 世纪的消费社会需要鼓励消费，以便维持、刺激生产

耕田，粗茶淡饭，住在土房子里，家徒四壁，只有几件极其简陋的木器，苟活一生，生前不名一文，死后什么都不会留下。

机器社会有一个最大的好处，就是提高了大众的物质生活水平。工业革命即使没有让所有人都享受到以前帝王将相那样的荣光，起码让他们过上了干净、舒适的生活，拥有许多有用无用的器具。

虽然机器制作的最好的瓷器，也赶不上传统手工工匠作品的完美程度，但标准化的机器一视同仁，将精湛的工艺和优良的产品带给了普罗大众，使更多的人享受到了优质的生活。穷人也可以得到明亮的电灯照明，可以享受远程旅行的便捷。

在这里，技术和创造力可以部分地抵消金钱的力量，把富人所享受的东西转移过来。进入现代以来，医疗设备、建筑桥梁、交通通信等方面的技术进步，对大多数人生活的改善之功怎么评价都不为过。正如一位美国生物学家所说："有些社会组织曾把大多数人当作上足肥料的土地来使用，以便让一种细巧、精致的文化绽开稀有的、优雅的花朵。对我来说，这样一种社会组织的消亡并非憾事。"[1]

现代教育让每个人都经过学校培训，知识得到普及和扩散，出现了无数的工程师、科学家和化学家，他们制造出了机器、电报、飞机、塑料和电子产品。这大大丰富和改善了普通人的生活。

就以电灯的普及这一点来说，占最多数的穷人从中获得的益处，要远远大于占少数的富人。

"对农艺来说，其养料来自河谷而不是高原；对历史来说，重要的是普通人的社会水准而不是显赫者。"[2]机器时代的到来，使大多数商品实现了大量生产。"旧时王谢堂前燕，飞入寻常百姓家"，往日的奢侈品变成如今的日用品，在物质消费层面实现了一个民主社会。过去的穷人衣不遮体，食不果腹，如今穷人和富人使用相似的汽车、手机，享用相同的飞机、高铁、公路和互联网，读同样的书，看同样的电影。今天的奢侈品仅限于无关日常所需的名酒、珠宝、豪车之类。

进入现代社会后，哪怕是世界上最穷的地方，一个穷人所用的

1-［法］费尔南·布罗代尔:《十五至十八世纪的物质文明、经济和资本主义》第一卷，顾良、施康强译，商务印书馆2017年版，第212页。

2-［西］奥尔特加·加塞特:《大众的反叛》，刘训练、佟德志译，吉林人民出版社2004年版，第19页。

灯泡与一个富人所用的豪华吊灯也并没有本质的不同；今天一个穷人拥有的许多东西，是古代帝王也难以享受的，这是前机器时代的人们不可想象的。

1965 年 11 月 15 日，当美国发生大面积停电事故后，《纽约时报》评论说："每个人内心深处都埋藏着对机器的反抗情绪。我们都因为重新发现不需要电源插头就能使用的东西而高兴不已，这些东西几乎已经从我们的记忆中淡去，尤其是那无比奇妙的蜡烛。当得知那些我们真心不喜欢，并且怀疑那些也不喜欢我们的大型计算机大量闲置无用，而古老的转笔刀却能照旧使用时，有那么一刻，我们感到一种胜利的喜悦。"[1]

事实上，这一切不过是身在福中不知福的想象。蜡烛和转笔刀在短暂的停电时间里的确很美好，但时间再长一点，人们就受不了了。没有电，就不能运送上下班的人群，不能为房间供暖，不能为阅读提供照明，也不能为依赖现代科技生活的人提供各种服务和生活必需品。

古希腊历史学家希罗多德讲过一个故事：埃及国王只剩下六年的寿命，他就在每天晚上点起灯，把夜晚变成了白天，在短短六年里活出了十二年的长度。如今的电力技术让每个人都可以享受到埃及国王的奢侈，并把它变成理所当然。

1820 年，身体向来康健的嘉庆皇帝因为一场中暑引起别的

1- [美]威廉·曼彻斯特：《光荣与梦想：1932—1971 年美国叙事史》(第 4 册)，中信出版社 2015 年版，第 294 页。

疾病而猝然驾崩；[3] 1836 年，欧洲最富有的银行家、59 岁的内森·罗斯柴尔德死于普通的炎症感染。今天，随便一家药店、诊所都可以买到消除感染的抗生素。

毫无疑问，"理性乐观派"构成现代社会的主流，人们相信历史总是前进的，现在是最好的年代。从石器时代到蒸汽机时代，再到如今的数字时代，技术和机器的进步使人类的生活越变越好。即使免不了天灾人祸，但将来仍然会向更好的方向发展。现代的繁荣源自对人的解放，每个人都得以释放出自己最大的能力，交换和专业分工创造出了加速改善人类生活水平的集体大脑。全球化的本质是全体人类的生活同质化，工业化的本质是大批量快速复制，这都是传统手工时代所不可想象的。

机器的高效曾让亚当·斯密惊叹：公主的丝袜被女工们享受到了。民主不仅包括政治，也包括经济和文化，消费的民主必然会促进文化的民主和政治的民主。用美国经济学家本杰明·弗里德曼的话说，"一个社会中公民的生活水准若上升，那么这一社会就更可能更开放、更宽容、更民主；而生活水准如果停滞不前，那么这个社会就可能向相反方向移动"[1]。

1- 转引自［美］尼亚尔·弗格逊：《金钱关系——现代世界中的金钱与权力（1700—2000）》，蒋显璟译，东方出版社 2007 年版，第 9 页。

景观社会

人类的发明有很多，历史也是其中一种。人不但造就了历史，历史也造就了人。

房龙曾经说，人类的历史就是寻找食物的历史。在工业巨大飞跃发生前的时代，人类始终挣扎在饥馑的边缘，农业就是一种糊口经济。工业时代彻底消除了工业国家的饥荒这个紧箍咒，饥饿的历史基本终结。

在一个机器时代，"精卫填海""嫦娥奔月""女娲补天"和"愚公移山"都已经不再是传说。清代历史学家赵翼写诗说："满眼生机转化钧，天工人巧日争新。预支五百年新意，到了千年又觉陈。"（《论诗》）

如果说传统社会是一种"知足经济"，那么现代社会最显著的特点就是"不知足"。越来越不可思议的机器，为人类塑造了一个消费成瘾的物质主义世界，人类被贴上"消费者"的标签，用过即扔的一次性产品成为当代最疯狂的发明。

传统时代的人们崇尚节俭，反对浪费，所谓静以修身，俭以养德，利用厚生，仁民爱物，民吾同胞，物吾与也。[4]西方也有"浪费创造物，就等于藐视上帝"的说法。

古代圣人所批评的生活，如今就摆在我们面前。

正如著名的"报酬递减律"，今天的人们比半个世纪前他们的祖父们平均富裕四倍半，但并不比祖父们幸福四倍半。人们的生活满足了温饱之后，就要求得到快乐，而快乐总难以维持太久，为了得到快乐，就要不断地追求新的刺激。比如你刚搬了新家或刚买了新车，一定感到开心，但适应了之后，那种幸福感也就消失了。于是，你又想要一个更大的房子和一辆更好的车。

工业革命以来的两个多世纪中，技术产业已经经历了数次大的升级换代。最早是纺织业生产了大量布匹，使女人从家庭劳动中获得了部分解放；接下来是蒸汽机和钢铁工业，催生了资本和生产资料的发展，各种生产机器被大量发明和制造出来；最后是流水线和生产机器的自动化，各种消费品（尤其是一次性消费品）的大批量生产，人类进入消费社会。

消费社会最大的变化是白领取代蓝领成为职业人群的主流，商场和写字楼取代工厂成为人们的主要工作场所。与从前的工厂相比，现代的商场和写字楼更加辉煌巍峨，足以让无数古老的教堂甚至皇宫相形见绌。在很久以前，冒着黑烟的烟囱打破城市的地平线，如今的大城市已经难以看到一家工厂，商场和写字楼是主要景观，这里不生产任何产品，只生产消费。

在某种程度上，城市本身就是一个巨大的消费场境，各种各样的公共设施营造着舒适与诱惑，如商场、餐馆、影院、酒吧、咖啡馆、博物馆、体育馆、公园、画廊。不同于传统乡村的宗祠、庙会与集市，这些形形色色的现代场景为城市生活带来丰富多彩的享受和刺激，人们可以随时随地用钞票来满足各种需求和欲望。

虽说最好的机器也不过是对自然的拙劣模仿，但从工业革命以后，仅短短 200 多年时间，机器所产生的强大生产能力便足以彻底颠覆一个传统的社会。机器源源不断生产出了各种各样让人喜爱的商品，实际上，这些机器制品已经成为第二自然，形成了一个自然景观之外的人造景观系统。我们所见所用几乎都是人工制品，就连风景和树木花草也都是人类的匠心之作。

这种乾坤大挪移的沧桑巨变，可以从现在的巴布亚新几内亚人身上得到更典型的印证：这里的年轻人与美国人一样坐飞机，用电脑，乃至管理着一个现代国家；但仅仅几十年前，他们的祖辈却完全是在一个史前的石器时代里成长的，当时没有一件东西是人工的，就连人也是自然的一部分。

在景观社会里，挥霍即美德，过度包装、炫耀性消费与城市美化运动一起，宣告景观社会的来临。

如果说富兰克林时期的"美国梦"是关于节制的，那么后来的"美国梦"则是关于挥霍的：一度，1 个美国人消耗的资源相当于 2 个欧洲人，或 9 个中国人，或 15 个印度人，或 50 个肯尼亚人的生活所需。美国曾经每年要抛弃 480 亿个罐头盒、260 亿个玻璃瓶、650 亿个金属瓶盖、4 亿多台旧电器和大约 700 万辆旧汽车。不仅在地球，就连外太空也有几千吨太空碎片以约每小时 28000 千米的速度围着地球旋转。

工业文明就像一个巨大无朋的马达，它输入自然的空气、水、森林和矿藏，输出垃圾；文明越发达，马达的功率越大，自然被转化的速度就越快。工业化的富裕所产生的最大危害是污染和垃圾，个人富足与公共贫困带来严重的"外部不经济性"。消费社会最大的产物不仅包括商品，也包括垃圾，一次性的塑料包装袋成为当代人留给这个世界的最大"遗产"，或许有一天，人类会被自己制造的垃圾埋掉。[5]

对现代人来说，最值得警惕的是机器主导的功利主义，使人们将生活的目标从必需品提升为舒适品，最后发展到奢侈品。人的生存条件（物质基础）超越"人"本身，而成为生命的最终目的。

虽然现代社会是完全流动的，但很多人却被囚禁在城市这部巨大的"永动机"中。很多富人拥有一切，唯独不拥有自己，生活在这种"丰裕的贫困"中的人，已经将自己完全机器化和物化。

现代社会物质不再短缺，真正短缺的是时间、亲情和社区联系。机器是人类欲望的放大器，一方面机器改变了人，另一方面人改变了机器。机器的效率越来越高，以至于生产出现过剩。过剩经济导致消费短缺，生产社会随之被消费社会取代，攀比、浪费、挥霍和炫耀便顺理成章地变成消费时代的美德。

在农业时代，90%的人生产，10%的人消费；在工业时代，大约90%的人工作，70%的人消费；在后工业时代，只需要30%的人工作，而90%的人消费。可以说，后工业社会是真正的消费社会。

当消费变得跟生产一样"必须"时，消费也就变成了对生产的仿制，每一种消费都因为需要大量的专业知识而体现出与生产同构的职业性。同样，过剩的生产只有通过过剩的消费才能维持。面对极度多样化、系列化和复杂化的商品或服务，每个消费者时常会

现代的上海已经成为不夜城

陷入"选择困境"，需要承受越来越高的"交易成本"。[6]

在消费时代，选择的自由变成消费自由，自由就是买得起你想要的商品。现代社会是一个即时通信、立即满足、时尚流行、一夜成名的世界。现代人都对消费上瘾，商品即瘾品。在一个饥渴心灵取代了饥饿肚皮的世界，广告便成为唯一的布道者，消费的"福音"无远弗届、无孔不入。广告让人的大脑正面对整个进化史上都不曾有过的最密集刺激。

对一个现代人来说，他往往是从童年时期的广告来认识世界的。精美的广告虚构了一个"美丽新世界"，诱惑并刺激人们去纵欲和享乐。现代经济一个明显的特征就是"完全竞争"：人们过着相同的生活，接受相同的信息，购买相同的商品。在一个物化的世界，人们无暇关注宗教、艺术和手艺，只剩下两件事情要做，那就是工作，再加上消费。

马克思说，衣服要有人穿才叫衣服，房子要有人住才叫房子。[7]对物质丰裕的现代人来说，消费行为本质上属于一种感官性的身体文化。或者说，机器时代的消费主义是一种过度与浪费的经济。

凡勃伦在《有闲阶级》中最早提出"炫耀性消费"。炫耀是人类和动物的本能，不同之处是动物用身体，人类用财富，而财富只有消费才能显现，比如豪宅、宴会和收藏。炫耀和囤积都是对权势和影响的最大化体现。宴会有时不再是为了吃饭，而是为了炫耀，或者说为了显示地位。在中国历史上，有石崇与王恺斗富争豪的故事。[8]在欧洲，罗斯柴尔德家族引以为荣的待客之道是佳肴盛列，自己却一口也不吃。

在过去一百年间，美国人的消费结构发生了巨大的变化，衣食住行消费由75%下降到12%，而闲暇消费则由18%增加到64%。对现代人来说，消费并不是生活必需，主要是一种心理体验，比如权力感、占有感、获利的快感。谁都知道，超出生活所需的财富都是多余的，而多余的财富只能去买多余的东西。在一个充满包装和景观的消费者社会中，收入的提高有时也无助于人们摆脱内心的贫困。

炫耀常常激发嫉妒，带来愤怒与革命，"王侯将相宁有种乎？""楚人一怒，可怜焦土"。这样的历史让人耳熟能详。刘易斯·芒福德在其著作《人类的处境》中这样嘲讽："在13世纪到19世纪之间，人们或许会这样来总结道德气象上的变化：七宗罪变成了七美德。贪婪不再是一宗罪了。对世俗商品细微的关注与呵护，货币的囤积，不情愿捐助他人，这些习惯对资本存储都很有用。贪心、贪食、贪婪、嫉妒与奢靡，都是对工业的永久性刺激。"[1]

作为鲁滨孙的历史原型，塞尔柯克曾在一个荒岛上独自生活了4年4个月。当他于1711年回到英国时，他一下子成了传奇人物。一位采访过他的作家感叹道："要求仅限于生活必需品的人是最快乐的，而欲望超过这个限度，所得愈多，要求也就愈多；或用他（塞尔柯克）的话来说，'我现在有八百镑，但我永远也不会像我一文不名时那么快乐了。'"[2]

1- 转引自 [加] 厄休拉·M.富兰克林：《技术的真相》，田奥译，南京大学出版社 2019 年版，第 89~90 页。
2- [英] 笛福：《鲁滨孙飘流记》，徐霞村译，人民文学出版社 2006 年版，译本序第 7 页。

消失的工作

阿拉伯有一个古老的寓言：一个阿拉伯人在帐篷中过夜。帐外的骆驼恳求道："主人，能否让我的头伸进你的帐篷？"他同意了。骆驼把头伸了进来，他只能侧身而睡。骆驼接着又说："能否让我的腿也进来。"他同意了，这次他只能席地而坐。接下来，骆驼整个身体都进来了，而这个可怜的阿拉伯人却被踢出了帐篷。

对许多顺应不了时代的劳动者来说，机器就是这只贪得无厌的骆驼。

无论是工业时代还是后工业时代，机器的发展都对就业提出了新的更高的要求。随着技术进步，旧工人会失去工作，他们的技术也随之过时。

从机器诞生之日起，"失业"就成为旧工人的诅咒。在失业的威胁下，劳动者常常被压制在苟活的底线。在工业革命早期，失业的工人曾经高举反机器的旗帜，发起浩浩荡荡的卢德运动。

马克思将人定义为劳动的动物，但是，"机器的一切改良的一贯目的和趋势，的确是要完全取消人的劳动"[1]。

1- [德] 马克思：《经济学手稿（1861—1863年）》，载《马克思恩格斯全集》第四十七卷，人民出版社 1979 年版，第 539 页。

机器是一把双刃剑，在提高生产效率的同时，也会对劳动者进行剥夺和取代。机器的地位稳定之后，人的地位就不稳定了。

在智能时代，同样的事情正降临到中产阶级头上。

在某种程度上，人类文明从一开始就是围绕着工作的概念而构成的。从旧石器时代的狩猎到新石器时代的农耕，从中世纪的手工业者到现代的装配线工人，工作成为人类生活不可或缺的一部分。然而，机器时代的到来，正在系统地将传统的人类劳动从生产过程中消除。

第一次工业革命时期，失地农民可以进入工厂工作，尤其是很多矿山、钢铁厂和制造业的流水线，吸纳了大量不需要技术但需要体力的工人。以自动化技术为主的第二次工业革命时期，大量蓝领工人因为长期在分工体系下从事重复单一的工作，失业以后已经很难从体力劳动者变成脑力劳动者。当白领成为新富阶层时，从前是社会中坚的蓝领却跌入贫困潦倒的深渊。

正如阿伦特所说，自动化机器虽然把我们从艰苦劳动的负担下解脱出来，却在一个所有职业都被看作谋生手段的"劳动者社会"引起了失业。[1] 随着自动化与人工智能的深化，作为社会中最主要的职位提供者之一的工厂，能提供的就业机会已经大为减少。

所谓后工业时代，就是在农业、制造业和服务业中，机器迅速取代人的劳动。当代世界范围内，经济的很多方面都已经实现了

1- [美] 汉娜·阿伦特：《人的境况》，王寅丽译，上海人民出版社 2009 年版，导言第 4 页。

完全自动化生产，机器与就业之间的矛盾无疑正成为人类面临的一个极其微妙而复杂的问题。

后工业时代意味着"风险社会"正在成为现实：工作状态越来越不稳定，人才竞争越来越激烈，劳动者面对越来越严峻的劳动无法变现的窘境。

在大多数工业国家，75% 以上的劳动力所从事的是简单的重复劳动，自动化机器和机器人正在取代人类。自动化的应用已经减少数以百万的工作机会，而白领工人 —— 行政和办公室工作 —— 被取代的风险最高。人们或许已经忘记，在程控交换机出现之前，美国的电话接线员曾经高达 42 万。

波兰科幻作家斯塔尼斯瓦夫·莱姆在写作《技术大全》时，电脑刚刚出现，他敏锐地发现，和机器对抗就像下象棋 —— 当代电子机器会输给顶尖选手，但能打败普通人；在未来，它将打败每一个人类。诺贝尔经济学奖获得者瓦西里·里昂惕夫，将电脑对人类的影响与拖拉机对马的作用相提并论 —— 由于拖拉机的广泛采用，马很快就从劳动场景中消失了。

人工智能革命对白领职业产生的影响，正如机器人技术对蓝领职业的影响。在机器排挤了蓝领工人之后，因为日益先进的电脑系统，作为社会中坚的白领阶层也在迅速衰落，社会贫富差距越来越大。白领构成的中产阶级曾经是美国繁荣的象征，如今它的陨落无疑是一个不祥之兆。

根据美国某研究机构统计分析，在 2008 年至 2018 年期间，美国五大新闻产业 —— 报纸、广播、电视、有线电视和"其他信息服务商"——新闻编辑部里的记者、编辑、摄影师和视频制作人的总人数，从 114000 人下降到了 86000 人。其中，报纸从业人员下降了大约 46%，由十年前的 71000 人降到了 38000 人。

同期，在这五大产业里从事数字原生（新媒体）新闻的人数上升了 82%，由 2008 年的 7400 人上升到了 13500 人，但远远不敌报纸产业减少的 33000 人。

为了跟越来越聪明能干的机器抢饭碗，现代人的教育时间和教育成本不断增加，这是一场从刚出生就开始的竞赛。

一个明显的例子是，ATM 机（自动柜员机）出现以后，银行工作人员迅速减少。其他如超市，比传统的商店需要更少的收银员。随着智能支付系统的普及，甚至 ATM 机都显得多余了，而超市店员的人数还在进一步减少。在全世界范围内，低技术含量的劳动机会似乎一直在不断消失。尤其是留给中年求职者的机会越来越少，很多公司更倾向于招聘更廉价的年轻员工，最好是用"性价比更高"的机器。未来的工作越来越不确定，能够像以前一直干到 65 岁的工作越来越少。

就在马斯克的猎鹰火箭发射成功之时，纽约出租车司机史福特在市政厅门口自杀。他死前在 Facebook 上说，他在 20 世纪 80 年代刚开出租车时一般每周只工作 40 小时，而现在他不得不每周工作超过 100 小时。优步（网络叫车服务）使出租车司机遭到严重的打击——"我失去了医疗保险，信用卡也负债累累……不会再为愚蠢的改变而工作，宁愿以自己的牺牲唤起人们对出租车司机境遇的关注，他们现在往往已经无法养活自己的家庭。"

英国著名的《卫报》这样评论："观看一个亿万富豪花费 9000

万美元把一辆 10 万美元的汽车送入太阳系的尽头，没有比这更能体现 21 世纪全球不平等的悲剧了。"

1900 年时，41% 的美国人从事农业，到了 2000 年，这一比重下降到 2%，不到从前的二十分之一。人从农业退出，主要是因为农业机械化，汽车和拖拉机的普及也让马夫和铁匠的职业生涯走到尽头。

人类发明机器的初衷，主要是为了节约劳动力，但这些机器是如此高效，以至于出现了永久性的生产过剩，使得技术性失业也成为一种常态。

在自动化高度发达的后工业时代，工人已经远离了装配线，无人化车间越来越多，往往只需一位专业技术人员监视生产线即可。既然生产和制造完全由机器人承担，人类就必须作出改变，转移阵地。

马克思在 1867 年的《资本论》中预测说，生产自动化的增加最终将完全排斥工人。100 年后，伍迪·艾伦将这称为"自动化狂躁症"，自动电梯毁掉父亲的工作成为艾伦童年记忆中不幸的一页。人们原本希望多生产有用的东西，结果却使太多人成为"无用的人"。传统制造业并没有消失，但几乎都在向无人化生产转型。

以英国一家饼干厂为例，走进主要生产车间，9 块装成一盒的饼干，以每分钟 1100 块的速度从传送带上滚下。一个多维喷洒装置正在给"温馨此刻"裹上巧克力，另一个喷洒器为它们嵌入坚果碎屑。一部搅拌机在揉捏 6000 吨重的面团，而它旁边的一部奇妙

1930 年美国经济危机时，大量工人失业。这位失业者在背上的白板写着：我懂 3 种手艺，会 3 门语言，奋斗了 3 年，有 3 个孩子，失业 3 个月了，我只想要 1 份工作

的机器每小时可组装出 3.5 万个色彩鲜艳的饼干盒。并非工人无法用手工完成这些工作，实行机械化的原因在于人力已变得十分昂贵，厂方负担不起。为此经济学家制定出高超的法则，即雇用几位工程师研制出三臂水压机，再解雇三分之二的工人，付给他们失业救济金，让他们坐在家里看电视。这笔失业救济金正是用联合

饼干公司一类的企业缴纳的企业增值税收益支付的。[1]

正如许多经济学家所言,工业革命从长远来看创造了前所未有的财富和繁荣。但机械化的直接后果,对大量人口的影响非常严峻。比如,中等收入岗位减少,工资停滞不前,劳动收入占比下降,利润激增,经济不平等加剧,等等。

一位英国经济学家估计,英国在20世纪末的30年间,银行、保险、股票、税收和财会等金融服务业人员,从不足50万人增长到将近250万人,几乎增长了4倍。与此同时,有300多万人加入"失业储备军"行列,不得不接受政府救济。对这些人来说,金钱或许能够帮助他们摆脱饥饿,但却永远无法让他们找到实现自己价值的那种成就感。人不是仅仅有食物就可以的。[9]

事实证明,失业对家庭和社会造成的破坏远比贫困的危害更加严重,往往会引发犯罪、家庭破裂、福利和社会组织水平低下等诸多问题。

1- [英] 阿兰·德波顿:《工作颂歌》,袁洪庚译,上海译文出版社2014年版,第72页。

失业，或者加班

从很早开始，经济学家就对机器的出现感到不安。一方面，机器是投资的体现，正是这种投资推动了资本主义经济的发展；另一方面，常常是一台机器搬进来，一位或者几位工人就被请出去。

1843 年，已经完成工业化的英国成为当时世界上最富裕、最繁荣的国家。与此同时，机器的普遍使用也引发了第一次大规模失业：失业者占劳动力的 15% 以上，超过 200 万技术工人被关入"习艺所"。

当时，时评家托马斯·卡莱尔曾问一位"工业大亨"：你们生产那么多衬衣有什么意义？这边有上百万件衬衣挂着卖不出去，那边却有上百万的人光着膀子没有衬衣穿。他批判道：

> 事物——不只是棉花与钢铁——越来越不顺从人类……
> 我们拥有的财富史无前例，我们从中所得之少也史无前例。我
> 们成功的工业至今仍然是不成功的；如果我们在这里停止的话，
> 那将是多么奇怪的成功。人们正在过剩的丰裕中死去……[1]

1- 转引自 [英] 克里斯·弗里曼：《光阴似箭：从工业革命到信息革命》，沈宏亮译，中国人民大学出版社 2007 年版，第 189 页。

1929 年美国失业人数不到 100 万，4 年后失业者达到了 1500 万，经济学家将这场经济危机归罪于 20 年代的技术革命。在德国，当时有大约 600 万失业工人，他们很快就成为民族社会主义德意志工人党（纳粹党）的拥趸。

当时，整个西方世界都笼罩在大萧条的雾霾中，经济学家凯恩斯为人们预言了一个美妙的"经济前景"：随着技术的不断进步，人们每个工时的产出一直在不断增加，这样，人们用来满足需求所花费的工作时间就会越来越少，大部分人可能每周只需要工作 15 小时，直到最后几乎不需要工作，就可以满足日常所需。

但 40 年后，也就是 20 世纪 70 年代时，英国钢铁产量高峰期时钢铁行业就业人数曾高达 32 万。在英国钢铁行业产值持续缩减之际，钢铁行业劳动生产率却不断提高。到了 2014 年，英国 1.8 万从业者生产了约 1200 万吨钢，而 20 年前，两倍于此的从业者能生产约 1300 万吨钢。不用说，那些消失的从业者都被机器取代了。

在美国，技术升级和产业转移导致传统的钢铁和制造业工人大量失业，从芝加哥到匹兹堡，留下著名的"铁锈带"现象。仅 1980 年前后，美国钢铁行业就裁掉了 15 万个就业岗位。一个美国作家回忆说："我的童年很穷困，生活在铁锈地带俄亥俄州的一座钢铁城市。从我记事起，这座城市的工作岗位就在不断流失，人们也逐渐失去希望。"[1]

1-［美］万斯：《乡下人的悲歌》，刘晓同、庄逸抒译，江苏凤凰文艺出版社 2017 年版，引言第 2 页。

李嘉图堪称经济学上的达尔文，他提出人类社会"物竞天择，强者生存"的合法性。在机器与人的战争中，机器无疑是胜利者；人类失去的不仅是工作，还有生活的乐趣。工业的存在并不是为了满足人类生活的需要，而是为了创造财富；工作也不再是生活的一部分，而成为生活的全部，或者说是唯一重要的目的。

心理学家马斯洛提出，人的需求从低到高包括五个层次，分别是生理需求、安全需求、社交需求、尊重需求和自我实现需求。对现代人来说，这些需求几乎都可以从工作中获得满足。每一个现代人从小都会有一个理想，准确地说是一个职业理想，比如长大以后或者成为科学家、作家，或者做一个医生、法官，等等。

从理想来说，职业让人风度翩翩，职业应当是自己热爱的工作；工作是为了施展自己的才干，而与报酬无关。确实，工作能够转移我们的注意力，给我们一个美好的憧憬，让我们置身其中，使人生臻于完美。用孔子的话说，就是"发愤忘食，乐以忘忧，不知老之将至"。

然而，现代工业完全不同于传统时代的家庭手工业，更不像自给自足的男耕女织。工业时代的生产体系是建立在细致的分工基础上的，工人像机器零件一样，他每天的工作就是重复几种简单机械的动作。

在机器时代，工人的生活不得不接受机器的安排。一旦机器设定好速度，便有了自己的意志，它会推着人往前走。每次技术革命都会提高人类的生产力，但令人费解的是，它们也都延长了工人每天的劳动时间。

"我们可以谦逊地在机器帮助下过上好日子，也可以傲慢地死

自由 独立自主 自我完善

审美 音乐 文学 艺术

求知 好奇 理性 读书 思考 批判

尊严 自尊与荣耀 权利与权力 尊重与被尊重

友爱 亲情 爱情 友情 团队 社区 归属与支持

生活 身体健康 衣食住行 家庭关系 财产金钱

生存 呼吸 睡眠 食物 住所 等 基本生理需求

按照马斯洛的心理需求金字塔，物质和金钱需求是较低层次的，较高层次的精神需求则需要充分开放自己的心灵世界

去。"借用维纳这句名言来说就是，要么谦逊地生存，要么傲慢地死去。

原始社会没有消费，但却很"富裕"。人类学家萨林斯创造过一个词，叫作"原始富裕社会"。他说，在原始的石器时代，人们以狩猎采集为生，生产以满足生计为目标，而不是追求利润，"每天的工作时间以 8 小时算的话，那么卡帕库男人花在田里的'工作时间'只有 1/4，女人则是 1/5；更精确地说，男人每天是 2 小时

18 分钟，女人 1 小时 42 分钟"[1]。

正像萨林斯说的，人类前进的每一个脚步都使他双倍远离自己的目标。原始人会死于饥饿，但不会死于贫穷。原始人只拥有一点儿可怜的"财产"，但他们并不"贫穷"。从原始狩猎采集发展到农业，人们开始定居，财富不再是"累赘"，生产的目的不只是使用，还有囤积和交换。因此，需要更多的劳动来种植、培养、收获农作物，驯养牲畜。但即使如此，农业时代的忙碌也是无法与现在相比的。农业社会中的农民大多数时间都是为自己的衣食住行劳动，现代分工社会中，人们连家务劳动都交给了别人。因此，每个人都必须为他人工作 8 小时，然后才可以享受 8 小时别人的服务。

在中世纪的欧洲，人们一年中几乎有半年时间不用为他人工作。在法国大革命前期，法定假期一年有 141 天。也就是说，人们用大量时间为自己工作或劳动。

在现代社会中，不创造物质财富的闲暇几乎等同于"懒惰"，只有工作才是最大的美德。结果，"大公无私"的蚂蚁和蜜蜂变成现代人效仿的"劳动模范"。人们在忙忙碌碌中早已忘记，工作和消费一样，只是生活的手段，并不是生活的目的。

非洲有一种织布鸟，非常勤劳。雄性织布鸟在食物丰盛的季节里，能够废寝忘食地建造 160 个精巧的鸟巢，而要建一个鸟巢，织布鸟需要飞行 30 公里，收集 500 根茅草和芦苇。

1- [美] 马歇尔·萨林斯：《石器时代经济学》，张经纬、郑少雄、张帆译，生活·读书·新知三联书店 2009 年版，第 67～68 页。

对一只雄性织布鸟来说，从蛋壳里出来开始，就要不断学习筑巢，成年后便成为精益求精的筑巢高手。

虽然筑巢可以吸引雌性织布鸟，但这并不构成雄性织布鸟"筑巢癖"的全部理由。一个建在合适位置的粗劣鸟巢远比一个建在错误位置的精致鸟巢更能吸引雌性。实际上，织布鸟往往只专注于建巢这件事，并乐此不疲，一个鸟巢刚刚建好又会把它拆掉，如此反反复复，直到精疲力尽。

织布鸟并不是唯一一种喜欢忙忙碌碌、沉迷于无意义工作的物种。从大而无当的宏伟建筑到房地产泡沫，人类热衷的许多事情其实都与织布鸟筑巢相似。

在经济学上，工业革命也被称作"勤勉革命"。美国学者德·弗雷斯提出，19世纪出现的大量消费品刺激了民众的欲望，促使人们努力工作增加自身收入以满足消费需求，从文化层面上推动了新的工业革命的诞生。这无疑是韦伯的清教伦理之外的另一种解释。

懒惰、贪婪和嫉妒是人性的主要弱点。有人说，所有发明都是为了懒人，比如人懒得走路，便发明了车子。1883年，马克思的女婿保尔·拉法格出版了《懒惰的权利以及其他》，他在书中指出：资产阶级必须由勤奋变为懒惰，因为工业社会不仅依赖于生产，还依赖于消费。

黄宗羲说过，好逸恶劳，亦犹夫人之情也。但实际上，对于现代人来说，消费是一种权利，而懒惰却是一种特权。

理论上来说，机器创造的生产力可以使每个人都过上富有的物质生活，将劳动量缩小到极小的程度，使得工作只是生活的一小部分，工作占用的时间也应当越来越小。然而事实恰恰相反，在机器时代，只有机器不停地运转，GDP 不断地提高，社会才被认为是健康的。

人们不再把生产作为改善生活的手段，而是将生产看作是其目的本身，生活也不过是从属于这一目的的附庸。如果仅仅从生活必需来说，现代人无疑可以拥有更多的闲暇时间，但人们不是不知道如何打发这种闲暇，就是将这种闲暇用来工作。因此，现代人注定是忙忙碌碌的。

古人认为，"民有三患：饥者不得食，寒者不得衣，劳者不得息"（《墨子·非乐》）。对现代人来说，最大的威胁不是没有衣食，而是没有工作。可能解决失业的最好办法是减少工作时间，就像罗素说的，不应当有些人一天工作 8 小时，而有些人没有一点儿工作，应当让大家都一天工作 4 小时。

据说在原始的采集狩猎时代，一个人需要 1000 公顷的土地才能生存；而在现代社会，维持一个人生存所需的土地只要 1000 多平方米，即前者的万分之一。

1800 年前后，英国工人往往从 6 岁工作到 60 岁，每天工作 12—14 小时，每年工作约 4500 小时。到 1870 年，有了 8 小时工作制，人均年工作时间下降为 2984 小时，而到 1990 年更是降至 1490 小时。据统计，现代社会直接用于生产的时间，已降低到社会总时间的 3.5% 左右，而且这一比例还在降低。凯恩斯认为，理想的社会应该是每周工作 5 天，每天工作 3 小时。

理论上来说，现代工业的高生产率使劳动时间越来越短，闲情逸致和"有闲阶级"将越来越多，但现实并非如此令人乐观。

早在工业革命之初，英国哲学家约翰·穆勒就质疑，一切已有的机器发明，是否减轻了任何人每天的辛劳？马克思始终不相信资本家的善意，"在资本主义生产的基础上，使用机器的目的，决不是为了减轻或缩短工人每天的劳动"[1]。同一时期的英国经济学家马歇尔也谈道：人类习惯于每天8小时甚至12小时的繁重劳动，这种司空见惯的事实支配了我们的精神和思维，阻碍了人类的生长发育；这种过度的劳动压垮了人们的生活，使人的素质无法发展提高。

苏格拉底曾说："闲暇乃文明之母。"对现代人来说这真是一种讽刺。

经济学家舒马赫曾提出一个经济学定律："一个社会真正可用的闲暇的数量，通常是与这个社会用以节省劳动力的机器数量成反比。"在物质匮乏的传统经济学问题被解决之后，现代人面临着一种新匮乏，即有效信息的匮乏和时间的匮乏。

现代文化导致时间和空间遭到压缩。蒸汽机的出现、铁路的建造、自行车和汽车、飞机的推广，电报、电话和互联网的普及，这些技术以令人又惊喜又感伤的方式改变了世界，也改变了人们的生活。贝多芬的《英雄交响曲》，当年首演的时长是60分钟；如今只需要43分钟就能演奏完毕。各种知识胶囊和短视频渗透到人

1-［德］马克思：《机器。自然力和科学的应用》，人民出版社1978年版，第1页。

们生活的细节。现代生活节奏之快，已经影响到世界各地，人们连吃饭和走路的速度也越来越快。印第安人相信，人走得太快，灵魂就跟不上来。

在东莞经历了200多天的工厂体验之后，作家丁燕无限感慨：

"在电子厂，我生平第一次发现，时间是有硬度的。时间不是空气，不是流水，而是一堵用钢筋和水泥堆砌而成的墙，它就仁立在我的对面，就抵在我的鼻尖下，阴影潮湿冰冷。拉线是一只电子虎，为了最大限度地降低成本，它催促着女工尽可能迅速地干活。干活，干活，脑袋里却空空荡荡。"[1]

1- 丁燕:《工厂女孩》，外文出版社2013年版，第12页。

浮士德文明

正如历史上的许多事物一样，机器的出现也是利害参半，因为人性总是存在无法克服的弱点，比如贪婪、虚荣和软弱。机器一旦出现，就极易被滥用，成为一种威胁和危害，对此我们应该有清醒的认识。

在思想史上，所谓现代性就是对现代文明的审视和批判。如果可以骄傲地说，只有人类才会发明机器，那么也可以惭愧地说，只有人类才应该对机器文明予以批判。

对现代社会来说，对机器不加选择地一概接受甚至滥用，不仅将导致严重的文明灾难，甚至会彻底毁灭一个正常的人类社会。

人类是不断依靠历史记忆来获取智慧的，这保证人类文明延续至今。在大多数历史中，人类都是谨小慎微、极其保守的。如果说古代社会有点安贫乐道，那么现代文明就显得有些亢奋。

对现代人来说，生活要求人们为自己必须去奋斗，对外界则是无休止地索取。我们喜欢不断变化的世界，并对此永不满足，而机器则鼓舞了人类与生俱来的破坏欲。

20 世纪 30 年代的美国，以福特为首的流水线工业生产出大量拖拉机，加上美国政府出台宅地政策，以及亚洲和欧洲的战争与饥荒推高了小麦价格，不断刺激人们不计后果地开垦大平原。拖拉机的履带和铁犁毁灭了那里千百年来固定土壤、抵御风蚀的植被。据统计，在很短时间内，美国就有 1 亿英亩土地失去了大部分表土，近一半"本质上被摧毁"，无法再耕种。[10]

土壤被破坏导致的结果，是极其可怕的沙尘暴，整个美国西部变成了"沙尘碗"。沙尘暴浩浩荡荡，席卷了芝加哥甚至纽约。与此同时，美国经济也陷入大萧条，过度种植带来的高产粮食也无人问津，只能任由其烂掉。

关中是中国农业的重要源头之一，随着农业用地的扩张，森林不断消失，草原不断向北方退缩。从秦汉到隋唐，西北地区原有的草原没有了，水土流失也让其失去耕种可能，沙尘暴越来越频繁，以长安为中心的关中逐渐失去在中国历史的龙头地位。[1] 在耒耜和锄头时代，对生态造成破坏可能需要上千年；到了拖拉机时代，只需要几年就足够毁灭一切。

孟子说："数罟不入洿池，鱼鳖不可胜食也。"意思是说，如果不用太过细密的渔网捕捞小鱼，那么河塘湖泊里的鱼类就永远也吃不完。

海洋渔业是地球对人类最慷慨的恩赐，但机器改变了人与海洋的关系。

哥伦布时代，航海需要勇敢而富有经验的海员，然而他们在帆船上练就的高超航海技术，到了机械化时代都失去了价值。现代

1- 王军、李捍无：《面对古都与自然的失衡——论生态环境与长安、洛阳的衰落》，《城市规划汇刊》2002 年第 3 期。

航海所具有的安全性和侵略性是他们不能想象的。

在石油被发现之前，鲸鱼油是西方最重要的油脂和能量来源，因此就有了捕鲸业。鲸鱼这种地球上最为巨大的动物，在过去亿万年来没有对手，后来却遇到了可怕的人类。1864年，挪威人斯瓦德·福因发明了"鲸炮"，随后诞生了一整套的现代化捕鲸技术，被称为"挪威式捕鲸"。人类突然之间变得无比强大。一头鲸鱼从被捕鲸叉射中，到拖上捕鲸船进行宰杀分割，可能只需要短短20分钟。[11]

1900至1911年间，全球鲸鱼的年捕杀量猛增10倍，从2000只增加到20000只以上。从风帆时代就存在的捕鲸业在工业时代到来后，现代捕鲸船取代了小型拖网渔船，捕鲸效率大大提高，以至于最后发展到鲸鱼近乎灭绝，这个古老的行业也随之崩溃。这正如麦尔维尔的《白鲸》[12]预言，不能不说是一种讽刺。

类似的还有，大西洋鳕鱼自古都是海洋渔业的主要鱼类，随着捕捞技术的进步，全世界鳕鱼的捕捞量反倒由1970年的3100万吨下降到了2002年的89万吨。世界野生动物基金会（WWF）警告，如果各国政府不控制捕捞，鳕鱼将很快灭绝。

1955年，美国人普雷提克发明了捕鱼滑车。仅10年时间，它就成为全世界主流渔船的标准装备，世界渔业产量增加了5倍。造价昂贵的多功能大型拖网船出现之后，渔船从捕鱼船变成一个集捕鱼、加工、提炼和处理于一身的现代化工厂。它所过之处，鱼类几乎被一网打尽，就连鱼骨都被完全利用。再加上现代探鱼技术，如海洋温度卫星照片、全球定位系统、海水温盐深仪、海流剖面仪、电子海底地形图、彩色声纳鱼探等，海洋虽大，鱼儿却无处躲藏。

讽刺的是，渔船越来越高效，致使鱼类越来越少；为了捕到鱼，渔船不得不走得更远。由此引发的国家争端日渐增多。

1989 年，世界海洋渔获总量达到了 9520 万吨，创历史新高。此后，尽管渔业技术越来越发达，但是捕鱼量不仅没有增加，反而持续减少。在过去的 50 年里，人类捕捞了全球 90% 的成年鱼类，以至于渔民们不得不把目光放在了越来越年轻、越来越深海、越来越小型的鱼类身上。

1929 年，德国人斯蒂尔发明了由小型内燃机驱动的手提式链锯。这个小小的机器迅速传遍世界，在很短的时间内便改写了地球的森林生态。

在链锯出现之前，伐木工人砍倒一棵大树需要 2 个多小时，链锯将这个时间压缩到 2 分钟。即使人类自古以来一直在采伐森林，也只有到了链锯时代，乱砍滥伐才成为一种轻而易举的行为。

一位人类学家说，这个世界开始的时候，人类并不存在；这个世界结束的时候，人类也不会存在。从人类开始呼吸、进食的时候起，经过发现和使用火，一直到目前原子能与热核的装置发明为止，人类不断地破坏数以亿万计的结构，把那些结构肢解、分裂到无法重新整合的地步。[1]

1-[法] 克洛德·列维-斯特劳斯：《忧郁的热带》，王志明译，中国人民大学出版社 2009 年版，第 543 页。

旧石器时代，猎人们一次只能猎杀一头长毛象，后来技术进步，可以一次猎杀两头。当他们终于学会成百上千地猎杀长毛象时，猎杀本身就变成了最重要的事情，直到最后一只长毛象也被猎杀后，他们发现肚子饿了。

从最后一头长毛象到最后一只鳕鱼，从废弃的捕鲸船到废弃的链锯，就文化和历史来说，人类本身并没有多大进化，进化的只是工具。

中国古代有一个关于饕餮的传说，说这个怪物贪得无厌，吞噬一切。所谓资本主义，其实就是一个现代饕餮，只有不断吞噬，经济才能保持增长。说到底，就是将自然资源转化为金钱。

从 19 世纪末 20 世纪初开始，世界各国次第走上了工业化道路，这也引发了众多保守主义者的忧虑和批判。

在印度，甘地试图通过手摇纺车来使时光倒流。[13]"神禁止印度步西方的后尘走工业化道路……如果一个 3 亿人口的国家进行类似的经济开发，就会像蝗虫一样掠夺整个世界。"[1]

在甘地看来，埃菲尔铁塔是一个典型的隐喻，它说明我们都是被无关紧要的小事所吸引的孩子。这位"人类良心的代言人"提醒人们——地球上提供给我们的物质财富足以满足每个人的需求，但满足不了每个人的欲望。

麦克卢汉喜欢将机器看作"媒介"，即一切机器都是人体的延

1- 转引自［美］大卫·克里斯蒂安：《时间地图：大历史导论》，晏可佳、段炼、房芸芳等译，上海社会科学院出版社 2007 年版，第 511 页。

甘地用纺车这种传统机器来对抗现代，他的非暴力不合作最终让印度赢得了独立

伸。当人越来越离不开机器时，人对机器的主体性也会发生改变，人可能变成了机器的延伸。将人与机器的关系比作蜜蜂与花，或许只是这种悖论的一部分。麦克卢汉说，人在某种程度上充当着机器世界的生殖器官，正如蜜蜂之于植物世界，使之繁殖生产并不断演化出新的形态。对人的这份爱，机器世界则以帮助其达成心愿和欲望作为回报，即给予其财富。

按照这种理解，现代文明貌似人类与机器之间的一种契约。如果换个说法，也可以说，工业文明是人类签署的一份浮士德契约，机器如同一个潘多拉魔盒，将人们带到一个奇妙的新世界。如果浮士德是把自己的灵魂出卖给魔鬼以求得魔力，那么今天的人们不知不觉中已从机器中获得了这种力量。

斯宾格勒指出，机器带来的"浮士德文明"已经彻底改变了世界，人类已经被机器控制。"机器在形式上越来越不近人性，越来越折磨人，神秘而奥妙。……浮士德式的人已经变成了他创造的奴隶。他的命运和他的生活安排，已经被机器推上了一条既不能站住不动，又无法倒退的道路。"[1]

1-［德］奥斯瓦尔德·斯宾格勒：《西方的没落》，张兰平译，陕西师范大学出版社 2008 年版，第 330 页。

坍塌的世贸大厦

在 19 世纪西方工业文化方兴未艾时，机械理论家弗朗茨·勒洛却将机械定义为一种残忍的转化器，它将"自然力量无尽的自由"转化为"普通的外在力量不可撼动的秩序与规则"。[1]

机器不仅要复制和模拟自然，而且要获得更大的效率。每一种新技术都是一种尝试，想让自然服从于人的安排，而机器就是达到这一目的的手段。或者说，机器是一种权力工具，实现了人改造自然的权力，或者说放大了这种权力。这种权力一旦失控，就必然变成灾难。

人类自古以来的历史，一直无法摆脱自然灾难的诅咒。如果说古代危害人类生存的主要是天灾，那么在现代，灭绝人类生存的则主要是人祸。机器的出现改变了人类在自然面前的地位，人类自以为从此可以超越自然灾难的时候，却一次次地陷入自己制造的灾难之中。

据不完全统计，全世界每年至少有 100 万人在各种工业灾难中丧生。

1- [德] 沃尔夫冈·希弗尔布施：《铁道之旅：19 世纪空间与时间的工业化》，金毅译，上海人民出版社 2018 年版，第 11 页。

《技术社会》的作者雅克·埃卢尔说："历史表明，在每项技术的运用中，一开始就蕴藏着不可预料的副作用，这些副作用带来了比没有这项技术的情况下更为严重的灾难。"[1]

在人类使用煤炭和机械之前，灾难就已经存在了，但工业化从根本上改变了灾难的性质。在农业和手工业年代，即使发生灾难，人们也会认为是个人的失误或命中注定。但进入工业和工厂时代，生产规模陡然变大，人与人的联系越来越紧密。在更多时候，灾难不是由于某个人的疏忽造成的，而是因为他人或系统性因素所导致。工业化的发展，使灾难从个人层面常常变成一种"产业灾难"。比如对于19世纪的煤矿来说，矿难的发生几乎不可避免，除非放弃采矿。

煤炭推动了英国工业革命，也将英国变成欧洲有名的"黑国"，煤炭燃烧带来的烟雾一直困扰着很多工业化城市。1952年12月5日到10日，伦敦持续数日的烟雾导致4703人因呼吸道疾病而死亡；1962年12月3日到7日的德国鲁尔区雾霾事件，再次夺取340人的生命。

从瓦特时代起，工业受高压蒸汽机驱动的美国和欧洲每年都要发生数千起锅炉爆炸，几十万人非死即伤。马克·吐温在密西西比河上做过多年领航员，他所见和经历过的锅炉爆炸就非常多。

1865年4月27日，美国内战结束后解甲归田的2400名战俘，乘坐"苏尔塔纳号"汽船在密西西比河上航行时，猛烈的锅炉爆炸

1-［美］杰里米·里夫金：《熵：一种新的世界观》，吕明、袁舟译，上海译文出版社1987年版，第73页。

夺去了 1800 人的生命。这场当时航运史上最大的灾难甚至压倒了林肯遇刺的噩耗。

1898 年 2 月 15 日，停泊在古巴哈瓦那港的美国"缅因号"战列舰爆炸沉没。在媒体的蛊惑下，美国人认为西班牙是罪魁祸首。这起事件成为美西战争的导火索，美国一怒之下，不仅将西班牙赶出了美洲，还从西班牙手中夺取了菲律宾。然而后来的研究发现，缅因号沉没最有可能是因为煤舱自燃的高温引发弹药舱爆炸。

1912 年 4 月 14 日，当时世界上最大的蒸汽邮轮"泰坦尼克号"在 160 分钟内沉没，1500 多人葬身海底。

1965 年 11 月 6 日，因为一块继电器故障，纽约发生大停电，导致 600 辆地铁停驶，50 多万人被困在地下，数以万计的人被困在摩天楼里，数以千计的人被困在电梯里。

自人类在枪炮技术上取得突破以来，战争的密度和烈度随之提高，直至发生了空前绝后的世界大战。但实际上，死于汽车的人数远远超过死于坦克的人数。

汽车的出现是基于石油和内燃机，正如火车的出现是基于煤炭和蒸汽机。自从汽车出现之后，工程师们便绞尽脑汁地提高汽车的速度，这就要提高内燃机的性能。为此，单缸改为双缸、多缸，压缩比从 0 提升到 10；为了提高燃烧值，汽油中添加了剧毒的四乙铅。经过这番努力，汽车终于变得风驰电掣，功率强大，但与此同时，汽车尾气对人类的危害也越来越大。

1886 年，本茨获得世界第一份汽车专利证书。他发明的三轮汽车采用单缸发动机，功率不到 1 马力，速度只有 12 千米 / 小时。

美国战舰"缅因号"在哈瓦那海港沉没

1908 年，福特实现了汽车大量生产，福特 T 型车采用四缸发动机，最大功率 20 马力，最高时速 72 千米 / 小时。当时莱特兄弟所用的飞机发动机也才 12 马力，而飞机时速还不到 70 千米 / 小时。如今 SUV（运动型多用途汽车）正成为汽车主流，其发动机多达 12 缸，功率高达几百马力，最高速度甚至超过 200 千米 / 小时。

在现代社会，效率意味着进步，甚至说效率就是进步。汽车发展史非常典型地说明现代人对机器和效率的疯狂崇拜。人们不顾一切追求机器效率时，常常会忽略这种效率背后的代价。

汽车导致人与人之间的疏离，也使现代人的生活方式更加孤独，拥堵的马路体现了现代社会这种既拥挤又隔绝的图景。在美国一些城市郊区开车，开好几公里都很难见到一个车子外面的活人。雅各布斯曾经以一个孩子母亲的角度批判美国大城市的规划，认为这些规划完全是为了机器（汽车）而不是为了人。她说，美国社区的头号杀手并非电视或毒品，而是汽车。[14]

1960年，诺贝尔文学奖得主加缪死于一场车祸。《纽约时报》评论道："加缪在荒诞的车祸中丧生，实属辛辣的哲学讽刺。因为他思想的中心是如何对人类处境做出一个思想深刻的正确回答……"

1996年，思想家塞缪尔·亨廷顿出版了《文明的冲突与世界秩序的重建》；"文明的冲突"一语成谶。2001年9月11日，恐怖分子劫持2架美国波音飞机，撞塌了资本主义世界象征物——纽约最高摩天大厦世贸中心。

世贸中心整体都是钢结构，钢材在800℃时会发生软化，丧失承载力；飞机燃油产生的大火，使这个用20多万吨钢材搭建的庞然大物轰然坍塌。

事件发生后，GE（通用电气公司）成为舆论焦点。美国有句俗话："对美国政府有利的事，就对通用公司有利，反之亦然。"这家由爱迪生百年前创建的国际公司拥有30多万员工，业务遍及全球100多个国家。在这场灾难中，两架由GE租赁的飞机，装载着GE生产的发动机，撞向了GE投资建造的两栋标志性大楼，而大楼和飞机均在GE保险部门投保。真可谓"以子之矛攻子之盾"。

这场灾难，使近3000人丧生，美国经济损失达数千亿美元。

此次事件如此严重，以至于美国几乎将其与珍珠港被袭相提并论。以"9·11"为节点，世界历史刚刚迈出意识形态阴影下的冷战，又跨入文明冲突的恐怖主义时代，人们找到了一个叫"邪恶"的敌人。[15]

"从科学上说，肇始于17世纪的现代已于20世纪初终结；从政治上说，我们今天生活于其中的现代世界诞生于首次原子弹爆炸。"[1]对现代人来说，原子核裂变是福是祸，尚未可知。用曾任美国总统的尼克松的话来说，他获得了"一个下午就灭掉了一亿人"的权力。自1945年以后，人类曾经多次面临再度按下核按钮的至暗时刻。

机器时代的人类征服了自然，甚至已经开始进入太空，但机器与技术也将人类带入了一个尴尬的十字路口，效率巨大的杀人武器已经足以将人类毁灭千百次。

现代计算机之父冯·诺依曼用"博弈理论"，通过纸面推演核武器战争，提出了"末日决战理论"。1962年的古巴导弹危机中，人类几乎是命悬一线。

1986年4月26日，切尔诺贝利核电站发生爆炸，其放射污染超过广岛原子弹爆炸的200倍。据官方公布，有31人当场死亡，附近13万居民紧急疏散。

30多年过去了，事故现场仍是一个无法处理的危险地带。至今仍有数千平方公里的被污染土地处于荒芜状况。由于遭到核辐

1-［美］汉娜·阿伦特：《人的境况》，王寅丽译，上海人民出版社2009年版，前言第5页。

射，周边地区部分新生儿出现畸形、残疾，甚至连动植物也出现可怕的基因变异，如巨型老鼠和疯狂生长的植物。

阿列克谢耶维奇在《切尔诺贝利的回忆》中说，除了死亡，这个世界上没有任何事情是公平的。但其实死亡才是世界上最不公平的事情。

在许多现代思想家看来，现代社会对利润无休止的渴望，对技术进步无休止的推进，对资本力量无休止的利用，给人类带来了巨大的潜在风险。屈从于自身膨胀的欲望，人类终将步入险境。

1894 年，一个无政府主义者向巴黎一家餐馆扔了一颗炸弹。这或许是人类历史上第一场现代意义上的恐怖主义行动。

从 1978 年开始，美国连续发生了多起邮包炸弹事件，FBI（美国联邦调查局）一筹莫展。直到后来，这位神秘的"炸弹客"提出，若将他的文章公布于世，他将停止恐怖行动。

1995 年 9 月 19 日，《华盛顿邮报》和《纽约时报》同时发表了这篇长达 3.5 万字的《论工业社会及其未来》。不久之后，该文的作者——也是一系列恐怖事件的制造者——特德·卡辛斯基被捕。

特德·卡辛斯基过着与梭罗一样的隐居生活，这位堪称数学天才的思想也与梭罗惊人地相似，对一切科技进步均持怀疑和反对态度——

工业文明带给人类的是极大的灾难，在机器面前，现代人别无选择，只能接受机器的摆布。工业化时代的人类，如果不是直接被高智能化的机器控制，就是被机器背后的少数精英所控制。如果是前者，那么就是人类亲手制造出自己的克星；如果是后者，那就意味着工业化社会的机器终端，只掌握在少数精英的手中。[1]

1- 可参阅刘怀昭、王小东:《轰炸文明：发往人类未来的死亡通知单》，中国文史出版社1996年版。

惩罚与规训

从很大程度上来说，现代的历史就是人与机器（技术）的关系史。

借用马尔萨斯的理论，机器和技术以几何倍数在迅速飞跃，而人却只能以算术级缓慢地进步。机器进化的速度远远大于人的进化速度。

人类智慧大体可分为四种：数理逻辑、模糊逻辑、潜意识和社会性能力。在前两个方面，目前人工智能都有很大突破，只有后两个依然为人类所独有。

人的优势并不在于学习，而在于创造；人的智慧无法复制给另外一个人，但机器可以。通过复制，机器有可能在很短时间就达到人类中爱因斯坦那样的思维能力，而这是大多数人穷尽一生也学不到的。现代人并不比古人更聪明，但机器却一直以摩尔定律在进化，因此机器在很多方面超越了人类。

当体力和智力被机器取代之后，人类作为"劳动性动物"越来越显得"没用"。如果说核武器使人类面临毁灭的危险，那么人工智能则使人类面临被淘汰的危险。

人类创造了机器，结果机器不仅改变了世界，也改变了人类本身。现代人是与机器一起进化的，但人与机器之间并不平等。当人把一切都托付给机器时，机器便主宰了一切；离开机器，人类不仅无法生存，甚至连是否存在都是个问题。在刚开始的时候，是人奴役机器，再下来是人变成机器，最后是机器奴役了人。我们常常担心机器越来越像人，而实际更常见的是人越来越像机器，因为人有天生的模仿和学习能力。

在好莱坞的许多科幻电影中，人类在机器这里也能发现真正的人性。比如《机器人总动员》中的瓦力，又如在《银翼杀手》中，机器人在思考自己存在的意义，而人类却只顾机械地杀戮和毁灭，再如在《终结者》中，施瓦辛格饰演的机器人充满慈父般的爱，让人们唏嘘不已。

机器从一开始，就被视为一种用来获取权力的手段。人们通过对机器的奴役来征服自然和驯化自然，机器则使人类工具化。

对一个现代人来说，他在社会生活和日常生活中都必须适应机器运转的需要，这种训练从他出生就已经开始。儿童要为将来进入工作场所作准备，群体化教育成为机器社会的孵化中心。

古希腊人将思辨与休闲视为生命的本真，英语中"School"一词来源于希腊语"Schole"，意思即为休闲。现代学校则沦为一个被钟表控制的机构，这里是对一个现代人进行时间启蒙并灌输时间法律的主要渠道，"不迟到、不早退"被视为不可违背的"戒律"。

在西方工厂模式的体制教育中，人只是一个批量生产的产品，所有的组织和制度，乃至"军训"，都是为了培养一个完美的工作机器。整个社会都基于统一的美德：守时，服从，重复，存储，删除，再加上惩罚。

对劳动力这种商品资源，无论国家还是资本家，都试图以最小的代价攫取最大的产出。在一个以工作为中心的社会里，如何让人们面对工作时首先想到幸福，而不是惩罚或活命，这是一个严肃的问题。

《菜根谭》有言："人生太闲则别念窃生，太忙则真性不见。"人活一世各有追求，但归根到底，人生的最终追求还是幸福。所谓幸福，其实是一个寻找意义的过程，必须由每个人亲力亲为，但大多数人忙于生计，并没有时间和心思去思考这个极其严肃的问题。

现代社会的一切都来自机器，正如雅斯贝斯所说，机器制造的产品一旦造好、一经消费，便从人们的视野中消失，尚留存于视野中的只是机器而已，它正在制造新的产品。在机器跟前的工人只专注于直接的目标，无暇也无兴趣去思索作为整体的生活。[1]

对知识分子来说，现代化引发了激烈的思想碰撞，在保守派眼中，现代化无疑是一场灾难。卡夫卡用小说《变形记》描摹了现代人的精神困境，"一天早上，当格里高尔从不安的睡梦中醒来时，他发现自己躺在床上变成了一只巨大的甲虫"。

在卡夫卡看来，人类的身体已经死了，或者说变成了机器，而人却无法确定自己是活着还是死了。当尼采喊出"上帝死了"的时候，"人也死了"。福柯说："上帝死了，人不可能不同时消亡，

1-［德］卡尔·雅斯贝斯：《时代的精神状况》，王德峰译，上海译文出版社 2013 年版，第 24 页。

萨米人作为土著民族，很多人的习俗始终没有受到现代社会的影响

而只有丑陋的侏儒留在世上。"

上帝之死意味着人的孤独。弗洛姆说：过去的危险是人成为奴隶，现在的危险是人成为机器；机器的美德是永远不会造反，而人最大的弱点是无法忍受无聊，自杀和疯狂是人类最大的危险。

在美洲历史上，印第安人的遭遇作为现代化的典型困境告诉人们：不变革会死，死的是身体；变革也会死，死的是灵魂。2021 年，在加拿大一处原住民寄宿学校旧址发掘出多达 215 具 19 世纪末 20 世纪初的儿童尸体遗骸，年龄最小的只有 3 岁，震惊了全世界。[16]

在人类现代史上，大多数印第安人失去了生命，幸存下来的极少数印第安人在自己的故土沦为异乡人。这让人想起电影《赛德克·巴莱》中赛德克人头领莫那鲁道的质问：什么叫作"文明"？

男人被迫弯腰搬木头，女人被迫跪着帮佣陪酒，还有邮局、商店、学校？让他们知道自己有多么贫穷？

对现代人来说，机器就像世界第一部科幻小说《弗兰肯斯坦》中科学怪人发明的"怪物"，[17]虽然为人类所创造，却非人类所能完全控制。

缝纫机刚刚发明出来的时候，人们对此欢欣鼓舞。1860年的一篇文章说："一段时间之后，缝纫机会极为有效地清除所有阶层里的衣不蔽体者。所有的慈善机构都开始采用这种机器，而它在为贫困者提供衣装方面所做的工作，比文明世界所有愿意投身慈善事业的女士加起来可能做到的工作还要多上100倍。"[1]

但现实却让人大跌眼镜。缝纫机最大的应用并不是在家庭，而是在工厂。缝纫机不是帮助家庭主妇为自己的家人缝制新衣，而是让女人远离家庭和孩子，在"血汗工厂"中埋头工作。缝纫机是万能的，但女工们只能反复做一件事：一个女工缝制袖子，另一个女工把袖子缝到衣服上；一个女工缝制扣眼，另一个女工负责熨平衣服。

纵观服装工业化形成的现代社会史，就会发现它与饮食行业的工业化几乎是同步发生的。服装业和餐饮业是典型的低收入行业，女人被机器赶出家庭后，她们只有在家庭之外付出更多的劳动，才能买到衣物和食物。

1- [加] 厄休拉·富兰克林：《技术的真相》，田奥译，南京大学出版社2019年版，第141页。

讽刺的是，随着机器越来越普遍，传统手工变得越来越奢侈，比如一顿家常饭，或者一件手工缝制的衣服。然而，人们已经越来越不善于自己动手去做一件衣服。

机器引发的文化与社会危机，最早甚至可以远溯到工业革命之前。17世纪的时候，西欧的冒险家们开始相信生活的主要目标是发财致富，活得尽可能舒服和物质上安逸。这个信念，连带着资本主义的成长、工业化，以及为在经济上掠夺地球资源而不断增多的技术发明，已经形成了一种狂热贪婪，一种物质主义，一种在精神和美感上起糟蹋作用的文化。

在那个殖民主义时代，欧洲人依靠高超的航海技术和军事优势，纵横四海，开疆拓土，在许多原始地区用粗暴的方式建立种植园。为了获取贵金属、蔗糖、咖啡、烟草、棉花和橡胶，殖民者不惜掘地三尺，让原有生态毁于一旦。为了解决劳动力短缺的问题，更是将数千万非洲人贩卖为奴隶。在这个"生态帝国主义"时代，原住民不是死于外来瘟疫，就是遭到屠杀。

实际上，现代以来的所有不平等，最早都起源于大航海时代引发的全球化运动。当然，工业革命让这种不平等进一步加剧。

从愈演愈烈的贫富差距、环境污染，到毁灭性的战争与暴政，不断进步的科学技术正创造出更多"新的可能错误"。人们已经忘记，科学只不过是人类的前沿认知而已，所有的认知一定有时代性和局限性，对科学只见利而不见害，必然酿成难以想象的灾难。

现代人用科学破除了迷信，然后却将科学变成一种新迷信——"我们什么都不迷信，我们只迷信科学"。人们相信技术可以解决一切问题，一切问题也都是技术问题。

中世纪晚期，谷登堡印刷机的诞生改变了西方传统的信息积累与传播方式，文艺复兴、宗教改革、启蒙运动和科学革命相继出现。在此基础上，西方现代民主降落人间。不幸的是，印刷机也一定程度催生了图书审查与文字狱。到了网络时代，互联网和数字革命带来了大数据，也让个人隐私无所遁藏。

一个半世纪前，铁路和电报使现代世界融为一体，人们以为从此以后整个人类将会彼此更亲近和相互理解。然而随之而来的，却是人类历史上最为血腥的国家战争与奴役。这让人想起格林斯潘[18]的一句话："人性自古未变，它将我们的未来锁定在过去。"

李泽厚先生说，现代人最需要的，是再来一次"文艺复兴"——第一次文艺复兴把人从神的统治下解放出来，现在的第二次文艺复兴是要把人从机器（科学机器和社会机器）的统治下解放出来。当然，这种解放不是为了社会革命，而是为了寻找人性。[19]

单向度社会

澳大利亚北部有一个原始部落，直到 20 世纪 30 年代还保持着原有的土著文化，他们唯一的生产工具就是石斧。一些白人传教士出于好意，向他们提供了许多铁斧。铁斧远比石斧锋利耐用，原本需要花费很大力气和时间的劳动，一下子变得轻松快捷。

但令传教士没有想到的是，铁斧彻底改变了部落社会：以前只有酋长才有石斧，现在人人都有铁斧，曾经被视为神物的石斧被遗弃，不知来历的铁斧只是一件普通工具，毫无神圣可言。自古以来围绕石斧形成的尊卑秩序和部落神话立刻破灭了，传统的聚会、祭祀、信仰和价值观也随之崩溃。就这样，铁斧毁灭了一种文化。

对于这个案例，人类学家很难确定铁斧是否比石斧更好。唯一可以确定的是，有了铁斧之后，那些土著睡觉的时间更长了，但他们的传统和信仰却完全失去了。

经济学家米塞斯曾说："你把一块石头扔进水里，它会沉下去；你把一根木棍扔进水里，它会浮起来；但如果你把一个人扔进水里，那么他必须决定是沉下去还是游泳。"但并不是每个人天生都会游泳。当很多原始土著民族毫无选择地被扔进现代后，他们所能做的并不比石头或木棍强太多。如果说人类文明始于一场大洪水，那么从大航海运动开始后，人类社会似乎又经历了一场社会意义的大洪水，这就是始于西方的现代化。对很多有悠久文明历史的小国寡民来说，这无疑是一场亘古未有的巨大冲击，乃至浩劫。

古代社会，除了统治者和他的宠臣住在城市，其他人都祖祖辈辈生活在乡村的土地上。古代社会只有一些简单的工具和分工，所谓渔、樵、耕、读，或者士、农、工、商。

在古代，如果以士、农、工、商这"四民"来划分社会身份，主要还是士与农，即占人口绝大多数的农民和少数士人，工匠和商人是比较边缘化的。尤其是中国，作为统治阶级的官僚，基本上都是世袭贵族和通过科举选拔的士人。用司马迁的话说，"公卿大夫士吏多文学之士"。

进入现代社会后，人们大多生活在远离乡村的城市，技术与资本被视为推动进步的核心竞争力，"工"与"商"所占比重逐渐增大。

人是喜欢提问的动物，对一个孩子来说，除了玩沙子，就是在无数个关于"为什么"的追问和满足中长大的。在西方传统文化中，一直存在着一个关于人类起源的追问，因此有了圣经和上帝。进入现代以来，传统文明被颠覆，人们又开始追问关于现代世界和现代社会的起源。在西方，关于这个话题的书汗牛充栋。当追问变成一种情结，"西方"就不可避免地自诩为现代的上帝。

"只有我成功是不够的，还必须有其他人的失败。"据说这句话出自成吉思汗。德国著名历史学家布克汉森认为，现代世界起源于成吉思汗的征服。

就"现代"二字而言，不仅意味着"合作"，更常常意味着

"竞争"。在没有尽头的竞争中，现代人将生活变成工作，将工作变成战斗。

据说在新几内亚一个岛上生活着一群土著，当他们从传教士那里学会踢足球时，他们热情地接受了这项游戏。然而，他们并不以一方的胜利作为结束，而是当他们确信不会有败者的时候才结束。对现代人来说，这或许只是一个海外奇谈罢了。

与自然的疏离，使现代人类处于一种没有心灵出处与归处的生存状态，失去了对抽象价值的追求，仅仅满足于直接价值的体验，因此"重新变成了动物"。

> 他们唯一关心的就是自己生活的安逸与舒适，但对于其原因却一无所知，也没有这个兴趣。因为他们无法透过文明所带来的成果，洞悉其背后隐藏的发明创造与社会结构之奇迹，而这些奇迹需要努力和深谋远虑来维持。他们认为自己的角色只限于对文明成果不容分说的攫取，就好像这是他们的自然权利一样。[1]

马克斯·韦伯发现，从企业公司到国家政府，现代科层官僚制体现出极大的优越性，即"最高度的效率"和"理性技术的专业性及训练"，这反映了以功能效率为目的取向的"形式合理性"和"工具合理性"。在现代社会，任何力量都无法突破这个笼罩一

1- [西]奥尔特加·加塞特：《大众的反叛》，刘训练、佟德志译，吉林人民出版社 2004 年版，中译者引言第 6 页。

切的"一元化官僚系统",这种科层官僚制度既像"铁笼",又像"机器"。在它的规训下,现代人的美德之一就是无条件"服从"。

在韦伯看来,现代就是资本主义的理性化进程,这种理性化基于一种世俗功利的计算,颠覆了传统的人—神—宇宙三位一体的世界结构,导致了世界的祛魅,把世界变成一个人人可以认识和操纵的对象。对现代人来说,虽然搞不清到底是人创造了上帝,还是上帝创造了人,但他可以确信的是,机器与上帝的角色越来越相似。

在劳动分工越来越细、工作越来越机械化、社会组织越来越庞大的过程中,人成了机器的一部分,而不是机器的主人。人们制造了像人一样行动的机器,也产生了像机器一样行动的人。

现代社会就像一台巨大的履带式拖拉机,前面的履带刚刚落地,后面的履带就被卷了起来。人们变得越来越像机器,以便更好地适应机械化的世界。借用鲁迅的话说就是:现代社会只有两种人,一种是欲做机器而不得的人,另一种是暂时做稳了机器的人。

这或许是当下人类所面临的最大困境。

为了活得更加轻松,人类发明了很多机器,但每一次新机器的出现,都会使财富向少数人集中,大多数人的生活压力反而变得更大。马克思把这种现象称为"机器的异化"——原本应该成为机器主人的人,最后成了机器的依附者。

回首整个现代化史就会发现,人们对于社会变革总不如对机器进步那样"从善如流"。正是由于技术变革和社会变革之间所产生的时间滞差，才造成了几千年以来世界历史上众多的苦难和暴行。

如果说钟表、印刷机和蒸汽机的出现，象征着技术统治的开始，那么福特和泰勒则代表技术垄断的来临，从此人与技术的关系彻底逆转，技术取代了人的思想。

在榔头面前，一切都是钉子；在镜头面前，一切都是图像；在枪口面前，一切都是敌人；在统计表上，一切都是数字。马尔库塞将这种现代困境称为"单向度社会"。所谓单向度，就是人们失去批判性和超越性，因而也失去了理想和想象力。

"机器在物质上的威力超过个人的以及任何特定群体的体力这一无情的事实，使得机器成为任何以机器生产程序为基本结构的社会的最有效的政治工具。"[1]

1-［美］赫伯特·马尔库塞：《单向度的人：发达工业社会意识形态研究》，刘继译，上海译文出版社 2006 年版，第 5 页。

通往奥斯威辛之路

按照马克思的观点，历史就是运行中的经济——个体、群体、阶级及国家为了食物、能源、材料和经济实力所开展的竞争。所谓政治体制、宗教机构、文化创造，都无一例外地植根于经济现实之中。

因此，工业革命不仅带来了财富爆炸，也带来了民主政治、女权运动、计划生育，以及宗教的衰落、道德的松弛，同时，也使文学从依赖于贵族的赞助中解放出来，小说的风格也由浪漫主义转变为现实主义，人们甚至可以用经济学的眼光来重新解读历史。

进入 20 世纪后半叶，无论是资本主义还是社会主义，人们都认为现代化就是技术的进步。[20] 从某种意义上来说，人类的历史就是技术的历史，人类是一种对技术成瘾的动物。

有一种看法认为，所有技术都是中性的，也就是说技术没有善恶之分。但问题是，人们热衷技术，却不愿对技术的应用进行道德评判。

如果说人类的进步体现在技术进步上，那么技术所产生的罪恶，归根到底还是人的罪恶。技术增强的常常是人的社会能力，不是个人能力，或者说，大多数机器都是反个人主义的，这在实际应用中必然会削弱个人的价值。有了万能的机器，个人就不再重要了，所有人都必须跟别人一样，接受机器的规训。

每天跟各种机器打交道的现代人常常忘记一件事，即国家本身就是一种工具或者机器，而机器正是作为一种权威和命令的象征被人们所接受的；人们接受了机器，就必须接受机器制定的规则。机器不仅设置了社会和文化，也设置了政治和历史。

现代社会是一个技术社会，铁路、轮船、飞机、电话等这些现代工具大大方便了人们的生活，但同时也最大限度地加强了国家权力[21]。随着社会财富的货币化和金融票据化，国家权力可以更加轻易地进行掠夺，而政治的进步总是比技术的进步慢半拍。

理想在现实面前总是那么苍白无力。马克思在总结巴黎公社的经验时强调，最重要的是警惕"集中化的组织起来的窃居社会主人地位而不是充当社会公仆的政府权力"[1]。

有学者估计，由于新的科学技术的出现，相比19世纪，整个20世纪人均能量增长了1倍，城市面积增加了3倍，战争能力提高了4倍，信息技术提高了7倍。从20世纪开始，民族主义超越一切成为全人类的宗教。在这个机器时代，社会主义、民族主义和国家主义成为人类的救命稻草。

从技术上来说，或许是冷酷无情的福特最早实现了人类的"群众化"，即消除了人与人之间的个性差别，人如同零件一样被标准化和同质化，从而可以互换。作为两个著名的反犹太主义者，亨

1- [德]马克思:《"法兰西内战"初稿》，载《马克思恩格斯全集》第十七卷，人民出版社1963年版，第588页。

利·福特与阿道夫·希特勒惺惺相惜，只是后者走得更远。

希特勒"成功"的秘诀，就是通过控制宣传机器来控制人的思想，从而控制了整个国家。在纳粹统治时期的德国，机器塑造了"群众"这个权力景观，"所有的人都变成了一个人"。从某种程度上，"群氓"既是现代国家主义兴起的直接原因，也是其直接结果。

工业革命以来，人类发展的加速度越来越快。英国进入资本主义用了200多年的尝试与挣扎，后起的德国在19世纪后半期的短短50年中就迅速崛起。

现代工业不仅制造出了纺织机和拖拉机，也制造出有史以来数量最多、效率最高，也最可怕的杀人机器；"一个曾受专门技术训练的寡头政治集团，由于控制了飞机、战舰、电站以及摩托运输工具等等，就有可能建立几乎无需笼络人民的独裁政权。"[1]

同时，机器大生产导致了资本集中和人员集中，这为资本主义与集权主义搭好了一个现成的舞台。某种意义上来说，流水线的工厂就是工业军事化。在这里，纪律就是一切。

人类走向现代的一个重要标志，是个体意识的觉醒。换言之，个体化是现代社会的最大特点。讽刺的是，个体的启蒙与解放往往被国家机器所消解，从而走向反个体的群氓主义。

魔鬼不是上帝的对立面，它只是上帝的卑劣、恶毒的模仿者。正是这个产生过谷登堡、马丁·路德、康德、歌德、巴赫、贝多芬

1- [英]伯特兰·罗素：《权力论：新社会分析》，吴友三译，商务印书馆1991年版，第19页。

等天才巨匠的伟大民族，在希特勒的带领下，不仅思想统一，而且面部表情也几乎一样，整个国家如同一台机器滚滚向前，势不可挡。

如果细究起来，这或许与普鲁士时代的国家教育模式存在一定的内在联系。这种国家教育的本质并不关注人的灵魂，而是重在培养能够胜任各种技术工作的"劳动力产品"。

1936年的柏林奥运会成为第三帝国崛起的庆典。帝国摄影师莱妮·里芬斯塔尔用《奥林匹亚》和《意志的胜利》证明了一件事——电影可以用视觉符号来控制人们的眼睛，从而传达一种貌似完美且不可抗拒的权力意志。[22]

作为"最后一个反政治的德国人"，尼采预言了一个漫长的悲剧时代。专制与独裁不仅是战争的结果，也常常是战争的原因。

希特勒创造了奥斯威辛，而新技术的应用——批量生产枪炮、坦克甚至带刺铁丝网——使得建立集中营成为可能。[23]

集中营制度显示了现代工业体系极其可怕的一面。[24]这让人想起本雅明的嘲讽："所有关于文明的记录也都是关于野蛮的记录。"

在奥斯威辛，毒气室由学有专长的工程师建造，妇女由学识渊博的医生毒死，儿童由训练有素的护士杀害。人类历史上从来没有把杀人变得如此高效，就像流水线作业。操作的人做的只是按一个按钮或者开一个阀门，他们不过是屠杀流水线中的一个小环节，这些环节组织起来，就是一个规模空前的屠杀工业。

奥斯威辛幸存者、诺贝尔和平奖获得者埃利·维厄塞尔说，他至今都想不明白，那些受过良好教育、遵纪守法的公民，怎么会在白天用机枪扫射数以百计的儿童及其父母，然后晚上欣赏席勒的诗

奥斯威辛集中营

和巴赫的音乐？

　　德国铁路部门照样向犹太人收取到奥斯威辛的三等座单程票价，犹太儿童半票，4岁以下免费。作为现代信息技术的领跑者，IBM不惜制造"雅利安"身份，以专门设计并持续更新的霍尔瑞斯穿孔卡系统，帮助希特勒加速了屠杀进程。[25]

　　犹太社会学家鲍曼指出，纳粹大屠杀与现代工业有惊人的相似之处，"没有现代文明，大屠杀是不可想象的"。在奥斯威辛集中营，军队赋予它精确、纪律和冷酷，而工业则体现在节约、高效与管理，最后，希特勒为它添上了"理想主义的使命感"。

　　奥斯威辛其实是现代工厂体系在现实的一个延伸。不同于生产商品的是，这里的"原材料"是人，而最终"产品"是死亡。因此，每天都有那么多单位数量被仔细地标注在管理者的生产排期上。而现代工厂体系的象征——烟囱——则将焚化人的躯体产生的浓烟滚滚排出。还有现代欧洲布局精密的铁路网，向工厂输送着新的"原料"。这同运输其他货物没有什么两样。在毒气室里，受害者们吸入由氢氰酸小球放出的毒气，这种小球又是出自德国先进的化学工业。工程师们设计出了火葬场，管理者们设计了落后国家可能会嫉妒的廉洁而又高效的官僚体制，就连整个计划本身也是扭曲的现代科学精神的映射。[1]

现代人常常用行动的理性标准来取代道德评价。在严格的分工下，那些进行大屠杀的技术专家们扮演着毁灭机器中的齿轮角色，他们的工作是制造、运送、维护和处理。在他们眼里，屠杀的每一个环节只是技术问题和工艺问题，关键是做好本职工作。[26]

正如美国西部联合公司总裁杰·古尔德所说："我可以雇用一半工人去杀死另外一半工人。"在管理大师泰勒看来，现代人都是"有血有肉的机器"，他们来到这个世界就是为了"工作"。某种程度上来说，集中营是对泰勒的科学管理原理的最"成功"运用。[27]在奥斯威辛集中营的入口，有一句著名的标语："工作带来自由。"

1-［美］齐格蒙·鲍曼：《现代性与大屠杀》，杨渝东、史建华译，译林出版社 2011 年版，第 11 页。

我们似乎迎来了一个时代的终结。我指的不是蒸汽或电力时代的终结，然后人类进入了控制论和太空科学的时代。这类术语意味着臣服于众多技术手段——它们将会变得过于强大，让我们难以应对其自主性。人类文明就像一艘在没有任何设计图的情况下建造出来的船。建造过程却非常成功。这也导致船只内部巨大螺旋桨的出现，引发了内部发展的失衡——但这还是可以补救的。然而，这艘船却没有舵。

——［波兰］斯塔尼斯瓦夫·莱姆

第二十三章 历史的终结

现代化的悖论

1793 年，英国使臣马戛尔尼乘坐"狮子号"帆船，不远万里来到中国。这一路他用了将近一年时间，400 人的使团有 102 人病死在途中。

这一年，英国开始挖掘布利斯沃思隧道，修建这条不到 3 公里长的隧道，整整用了 12 年时间。当时蒸汽机刚刚面世，火车还没有发明，也没有挖掘机，一切全靠人力；货船要通过这条运河隧道，起码要用 3 个多小时。201 年后，即 1994 年，连接英国与欧洲大陆的英吉利海峡隧道建成通车。修建这个包括三条隧道的大型工程，前后只用了不到 7 年时间；"欧洲之星"列车只需要 35 分钟，就可以穿越这条长达 50 公里的隧道。

《共产党宣言》中有一段预言性的话语："一切等级的和固定的东西都烟消云散了，一切神圣的东西都被亵渎了。人们终于不得不用冷静的眼光来看他们的生活地位、他们的相互关系。"[1] 这体现了马克思和恩格斯对工业革命的批判和对欧洲现代社会的忧虑。

从刀耕火种到精耕细作，延续几千年的农业社会是一个极其稳

1- [德] 马克思、恩格斯：《共产党宣言》，人民出版社 2014 年版，第 31 页。

定的社会；人们基本上属于自给自足的大家庭，以家庭、家族或者庄园（村镇）为劳动单位，大多自己生产，自己消费。

但工业革命改写了历史，一切传统的东西都被颠覆了。

如果说人类以前是在吃大自然的利息的话，那么现在，人类开始吃起大自然的老本了。

机器化的工业浪潮席卷一切，它以大公司和大工厂的形式，使城市成为人类主要的生活形态，人们更加集中聚居；煤炭、石油、炼钢、汽车、化工、机械、纺织等新兴工业纷纷涌现，成千上万完全一样的工业品源源不断地被生产出来。这就是所谓"生产的奇迹"。

社会学家弗洛姆在回顾这一历史剧变时写道："从19世纪到20世纪最显著的变化是技术上的变化，蒸汽机、内燃机和电广泛使用，原子能开始利用。这一技术发展的特征是，手工劳动越来越为机器生产所取代；更为甚者，人类的智力也为机器的智慧所取代。在1850年，人力在生产中提供50%的能量，而机械力只占6%；可到了1960年，人力、畜力和机械力三者所占的比例分别为3%、1%和96%。"[1]

人类驾驭自然的能力，最本质的重要技术变革潮流反映就是人对自然动力的驾驭。技术史把人类文明的发展分为五个阶段：第一个阶段是从人类诞生到新石器时代，人只能利用自己的体力；第

1-［美］埃里希·弗洛姆：《健全的社会》，王大庆、许旭虹、李延文等译，国际文化出版公司2007年版，第92页。

工业革命早期，常常以人力作为动力

二个阶段是从新石器时代到公元后，人开始饲养动物并利用其体力，也就是畜力；第三个阶段是中世纪，以水车和风车的形式将自然能转化为机械能；第四个阶段是蒸汽机和内燃机的发明；第五个阶段是电能与核能。

总体来说，技术发展的每一个阶段，人类利用的能源动力都比上一个阶段高了不止一个数量级。

古代中国有愚公移山、精卫填海之类的故事，在今天已经是寻常事。借助各种大型工程机械，中国创造出了一个又一个改变自然的奇迹。对中国来说，水利是一个古老的传统，南水北调工程远比开凿大运河复杂，也更有想象力；作为引汉济渭的主体工程，秦岭隧道长度将近 100 公里。

当蒸汽、石油、电力都成为人类的奴仆，人类似乎已经变得不可思议的"万能"：可以潜入海底，可以在天空中飞翔；既能把沙漠改造成绿洲，也能把森林变成沙漠；人工降雨取代了古老的祈雨。最直接的变化是发生在1950—2000年间的"绿色革命"，使全球粮食产量增长了3倍。在整个20世纪，美国粮食产值增加了4倍，但农业消耗的能源总量增长了整整80倍。这一切剧变的结果，是世界人口增长了3倍，人类的平均身高增加了10厘米，体重增加了50%，寿命延长了30岁。

说白了，比起古人来，现代人吃得更好，长得更高、更胖，活得更长，不仅人更多，而且更加富有。

美国经济学家德隆有一个简单的计算：如果将整个人类发展史作为一个参照系，那么从旧石器时期到现在的250万年间，人类花了99.4%的时间，也就是到15000年前，世界人均GDP才达到90国际元；然后花了0.59%的时间，到公元1750年，达到180国际元；从1750年到2000年，即在0.01%的时间里，一下子达到6600国际元，增加了约36倍。也就是说，截至2000年，人类96%的财富是在过去250年，也就是0.01%的时间里创造的。

在人类开始农业以前，全球人口以及世界经济规模，大约每25万年才能翻一番。而在人类获得农业生产的巨大力量后，全球经济规模大约每900年就要增长一倍。工业革命之后，全球经济增长再次加速。自二战以来，全球经济大约每15年增长一倍。[1]

人们横渡大洋，穿越大洲，起初用几个月，后来用几个星期，然后用几天，现在只需几个小时，世界变成一个小小的"地球村"。工业化的城市越来越走向同质化。

进入现代之后，人类进步是如此之快，仿佛时间崩塌了一般。从第一块石头到第一块铸铁，人类花了二三百万年；从第一颗箭头到第一颗原子弹，人类只用了3万年。世界一半人口进入城市用了8000多年，而剩余的一半人口进入城市则只需要80年。工业革命以来200多年，世界人口增长了6倍，而城市人口却增长了60倍。

城市化是现代化的结果之一，没有现代技术的支持，要实现城市化是极其艰难的。1900年，全世界生活在城市的人口约为2.25亿，2001年大约是30亿。

哈耶克有个比喻，他说现代社会就像人们排成一个纵队前进，走在前面的率先到达某个点，但整个队伍持续向前，要不了多久，走在队伍后面的也会到达这个点。早在1622年，荷兰的城镇人口就超过60%。作为工业革命的领导者，英国的城市化率超过50%是在1850年。德国在1890年达到这一比例；接下来是美国（1920）和日本（1935）；在1960年前后，苏联和拉丁美洲也追赶上来；中国将一半人口搬入城市是在2012年。最新数据显示，2020年中国城镇化率达到了63.89%。这意味着中国已经迈入城市化的社会。

早在19世纪末，社会学家涂尔干就发现，随着技术工业的快速发展，家庭纽带被削弱，离散家庭和"一个人的家庭"越来越多，个人与他生活的地方和这个地方的人的联系越来越少；社会严重分化和瓦解，"机械的团结"取代了"有机的团结"。

所谓"现代社会"的典型特征，就是每个领域彼此割裂和分立，因而家庭的宗教功能消失了，家庭生产方式也没有了，社会走向原子化，每个人成为独立和孤独的一分子。在世界范围内，"个体化社会"已经成为一种趋势，一方面个人获得更多的自由，但同时也失去更多的安全感，不确定性也增加了现代人的焦虑感。

机器的发展从专业化开始，逐渐走向机械化、自动化和智能化。智能机器不仅挤掉了工业和商业领域中无数劳动岗位，也开始侵入教育与艺术界，多媒体技术使一些教师显得平庸和多余。医院有昂贵的仪器，却没有好医生，一些手术也越来越依赖于机械的参与。与避孕不同，便捷的堕胎技术加重了男女比例的失调。[2]

传统时代，人的出生和死亡都在自己家中，死亡就是停止呼吸；现代社会中，死亡就是心电图显示器上的那条直线，表示心脏停止了跳动。

对于富足的现代人来说，健康和长寿正成为终极需求。但讽刺的是，现代人的不良生活方式却导致了肥胖和早逝。这种生命焦虑最终转变为过度治疗和药物依赖。一位医学专家说："在宗教强盛、科学幼弱的时代，人们把魔法信为医学；在科学强盛、宗教衰弱的今天，人们把医学误当作魔法。"

在美国好莱坞，机械科幻类型一直是电影市场的宠儿。从《钢铁侠》《终结者》《变形金刚》到《阿凡达》，这些风靡全球的电影显示，人类对机器的复杂感情已经成为现代人的焦虑根源。

人类创造了一个复杂的世界，最后在这个世界里迷失自己。"从机器问世之日起，凡有识之士都以为，人类不再需要体力劳动了，因而也不再需要人与人之间保持不平等了。如果当初把机器用于这个目的，饥饿、劳动、污秽、文盲、疾病都可一扫而光。事实上，机器没有用于这样的目的。"[1]

有个故事说，一个人走在路上，总是感觉身后有个影子，他飞奔起来，想摆脱影子，但最后还是影子赢了；影子回过头对他说：没有人。

梭罗说："人类已成了他们的工具的工具。"当人逐渐变成机器的时候，机器就名正言顺地替代了人。录音机替代了唱歌，打字机替代了写字，照相机替代了绘画，电视机替代了人们的眼睛，挖掘机替代了人的胳膊，汽车替代了人们的双腿，复杂的医疗设备替代了医生的经验，甚至机器人替代了人本身。

工业革命以来，人类一直致力于对外界的探究，而信息革命让人将研究方向转向人类自身，"人机接口"就是其结果之一。在古代社会，上一代人与下一代人之间几乎没有什么差异；进入现代以来，两代人之间的生活水平和思想观念存在越来越明显的差异。以现在技术的进化速度，将来的人类与我们这一代人之间的差异，或许类似人类与黑猩猩之间的差异，他们将拥有与我们不同的身体和大脑。

预言家们设想，当人类智能与机器智能无缝连接起来时，"后人类时代"便开始了。智能机器将取代人类，成为这个星球上最重要的生命方式，人类意识则被下载到计算机里，从而使"非物质

1- [英] 乔治·奥威尔：《一九八四》，藤棋、金滕译，中国戏剧出版社 2002 年版，第 111 页。

化存在"的人类实现"永生"。按照某些人类学家的观点，人也不一定非死不可。

凯文·凯利将技术称作人的"第二肌肤"和动植物之外的"第七种生命形态"：在机器的进化过程中，我们能看到与生命进化相同的趋势——走向普遍化、多样化、社群化、复杂化。也就是说，机器正在向一个有机的生命体演化，有着自己的欲望和意志。或许历史还在继续，但人正被机器取代。失控的机器体系使人类机能迅速退化，人成为一种半人半车的动物，人的身体似乎可有可无。在未来，离开机器，人可能寸步难行，甚至说人已经不能称其为人——这与一个官吏离开权力就不能称其为"官"是一个道理。

身份的焦虑

英国人类学家罗宾·邓巴有一个论断认为，人类大脑能应对的最大的群体规模通常是 150 人，一旦超出这个限度，群体就会出现自然分裂。传统社会以村庄为单位，每个村庄群体基本维持在 150 人这个规模，群体内部是一个典型的熟人社会。现代城市完全由陌生人构成，群体规模也因此变得没有边际。

海德格尔说，人应该诗意地栖居在大地上。但是，现代机器的轰鸣声打破了乡村的宁静，并在一两代人的时间内彻底擦掉古老的乡村，一座座巴别塔式的城市拔地而起。离散的人们在这里重聚，但是已经变成素不相识的路人。

对于传统的乡村老人来说，城市是堕落的。他们认为：不仅是喜欢堕落的人选择了城市，而且任何进入城市的人都难免堕落；这种堕落包括他们的家庭关系、性观念、流行音乐、工作方式以及挥霍性的消费；这种堕落使城市成为腐败和犬儒的天堂，也使城市滋生暴力、犯罪和污染。

但在现代人看来，城市是一个伟大的创造，这里有新奇的文化和彻底的自由。

在城市里，现代资讯和交通带给人的变化，不仅是便捷和高效的物流、舒适的生活，而且还是一种新的世界观，一种新的结合状态。这就是传统认知方式和"活法"瓦解之后所出现的现代化困境。人一旦进入城市就无法再回到乡村，现代性对人类处境的系统化修改，让人无处可逃。

半个世纪前，麦克卢汉担心汽车会摧毁都市，就像铁路维持都市的生存一样。都市的未来很可能像是世界的交易市场——展示新技术，而不是工作或居住的场所。这一切与其说是因为机器，不如说根源在于一种机器化的体制。凡是能用机器解决的事情，基本交给了机器。

许多机器的本质都有反人类的倾向。当人被视为问题的来源时，机器就被看作解决的方法。在工厂中，工厂主觉得工人们速度太慢、不可靠或要求太多时，就会用机器取代他们；在医院里，有的医生对患者甚至都不抬头看一眼，就让其接受没完没了的机器检查。

在工业时代，农业的历史宣告终结，或者说农业已经成为食品工业的一部分。聚集在城市的人们依靠机器制造的产品生活，从食品到服装，从汽车到住房，从饮用水到CD（激光唱盘），一切都是机器制品。甚至可以说，就连城市本身也是一个庞大的机器体系，无论是建筑（民用建筑、工业建筑、商业建筑、公用建筑等），还是基础设施（包括给排水、交通、能源、邮电通信、环保、环卫、园林、绿化设施、防灾等），都在以机器的形式运转。

所谓城市，不过是机器的组合与堆积，城市化的过程其实就是人类社会机器化的过程。

实际上，拥挤的城市里人与人之间的关系远比乡村更加疏离，信息技术让城市比乡村更像乡村。有些讽刺的是，人类用了几千年时间来改善自己的生活，最后又回到另一个丛林——水泥森林。今天人们的狩猎工具不再是弓箭，而是金钱，猎取的对象也不再是动物，而是自己的同类。

在传统时代，一个人可以从事的职业非常有限，大多是子承父业，他的一生基本在 10 岁左右就被安排好了。换言之，他可以用一生时间去学习和提高职业技能。[3] 对现代人来说，生活就是所有选择的总和，每个人每天都面临着许多选择。这对生于斯老于斯、一辈子循规蹈矩的古人来说是不可思议的。相比之下，现代社会具有无限的可能性，除了少数有创造性的职业，大多数职业都更加简单和功利，技能不如以前重要，人们更看重的是适应能力和生存能力。这种歧路亡羊的不确定性，成为现代人"身份的焦虑"的主要原因。

佛家将贪、嗔、痴称为"三毒"。从技术角度来说，生产的理性化与社会的非理性化成正比，机器越先进，失业者越多；人们拥有的越多，焦虑越严重。

中国古人说：君子不器。用哲学家康德的话说就是，每个人都应当是目的而不是工具。但实际上，人类虽然漠视自然，却对自己的创造物一直顶礼膜拜。

从工业时代开始，人就沦为机器统治下的一个简易工具，一种与机器有关的商品。劳动者作为一种自然资源——劳动力资源，被当成森林、河流、矿山一样肆意采掘、滥用和废弃。对开采者来说，一个人的生命意义仅在于所支付的当日工资。

当人类接受了流水线和机器的奴役时，人类的人格就免不了被所谓的管理所贬低。在冷酷的资本家看来，穷人像苍蝇一样繁殖，穷人的孩子只能成为流水线上一个低廉的齿轮。有些财富总带着原罪：为了象牙，可以杀一头大象；为了鱼翅，可以杀一条鲨鱼。一个没有土地或者逃离土地的孩子，如果他不能把自己融入机器，那么他就一无是处。饥饿、恐惧和缺乏教育使他们不得不接受机器的绑架。

作为一种理性动物，人类在很多方面有别于其他动物。比如，人类能从事那些本身并不令人愉快的事情，特别是当这些事情有助于他要实现的目的时。在很多时候，用金钱来引诱，比用暴力驱使更能实现对人的奴役。

技术的巨大进步并不代表文明的进步同样巨大。实际上，机器时代的生产力水平无论多么高，都难以掩饰专制和奴役的残痕。比如说，你的时间不属于你自己，而属于雇用你的人。

现代社会是一个前所未有的职业社会，每个人都必须工作，就连儿童也不例外 —— 上学即使算不上工作，也是一种对工作的模拟训练。对现代人来说，职业身份与一个人的自我认知及社会评价是紧密结合的。即使成人前的十多年教育，也基本上是为工作而准备的。从这个角度而言，在现代社会中，一个人几乎是被工作定义的。

在现代社会，工作不仅是收入的主要来源，也是一个人最基本的身份和地位标签。有些工作还可以带来支配他人的权力，比如警察和官员。马克思对这种"异化"有过全面的分析。

可以肯定的是，工作对很多人来说并不见得有多么愉快，更谈

1901 年，美国食品工厂里将番茄酱装罐的女工，做的是一种机
械重复的计件工作

不上神圣。只有一些创造性的工作，才能让人找到"造物主"的
满足感，而这样的工作并不多。在古代，这些作为发明家、艺术
家和诗人的工作，几乎都是贵族的雅好和特权。

哲学家说，工作是为了活着，活着不是为了工作。但对大多
数人来说，活着与工作基本是一回事儿，甚至失去工作比失去生命
更加严重，因为这会将一个现代人置于"生不如死"的境地。工
作对人而言，是"锚"一样的存在，它确定了人最终的走向。

哈耶克说，迄今的一切制度，多半只是人类行为的结果，而
非人类选择的结果。马克思将人定义为劳动的动物。然而机器取
代了工具，手工时代一去不复返，手工劳动的历史即将终结。如
果说手工劳动是为了自己，那么工作就是为了别人。现代社会中，

工作彻底取代了手工劳动，手工劳动成为一种奢侈的体验消费。工作的乐趣已经大范围地遭到机器生产制度的破坏。

随着传统的农业、工业和制造业需要的人越来越少，"低门槛服务业"变成就业的蓄水池。很多人从事保安、文员、售货员、司机、服务员、搬运工、快递员、清洁工等简单重复性的工作。这些可能会被机器取代的工作，即使不是临时的，也不会提升就业者的专业技能和满足感。

走向平庸

机器代替了生命，机器时间代替了自然时间和生物钟，机器动力代替了人体和牲畜的肌肉力量。问题是，严格枯燥的管理也代替了人的激情和创造。

麦克卢汉说过，工具增强了人体的哪个部分，哪个部分就会退化。机器用得越多，人就做得越少；机器越来越复杂和先进，而人却越来越无知和无趣。"无知不仅产生了迷信，也产生了工业。思考和想象会让人暂时陷入迷惘，但手足活动的习惯既不需要思考，也不需要想象。因此可以说，制造业最大的好处在于可以不用动脑筋，这样甚至可以把工厂看成是一整部机器，而工人不过只是这个机器上的零件。"[1]

在一切都走向工业化的现代，文化也不例外，因此有了"文化工业"。术业有专攻，工业体制的分工原则渗透到社会的方方面面。不仅技术行业如此，在人文思想领域同样出现了细致的专业分工。许多学科越来越多地成为集体性的流水化作业，形成热门与冷门的不良局面。

1- 转引自［美］乔治·索雷尔：《进步的幻觉》，国英斌、何君玲译，光明日报出版社 2009
年版，第 216 页。

根据经济学家莫里斯的估算，自工业革命以来，人类获取的能量增长了 40 倍，而人类获取的知识则增长了 800 倍。现代社会对科学和文化的体制化，使之成为一种通过体制训练而进行的"学术""专业"。学问从"为己"转向"为人"，"专业"对应的是"外行"，意即非体制的业余人士根本不具备从事研究的身份和"资格"。

在 19 世纪以前，人们相信"知识统一性"，学科分工被认为是荒谬不经的，当时涌现出一批高屋建瓴的大思想家和"知识贵族"，如帕斯卡、斯宾诺莎、笛卡儿、康德等。过分专业化对他们来说，是理解世界的樊篱和壁垒，而如今却成为进入学术的前提。像罗素和哈耶克这样，从哲学、法学、经济学、历史学、心理学、人类学和文学等诸多学科中汲取思想，构建起全新的逻辑思想体系的学者，越来越成为学术界的"另类"。

随着人文社科的技术化，大学的博雅教育已经消亡。教育的过分工业化，导致有专业没知识。今天的所谓"博士"已经名不副实，因为他只是精通一个狭小的专业罢了，应该叫作"专士"才对。

在古代学院中，哲学家们渴望传授智慧；在今天的大学里，教授们只关注自己的科目。麦克卢汉批判道：现代的大学教育不传授超然的态度，不培养衡量人的目标的能力，它奴性十足，脱离实际。其原因是，如果它培养头脑发达、人格独立的学生，它输送的人就是市场不需求的人。丹尼尔·贝尔极力赞扬知识分子的退位以及专业分工学者的登堂，但赖特·米尔斯认为这个转变是可悲的退化，知识分子从此只能在学术的狭窄分工内相互抓背。

"科学"一词来自日文汉字，日本学者西周时懋将西文 Science 一词理解为分科之学，便译为"科学"。

如今，随着学科分工日益精细和狭小，今天的学者再也难以达到 200 年前学者那样的融会贯通，横跨好多个领域。自然科学已有 4000 多门，社会科学仅哲学、经济学、社会学就包括 300 多个门类；各学科还在不停地分支、移植和嫁接，相邻学科的两个专家越来越难以沟通。[4] 这些局限于狭小知识范围内的"专家"，与科学的其他"专业"以及对宇宙的完整解释日渐失去联系。

随着各行各业的内卷化，有人对专家的定义是"对越来越细微的领域了解得越来越深刻，直到最后一无所知"。从动物进化来说，高度专业化可以使其在短期内获得优厚报偿，但从长远来看则只会加速其灭绝。

历史上每一次重大的科技进步，都会将某个高高在上的行业或技能"贬值"为大路货。譬如印刷机出现后，书写就不再是一门高深的专业。今天的科技发展更加迅速，所谓"高手在民间"，成千上万的行业和技能，可能在瞬间就从"专业"的顶峰跌入"业余"的谷底。

但任何事情都会物极必反，"专家之死"同样危险。在现代社会中，不同行业的专家所具备的专业知识仍然要超过普通人，不信任专家，不尊重专业知识体系，也有可能走向愚昧和无知，或者以阴谋论来反对科学与理性，这都是与现代文明相悖的。

现代文明是一整套的思想框架，经济理性、专业分工、个人自由、消费主义等，都是其内容特征的一部分。不仅日常消费品是这样，知识产品同样如此。知识的生产同样遵循"生产—扩散—消费"的模式。

对现代人来说，几乎所有的思想知识体系都来自科学革命和启蒙运动时期，比如牛顿力学、洛克政治学和马克思主义，等等。这些天才的伟大发现奠定了今天人们认识世界的基本观念以及思维模式。这些核心知识，为数众多的专家、学者、教授之类的知识分子，对其加以演绎、分析、传播和扩散，形成一个面向社会、影响历史的巨大销售网络。

对我们普通人来说，所谓知识基本来自这样的"大众市场"，大多数作家、教师、媒体其实都是知识贩卖者，而不是知识生产者。只不过有些人对知识进行了重新加工和包装，而有的人则更善于营销。在信息时代，每个人都不可避免地成为知识消费者。如果说日常消费需要一定的知识，那么知识消费则需要更强大的头脑，即对问题的独立思考能力以及对知识的鉴别能力。

应当承认，中国传统文化与现代文明之间存在一定程度的紧张，先秦思想家所创造的传统思想仍影响着东亚世界，这不是任何现代主义思想一夜之间就可以取代的。

中国传统历史完全是精英化的，从先秦时代起，就以诗书礼乐作为社会教化的手段。《公羊传》上给"士（大夫）"下的定义是"德能居位曰士"。用现代的文化分类来看，当时的社会主流和所有社会精英阶层都属于文科和艺术之列，理科和工科作为一种实用工具，是极其边缘化的。这就像《考工记》在《周礼》中的地位一样，属于"技艺末务"。在一个传统的中国人眼中，最能代表

加少寡人之民不加多何也孟子對曰王好戰
請以戰喻塡然鼓之兵刃既接棄甲曳兵而走
或百步而後止或五十步而後止以五十步笑
百步則何如曰不可直不百步耳是亦走也曰
王如知此則無望民之多於鄰國也
穀不可勝食也數罟不入洿池魚鼈不可勝食
也斧斤以時入山林材木不可勝用是
鼈不可勝食材木不可勝用是使民養生喪死
無憾也養生喪死無憾王道之始也五畝之宅
樹之以桑五十者可以衣帛矣雞豚狗彘之畜
無失其時七十者可以食肉矣百畝之田勿奪
其時數口之家可以無饑矣謹庠序之教申之
以孝悌之義頒白者不負戴於道路矣七十者
衣帛食肉黎民不饑不寒然而不王者未之有
也狗彘食人食而不知檢塗有餓莩而不知發
人死則曰非我也歲也是何異於刺人而殺之

孟子所代表的儒家比较崇古和保守，传统文明大多都赞赏量入为出的节制生活

中华文明的是礼义廉耻、四书五经、诸子百家、唐诗宋词、琴棋书画，而不是丝绸瓷器、亭台楼阁。

近代之初，推动机器革命和洋务运动的也是一群饱读诗书的传统士大夫，如曾国藩、李鸿章、张之洞。但现代以来，尤其是后来大学教育开始普及，工科从无到有，彻底压倒理科和文科，成为中国社会主流，各行各业工科化。

有个著名的励志故事：三位工人在砌墙，有人问他们在做什么，一位说是"砌墙"，一位说是"赚钱"，而第三位却自豪地说："我在为人建造一个温暖的家。"第三位后来成为建筑大师，而前两位仍在砌墙。

现代教育的悖论在于，一个人从小接受学校教育是为了更好地适应社会，而培养他们的教育者，却生活在远离社会的"象牙塔"里，对社会认识不够，其结果就是为教育而教育，将教育变成无谓的考试。事实上，几乎所有的教育者都是考试体制的优胜者，而社会生活并没有那么多考试。

另一个悖论是，现代大学普遍偏重工科教育，虽然在专业技术方面精益求精，却缺乏历史人文方面最基本的教养。[5]

一个机械专业的大学生甚至博士，若不了解机械史，那他在思想境界上与那个只知道"砌墙""赚钱"的工人没什么两样。他既无从了解机械电子技术曾在历史上怎样推动现代文明，也不知道机电专家也是纳粹实施大屠杀的帮凶。除了赚钱，他甚至不知道自己为什么要学习这个专业，为什么要从事这个工作。

如此专业至上的技术理性，必然与"以人为本"背道而驰。

哈耶克曾提出一种现代常见的政治思维方式，即"工程师思维"。这种思维方式把社会看成机械的聚合物，可以凭主观意愿摆弄。

技术是一把双刃剑，既可造福，也可害人。没有是非观念的专家为技术而技术，他们根本不懂也不在乎社会大众为此付出的代价。

人们都对新技术、新机器和新商品趋之若鹜，但却很少对其进行伦理审查和道德检讨。所有的机器和技术都意味着权力和金钱，而现代人的欲望永无止境，缺少节制与自省。[6]

在信息不对称的情况下，掌握信息的人很容易利用信息优势谋利，因此医疗行业最能体现一个社会的道德水准。在古代，大夫要讲医德，悬壶济世，救死扶伤。以前药店都会挂一副对联：但愿世间人无病，宁可架上药生尘。

不可否认，现代医疗技术延长了人的寿命，但也同时延长了人的死亡时间；在先进且昂贵的医疗机器支持下，一个失去自主能力的重症病人可以"苟延残喘"长达数年，死亡取决于机器和金钱而不是人。

一个复杂社会一旦沉迷于机器至上和技术思维，而没有完善且有效的法治与制度，必然会唯利是图，漠视人性，只顾眼前利益，最终酿成各种各样的灾难，一些自然灾难也会因为人的原因而衍生出人祸。

黄仁宇先生原是工科毕业，生逢战乱年代，历经坎坷，中年以后重新回到大学读书，但弃工从文，专心研究中国历史。他所倡导的大历史观以世界看中国，从历史看未来。他虽然身在海外，但对中国念兹在兹。他认为：中国过去的困境在本质上都是技术性的，现代科技肯定可以解决这些问题；但并不是技术就能解决所有问题，甚至有时候技术本身就是问题。[7]

粗鄙时代

追溯现代文明，常常要回到古希腊这个原点。创造希腊历史的是人，创造今天历史的同样是人。

《尚书》有云：人唯求旧，器唯求新。怀旧作为现代文明的副产品，最早出现在工业革命时期。当时，怀旧被认为是一种可以医治的疾病，类似普通的感冒。瑞士医生相信，鸦片、水蛭，外加到阿尔卑斯山的远足就能治好这种病。如今，怀旧正成为现代社会一种普遍的审美。

其实怀旧不是疾病，而且恰好相反，怀旧是对现代病的一种医治和矫正，它提醒人们不要在物质丰裕中忘掉生命的本质。老子面对铁器技术带来的礼崩乐坏，也曾无限怀旧，希望回到更古老的时代。如今的怀旧，则多是对农耕年代的回望。

泰戈尔说："你能向别人借来知识，但是你不能借来性格。"今天的人们有远比古人丰富的知识，但却失去了古人的诗意。人类文明确实取得了巨大的进步，但是在这个幸福的时代里，人们也会越发觉得无聊。

托克维尔当年就预言："乐趣极少，要么十分精致，要么非常粗糙。高雅的风度就像粗野的品位一样少有，再也碰不到学识渊博的学者和无知愚昧的人群。天才变得越来越罕见，信息变得越来越分散。各类艺术作品的质量差了，但数量却十分充裕。"[1]

当时火车刚刚兴起，如今在机器工业化发展的背景下，技术理性已经成为宰制社会的主要力量。在这种横扫一切的力量之下，政治经济、艺术文化、语言文化越来越趋于同质化。这种同质化实际就是标准化，以消除个性和差异而最终实现无趣化。无趣化是反自然的，而这恰恰是理性审美的最高境界。

机器时代的统一化、标准化和互换性消灭了物质的多样性。正如手枪的威力胜过一个武林高手，机器正使传统的手工技能变得无用武之地，照相机消灭了画像师，万能机床消灭了雕刻师。

马克思很早就提出"人的异化"这个问题，"现代社会内部分工的特点，在于它产生了特长和专业，同时也产生职业痴呆"[2]。在现代工业体系下，过分的劳动分工使得人的生命力萎缩，现代人变得一天天越发不能照管自己的需要了。如今，机器不仅仅是一种工具或手段，而且成为现代世界的构成方式。

记忆是人类的本性，或者说，人是一种怀旧的动物。在某些方面来讲，相对于传统农业社会，现代化是机器的、消费主义的。

在古代社会，人是丈量万物的尺度，《孔子家语》说："布指知寸，布手知尺，舒肘知寻。"英国以人的脚掌长度为一英尺（foot），以人的大拇指长度为一英寸（inch）。现代计量单位则基本与人没

1- 转引自〔美〕雅克·巴尔赞：《从黎明到衰落：西方文化生活五百年，1500年至今》，林华译，中信出版社2013年版，第581页。

2-〔德〕马克思：《哲学的贫困》，载《马克思恩格斯全集》第四卷，人民出版社1958年版，第171页。

有关系，人和机器一样变成技术的"客体"。

当现代化席卷全球，西方的计量单位变成通行世界的标准。在世界范围内，承载着历史基因的个性化老城不是被铲除，就是成为观光客眼中的遗物。人们成为城市的"他者"，即使在自己国家，也常常不免陷入深深的文化挫败感和身份迷失感。

技术造成历史的中断，尽管我们置身其中，人类生活的机器化和同质化也让每个人都失去出处。审美作为手工时代的遗产，在机器时代遭到残酷的肢解和擦写，一种整齐划一、毫无生气的工业景观，彻底篡改了人类关于美的经典记忆。

"非物质"总比"物质"更快地消亡，留下一份无人继承的"遗产"。随着强势语种的扩张，大量的小语种迅速消失，一个语种的死亡和消亡，等于永远失去我们对人类思想的认知和理解的不可替代的一部分。

在全世界范围内，本土文化普遍遭遇外来的主流文化的冲击，这一过程有时候因为强制而暴露出其残忍的一面。例如，最具草根和民间色彩的皮影，沦为一种镜框里的旅游纪念品。在现代观念中，传统大多沦为一种猎奇和解释，甚至变成一种纯粹的娱乐和消费。

人类进化的本质是文化进化，而人类文化的重要表征，一是语言文字，二是城市。语言是传承古老传统的载体，方言的式微成为传统逝去的标志。在生活中，平庸虽然比美好更常见，却不引人注意，但恶俗却以其造作、矫饰、妄自尊大和不知羞耻而让人无法回避。所谓恶俗，就是将本来糟糕的东西装扮得优雅、精致、富于品位、有价值和符合时尚。

汉字作为一种古老的文字，衍生出书法这种独特的审美艺术。李泽厚将书法艺术称为近乎音乐和舞蹈的"线的艺术"。随着技术进步，钢笔取代了技艺复杂的毛笔；现代之后，没有方向感的一次性圆珠笔又取代了钢笔；电脑时代以来，键盘敲打逐渐替代了书写，书写的历史濒临消亡。

古老的中国书法成为少有人继承的"人类非物质文化遗产"。对作家来说，电脑写作更容易使人联想到"生产"乃至"批量生产"，而不是创作。每一次的"保存"都会把修改的痕迹消灭得干干净净。

据说当初发明机械打字机的初衷，是为了使盲人和弱视者也可以"书写"。因为视力很差，尼采最早采用打字写作，有人认为尼采的思想与"打字"有密切的联系，尼采本人也承认"书写工具影响了我们的思维"。

从文字诞生起，书写作为一种工具，就是人的思想、认知、论断和情感的外在化表现。与传统手写相比，机械打字使文字的书写速度和精度都大大提高，从而改变了人的写作和思维模式。印刷字体现的是统一、工整、呆板的机器审美，这种审美发展到极致，便有了风靡世界的机器舞。

机器时代，文字以数字方式输入和传播，通过瞬时性显示到屏幕供人阅读。代码输入消解了汉字描摹的诗意。对结构复杂的汉字来说，书写意味着对字的间架结构的不同搭建，毛笔使每个人都可能成为艺术家，而键盘则宣告了这种"可能性"的终结。

书写的机器化并不完全是机器导致的，明清时期的馆阁体其实就是一种书写的机械化和标准化，致力于让书写千人一面。在安装了无数种字库之后，今天的电脑可以书写出各种制式文字。文字越来越接近机器，而离人越来越远。在使用电子排版和印刷字体的人那里，世界被简化为"速度"。

早在电脑诞生之前，"键盘"就已经在广泛使用。[8]面对打字机时代的"机器语言"，海德格尔感叹道：

> 文字不再通过手来写了，不再是真写了，而是通过手的机械压力。打字机把字母从原本属于手的领地夺走了——这意味着手从原本属于文字的领地退出了。文字成了某种"打"出来的东西……今天，手写的信函使快速阅读减慢，因此被认为是老派的和不合时宜的。机械式写作在书面文字的领域剥夺了手的尊严，将文字的价值贬低为不过是一种交流工具而已。[1]

CAD（计算机辅助设计）出现后不久，就全面取代了传统的手绘蓝图。一位年轻的建筑师感叹说，当设计者用手画出那些线条和树木，这一切都会深深地印在他的脑海里，他通过绘制来认识地形，而不是让电脑来自动"生成"。

如果说科学技术的进步促进了经济繁荣，那么对文化艺术来说则另当别论。确切地说，工业化浪潮在消灭了知识文盲的同时，也制造了大量的艺术文盲。

1-［美］迈克尔·海姆：《从界面到网络空间：虚拟实在的形而上学》，金吾伦、刘钢译，上海科技教育出版社2000年版，第63～64页。

这种"文盲"缺乏传统的审美和人文情趣,他们占我们之中的大多数。在一个重商时代,他们是会计、工程师、老板、经理、医生……对他们来说,文字只是一种工作的工具和机器符号,与文化失去了关联。

本雅明指出,在过去时代里,"独一无二性"的手工艺术作品带给人们"个体感受"的沉思,机械复制技术则使艺术品沦为大众消费品——在世界历史上,机械复制首次把艺术作品从对仪式的寄生性依赖中解放出来。在大得多的程度,被复制的艺术作品变成了为可复制性而设计出来的艺术作品。复制技术使复制品脱离了传统的领域,通过制造出许许多多的复制品,它以一种摹本的众多性取代了一个独一无二的存在。[1]

孔子说:"兴于诗,立于礼,成于乐。"古典教育与现代教育的最大区别是:前者教人去生活,而后者教人去工作;前者是为了成为有趣的人,后者是为了成为有钱的人。毫无疑问,功利化教育极其不利于一个人身心的成长。

对于富裕的现代人来说,艺术或许是最后的奢侈品。所有的奢侈品都有一个共同特征,就是其艺术性,而艺术本身就带着手工的强烈印记。奢侈品的民主化其实也是艺术的民主化。当物质上的炫耀越来越遭到鄙视时,后现代的新人类或许将进入一个艺术时代。

艺术是对技术的反动,现代艺术浪潮与机器同时兴起,人们

1-[德]瓦尔特·本雅明:《单向街》,陶林译,江苏凤凰文艺出版社 2015 年版,第 78 页。

对艺术的热爱与对机器的崇拜并行不悖。所谓艺术，其实不过是手艺的最高形式；但在技术时代，手艺连同艺术一起面临被消灭的风险。

阅读的传统

对现代人来说，金钱堪比空气和水，或者说血液。离开金钱，一个人不仅寸步难行，甚至无法生存。

从生命和生活的质量来说，幸福和快乐是现代人最后一件奢侈品，它昂贵到用多少金钱也买不到，而且它的保质期特别短暂，根本无法永久保存。对人类来说，生命的标准越高，就越不能用金钱来衡量。健美的身体、机敏的头脑、朴素的生活、高尚的思想、雅致的审美、敏锐的感知、精细的情感反应，这些东西绝不是机器体系可以提供的。

阿拉伯有个传说：有一枚神奇的魔戒，它可以向人们提供任何想要的东西，但总要附带一个"但是"。比如，你如愿以偿地获得了安全，却发现自己待在监狱里。这简直是现代人类困境的典型隐喻。

从这一点来说，阅读并不见得能带来金钱，但却可以改变一个人对金钱的看法。

正如王小波所说，人是一种追求有趣的动物。所谓现代化，不仅是技术和物质的现代化，也包括思想和文化的现代化。表达我们思想的权利，只在我们能够有自己的思想时才有意义。虽然智慧的瓶颈依然无法逾越，但知识正以前所未有的开放程度走向大众化。通过读书，人们可以通晓历史，预知未来。只要潜心读书，我们就会更好地理解人类走向现代的光辉历程。

在纸质书出现之前，中国人使用竹简和木简，"学富五车"原意是指读过的简牍有五车；孔子周游列国载了半车书，实际不过几本书而已。

数字化的电子书比纸质书的出现更具革命性，文字影像构成的思想已经彻底摆脱了实物状态，以比特的形式抽象化存在和传播，汗牛充栋已经成为往事。有一天我们将怀揣着一个硬币大小的优盘，它能存储相当于国家图书馆的全部藏书。

人类社会从进入印刷书时代以来，先后经历过五次关于书籍消亡的"危机"：第一次是报纸的出现，第二次是电影的出现，第三次是广播的出现，第四次是电视的出现，第五次是电脑和互联网的出现。

在数码技术垄断一切的时代，传统出版业、实体书店和纸质阅读如何生存，成为当下许多图书从业者面临的最大难题。有人说，书就像轮子，一旦发明出来就永不会过时。事实上，对阅读构成真正威胁的与其说是进步的技术，不如说是落后的观念。人类出版文明一路走下来，泥板可以替代，甲骨可以替代，竹简可以替代，帛书可以替代，但纸质书似乎不可能被电子书完全替代，因为它的艺术品质是不可替代的。即使纸质书会消失，书写和阅读也会永远存在。[9]

19 世纪以来，书籍生产一直是德国重要的工业活动。作为谷登堡革命和宗教改革的发源地，德国至今仍然在印刷领域保持着世界垄断地位。在中国，"海德堡"[10] 几乎就是印刷厂的代名词。

在德国人心目中，只有图书才是显赫的。正是读书的滋养，才培育了德国人严谨的态度和缜密的思维。在德国整个文化娱乐业中，图书独占半壁江山，几乎是其他如音乐、游戏、软件、电影、电视、录像等的市场总和。[11]

对出版商来说，他虽依赖人们买书，但并不依赖人们读书。实际上，大多数人买书更多是为了查询或者消遣，而非真正的阅读。据国际出版商协会（IPA）统计，2015 年全世界新出版的图书数量达到 160 万种，而中国以 47 万种独占鳌头。

1911 年之前，中国的书籍数量仅为 8 万到 10 万种（2000 多年加起来，也不足现在一年出版量的二分之一）。据李泽厚先生统计，从五四运动到 20 世纪末，中国翻译引进的西方书籍共计 106800 册，中国书籍被西方翻译引进的仅为 800 多套。[12]

书分"有用"的书和"没用"的书，后者是指那些有关思想、文化和心灵的书，这些书可以丰盈人的精神世界。从本质上来说，实用性的教科书、医学保健书、各种工具书，以及娱乐搞笑、成功学、官场学等读物，不属于严格意义上的"阅读"范畴，真正的阅读是一种严肃的生活方式。

常常有人问：为什么大多数中国人不读书？

从历史角度来说，"大多数人读书"是现代西方新教的特性和观念，"阅读社会"在新教地区之外很少见。[13]犹太人读书同样出于宗教习惯。这让人想起英国 BBC（英国广播公司）制作的纪录片《书香》[14]中那句解说西方书籍演变的话："书的历史始于《圣经》。"西方文明常常被称为"两希文明"，即希腊和希伯来，后者指新教文明。

在中国古代，虽然有古老的印刷术和敬惜字纸的传统，但读书始终只是极少数人的事情，这些人被特别称为"读书人"。对勉强糊口的大多数人（特别是农民）来说，既没有读书的条件，也实在没有读书的兴趣。若没有科举，中国读书人可能会更少。[15]

马斯洛认为，人在满足了温饱、安全、体面等需求后，必然会产生基于求知和审美的阅读需求。打个比方，一个人能吃三个包子，再去吃第四个、第五个包子，不仅边际效用很低，而且也没有必要，但如果将这些包子换成鲜花，则会有更好的边际效用。现代不仅是一次物质革命，也是一次精神革命。有人认为，今天的中国人已经普遍超越了衣食住行的贫乏，或许会进入一个前所未有的阅读时代。

马斯洛需求理论的本质在于：人们的需求会随着收入提高而向更高层次发展；一个富裕社会实现物质满足之后，最重要的需求体现在精神方面，比如公共安全、良心自由和公平正义。而阅读，正是精神需求获得满足的捷径。

从启蒙运动开始，西方经历了100多年的文字阅读时期。但随着收音机和电视先后出现，这种习惯遇到了挑战。

在电脑和互联网普及之前，收音机和电视曾是西方家庭的壁炉，或者说是客厅的主人，一家人都围绕着它生活。这种机器化的口语文化极大地冲击了阅读传统，甚至抹杀了知识和思维的意义，人们从这里得到最多的娱乐和最少的信息。更可怕的是，这种强大的口头文化带给人们支离破碎的时间和被隔离的注意力，这

伦敦大轰炸依然不能阻挡人们对阅读的执着与热情

在某种程度上也为手机的登场完成了铺垫。

现代人总感到时间紧缺，其实时间并没有减少，而是我们的注意力变得珍贵了，手机从人这里夺去了太多时间，留给我们读书思考的时间越来越少。从钟楼到手表，时间曾经历了一次个人化的过程；从电视到手机，信息的个人化造成了巨大的割裂。一种说法认为，现代人正沦为依赖信息投喂的巨婴，每个人都封闭在各自的"信息茧房"里。

在现代技术下，图像比文字更容易生产，在网络上，短文字比长文字更易传播，这直接颠覆了人们的阅读和认知习惯。某种程度上来看，图像时代的到来导致传统读书人地位的衰落。对一些国家来说，现在更需要技术专家，而不是读书人。技术专家与读书人的区别是他并不在意人文修养，而只相信技术理性。

按照安德森的媒介资本主义说法，电视与网络所创造的"电子资本主义"已经取代了传统的"印刷资本主义"。与孤独的阅读不同，大众化的电子传媒造就了一个"他人统治"的时代，一切都被肤浅的所谓"大多数"和"主流"磨平。

一个人的审美能力、独立判断和思考的能力，很大程度上来自不断反刍和反思的严肃阅读。我们必须重拾起"阅读的传统"，以对抗这个速食速朽的时代。法国作家安德烈·纪德说："重要的是你的目光，而不是你看见的东西。"阅读的意义在于通过文字激发思考，从而透过无处不在的"语言腐败"，去发现真相和真理。

传统历史基本上是一部暴力与征服、权力与阴谋的宫廷史，现代则颠覆了历史概念，智慧与创造成为新的主题。怀特海这样告诫我们：

> 伟大的征服者——从亚历山大到恺撒，从恺撒到拿破仑，对后世的生活都有深刻的影响。但是，从泰利斯[16]到现代一系列的思想家则能够移风易俗、改革思想原则。前者比起后者的影响来，又显得微不足道了。这些思想家个别地说来是没有力量的，但最后却是世界的主宰。[1]

1-[英]怀特海：《科学与近代世界》，何钦译，商务印书馆 1959 年版，第 229 页。

最后的人

经济学家凡勃伦认为，人类既有建设的本能，也有破坏的本能；他根据科学知识的进化，将人类历史划分为未开化时代、野蛮时代、手工业时代和机器时代。人类学家摩尔根则根据"生存技术"的进步，将人类社会划分为蒙昧时代、野蛮时代和文明时代。

> 自从进入文明时代以来，财富的增长是如此巨大，它的形式是如此繁多，它的用途是如此广泛，为了所有者的利益而对它进行的管理又是如此巧妙，以致这种财富对人民来说已经变成了一种无法控制的力量。人类的智慧在自己的创造物面前感到迷惘而不知所措了。[1]

行为科学家早就发现，人一旦跨进了富裕的门槛，对生活的满意度就与收入没有太大关系。毫无疑问，现代社会是物质最为丰裕的时代，但现代人类并不比石器时代的人们更幸福。

古人最怕的是饥荒，现代人最怕的是失业。为了提供工作给

1- 转引自［德］恩格斯：《家庭、私有制和国家的起源》，人民出版社 2018 年版，第 197 ~ 198 页。

越来越多的人，必须一直扩大生产。现代人被拖入一场无休止的、不断追求更高生产率的赛跑中。

为了鼓吹效率与消费，资本主义将机器变成物质的典范，将金钱变成上帝，将辉煌的购物中心变成教堂，将拥有和囤积更多的机器制品变成一种荣耀，从而产生了一种"无目的的物质至上主义"。一切非物质的兴趣和事情都遭到鄙视和谴责，人们的审美能力与知识能力迅速下降。反美与反智导致了生活低俗化和社会低智化。

作为对传统的反动，现代性预设了一个"向前走"的逻辑，而日新月异的城市化就是这种现代性的产物。正如教堂是中世纪城市的中心，购物中心成为现代城市的典型标志。这种巨大的建筑空间，将人们几乎所有的生活内容都变成消费活动，如吃饭、娱乐、健身、购物、散步、亲子教育、谈情说爱等，这里灯光明亮，没有昼夜之别和四季之分，让人以为世界和生活都在这里。

现代在颠覆传统的同时，也颠覆了传统文明：更少创造，更多消费；更少积累，更多挥霍。甘地曾这样列举他认为的现代社会的罪恶：没有原则的政治，不劳而获的财富，没有理智的享乐，没有是非的知识，没有道德的商业，没有人性的科学，没有牺牲的崇拜。

自古以来，人类就离不开水和空气；而如今，电和互联网成为现代人的水和空气，须臾莫离，不可或缺。

在最早的原始社会，人类属于森林人，依靠狩猎采集为生，遇到敌人袭击时，可以迅速消失在森林深处；在古代社会，人类属于农村人，依靠耕种积累为生，遇到敌人袭击时，无法带着粮食、房屋和家具逃跑，只能坐以待毙，或者筑城防守；在现代社会，人类属于城市人，依靠互相交换为生，一旦遇到敌人和灾难，已经无处可逃，因为森林和乡村都已经没有了。

在席卷世界的现代化浪潮中，美国的阿米什人大多依然顽强地保持着古老俭朴的生活方式：他们不用汽车、拖拉机和任何农业机械；他们也不用电，没有电灯、电话和微波炉。[17]但今天的人类主体，已经将一切都交付给机器，离开机器，人类将寸步难行。

马基雅维利说，人是忘恩负义的动物。事实上，人是最健忘的动物。人类依靠机器几乎控制一切，唯独失去了对自己的控制。人类正在被机器绑架和统治。机器统治下的人类正在失去应对大危机的能力，机器化的现代社会是如此精巧和脆弱，以至于一旦发生崩溃，将很难重建。

卡普兰说，现代社会的毛病是缺乏想象力。其实岂止如此。19世纪50年代一位"西雅图酋长"给美国总统的信可能会再次被人们记起——

> 你们的目的对我们而言是一个谜，世界会变成什么样子呢？如果所有的水牛都被杀，所有的野马都被驯服，当森林中所有秘密的角落都被人类侵入，所有果实累累的山丘都插满了电线杆时，世界会变成什么样子呢？灌木丛该长到哪儿呢？老鹰会去哪里呢？如果生活中没有了飞奔的小马及狩猎，会变成什么情况？那将不再是生活而只是求生存。

有种说法认为，智慧的产生超出了上帝对人的期望，他害怕智慧之花会结出愚蠢之果。上帝按照自己的样子造出了人类，人类如今似乎已经拥有了和上帝一样的能力。

当天地之间的神圣界限被打破，使天不再为天，地不再为地，大地的天空化、虚无化，使人类失足。不再有大地，我们只有一个宇宙飞船。在工业化的失乐园，人类彻底从神圣时代跌入世俗时代，每个人都无处可逃地沦为一个失去理想的孤独者。

历史并不主持公道，历史只进行辩护。传统时代里，穷人是唯一的输家；在现代社会，除穷人外，又多了一个输家——地球。没有一个人能富有得足以买回他的过去。玛雅帝国已经不复存在，但他们的一句谚语还在流传："不是人类拥有地球，而是地球拥有人类。"

宗教历史学家卡斯说，世界上有两种游戏，有限的游戏和无限的游戏，前者会有胜利，而后者则能持续。对于地球来说，现代人似乎在玩一场有限游戏，人类虽然获胜，但没游戏可玩了。"机器需要来自外界的推动力，所以对机器的使用总是需要寻找到可供消耗的能源。当我们将自然视为一种资源，它就成为提供能源的一种资源。若我们将自己沉溺于机器，自然就愈发被我们看作人类所需物质的大宝藏。它是物质的数量集合，其存在的意义就是要被消耗，且主要消耗在我们的机器中。"[1]

利益一旦被视为唯一衡量标准，残害地球的行为便随之而来。

1- [美] 詹姆斯·卡斯：《有限与无限的游戏：一个哲学家眼中的竞技世界》，马小悟、余倩译，电子工业出版社 2019 年版，第 164 页。

生物圈是所有生物的收养所，人类是生物圈中唯一一个能够思维，且有能力摧毁生物圈的物种；生物圈将以它的失败来打败人类，人类最终仍然将陷于自杀困境。古人云：蠹虫食木，木尽则虫死；馋人自食其肉，肉尽必死。[18]

人类所面临的麻烦并不是外在的自然，而是人类自身的软弱和无知。人的智力越来越高，人的理性却越来越低，人们具备了强大的物质力量，却不具备利用这些物质力量的智慧。

美国第二任总统约翰·亚当斯曾说："尽管人类在所有其他科学领域都取得了进展，但在管理方式上与三四千年前相比并没有好到哪里去。"[1]如果说以前的人们想用古代的软件运行现代的硬件，那么现在的人们则相反，是用21世纪的软件运行10万年前的硬件。其实10万年前，人类的脑容量就已经进化到今天这么大了，但当时人类对自然的影响微乎其微。

40多年来，国际性民间学术团体"罗马俱乐部"为人类的困境和地球的危机奔与呼：人类尽管具有很多知识和技能，可以看出自身的困境和地球的危机，却不能理解它的许多组成部分的起源、意义和相互关系，因此难以做出有效的反应。

就世界范围的现代历史而言，存在着两种完全不同的现代化模式，一种是以人为主体的现代化，另一种是以人为代价的现代化。无论是哪一种模式，自然都是最大的牺牲品。

1- [美] 芭芭拉·W. 塔奇曼：《愚政进行曲：从木马屠城到越南战争》，孟庆亮译，中信出版社2016年版，第33页。

1968 年，生物学家加勒特·哈丁在《科学》杂志发表了《公地的悲剧》，指出"公共权益中的自由放任，将导致全体的毁灭"。如今，气候问题和生态危机已经成为典型的公地悲剧。2021 年，日本决定将福岛核电站的核污染水排入大海，引发包括中国在内的周边国家强烈抗议。2023 年 8 月 24 日，日本福岛第一核电站启动核污染水排海。2022 年，长时间的少雨和酷热，不仅导致一些人被热死，也在使全球河流大量干涸。许多河流的长度和宽度都在萎缩，成片的河床裸露在外，已成了一个愈发常见的现象。工业化和城市化带来的温室效应愈演愈烈，气候异常、瘟疫流行、冰川和冻土层融化，这些灾难已经影响到每个人的生活，与其说灾难给地球带来危险，不如说威胁到人类的生存。

现代工业的发展基本是以牺牲自然为代价的。如果说自然属于每个人，那么富人之所以富有，也是因为其对公共权益的弱肉强食的吞噬；而穷人贫困的根源，则在于他们从公共权益中所得甚少。"无节制的作为"是当下的人们所面临的最大困惑和威胁，人类社会若不大加改变，未来将会是危机重重。

善良的学者们担忧，呈指数化发展的技术正在失控。人类试图用技术改造命运，而当技术足够发达，人们最需要做的却是用技术修补被技术破坏的地球。这种"技术的悖论"所讽刺的，并非技术本身，而是人类自身的命运和智慧。

尤瓦尔·赫拉利预言：我们可能是人类这个物种的最后几代之一，未来一二百年，支配地球的新人类与我们的差别，比我们跟尼安德特人或大猩猩的区别还要大。

"人有病，天知否？"有史以来，人类从没有像现代这样强大

波兰设计师兼艺术家伊戈尔·莫斯基的公益作品

和脆弱，强大到可以颠覆自然，脆弱到整个人类命悬一线。现代人类沉迷于机器带来的方便和富足，选择性地忽略了机器带来的影响和弊端，人的处境如同温水煮锅里的青蛙，到处都弥漫着对机器乌托邦的憧憬。批判是一种现代精神，而对技术的批判，常常被视为杞人忧天。无知是人类最大的敌人，人类并没有驯化命运，反而在不停地制造命运的悲歌。

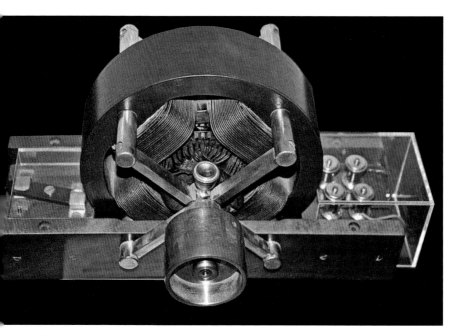

特斯拉于 1887 年发明了交流电动机，它使得交流电得以广泛应用

巴贝奇发明的差分机以蒸汽为动力，采用机械传动，被认为是现代计算机的远祖

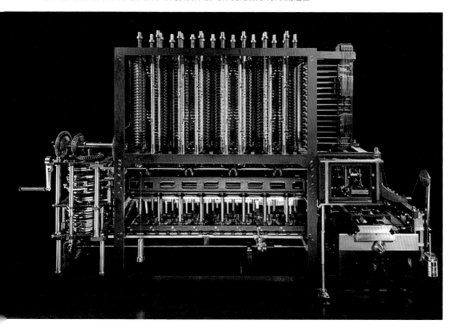

1900 年电时代刚刚到来时，法国的漫画家展开了对 2000 年的畅想：视频电话、扫地机器人、自动演奏机、无人收割机、孵蛋器和脑机接口知识输入器

从原始人的石器手斧，到现代人的智能手机，一部工具史也是一部人类史

人只不过是一根芦苇，是自然界里最脆弱的东西；但他是一根会思想的芦苇。因此，我们的全部尊严就在于思想。我们周围的世界广阔无限，但都比不上最渺小的人类所具有的精神，因为精神能够认识一切事物，包括反思本身，但是物体却不能做到这一点。

—— 布莱瑟·帕斯卡（1623—1662）

这个古老的世界终将落幕，不久，机器将战胜双手，金钱将战胜道德，理性经济将战胜田园之乐，没有人知道究竟谁对谁错。像我们这样的古文明崇拜者将因而感伤，但不论我们的诉求是什么，无人能反对我们的意见。我们更明白，真正的生命、真正的真理凌驾于对立的概念之上，例如金钱与信仰、机械与心灵、理性与虔诚。

—— 赫尔曼·黑塞（1877—1962）

列宾的油画作品《伏尔加河上的纤夫》

传统的农耕生活场景

1968 年，阿波罗 8 号飞船上的宇航员威廉·安德斯拍摄的地球从月球地平线上升起的照片

查理・卓别林的《摩登时代》电影海报

凡·高的油画作品《星空》

米开朗琪罗为梵蒂冈西斯廷教堂创作的巨幅天顶画《创世纪》局部

汽车组装自动化流水线

历史的大纲

《史记》云："夫天运，三十岁一小变，百年中变，五百载大变。"（《史记·天官书》）在工业革命之前的 2000 多年里，人类一直过着几乎一成不变的生活。秦始皇如果来到康乾盛世，恺撒如果见到路易十四，一定不会感到过分惊奇，从生活到生产，一切处于一种造物主创造的自然状态。

工业革命至今，所谓现代只有 200 多年的历史，仅占整个人类历史进程的极少部分；但在这一时期生活的人，却占人类历史人口总数的 80%；其所消耗的能量，占人类历史所耗总能量的 99.9% 以上。

作为一种时间体验，历史往往超出人的亲身经历，从而使人对历史一无所知。

就整个人类而言，现代社会不仅使人口更多，而且使人们活得更长，吃得更好，活得更惬意。早期人类只有不到 10% 的人可以活到 60 岁，现在则超过 90%。现代人的生产量是前人的 50 倍，却消耗了 75 倍的能量和 60 倍的淡水资源。从 1890 年到 1990 年的百年间，大气中的二氧化碳含量上升了 25%，温室效应成为现代人的公地悲剧之一。

荀子说："夫贵为天子，富有天下，是人情之所同欲也；然则从人之欲，则势不能容，物不能赡也。"（《荀子·荣辱》）用现在的话说就是，人人都想做皇帝，个个都想成为世界首富；人的无限欲望，从权势上容不下，从物质上也无法满足。

我们现在遇到的许多社会问题，在广泛意义上都是由人的欲望造成的。

荀子说："天有其时，地有其材，人有其治，夫是之谓能参。"（《荀子·天论》）现实不是历史的重复再现，未来也不是过去的无限延续。从某种意义上来说，人类并不是生产者，而只是转化者，将自然物质转换为人造物品和垃圾。自从进入电时代以来，人类不仅掘挖地下的煤炭，也截断地上的河流。但财富的剧增并没有改变传统的社会阶层区隔，贫富悬殊仍然存在，甚至更大。

如果说传统时代的农民是一种植物，那么远离土地的现代人则是一种动物。现代化是文明传承的严重断裂，以至于现代人已成为完全不同于古人的另一种动物，我们已经无法理解祖先的生活。

诺贝尔经济学奖得主诺思说："人类社会制度变迁一个很重要的部分，是人的观念和信念的改变。"从本质上来说，铁路带来的并非煤炭和旅客，而是一种新的世界观和社会状态；互联网带来的并非信息，而是它造成的新的人际关系和感知模式，从而改变了家庭和社团传统结构。

在传统社会中，家庭与工作常常是合二为一的，工业革命将工作转移到工厂，家庭成了纯粹的生活空间。城市的兴起，各种休闲娱乐和大众媒介取代了传统文化，家庭功能也在进一步社会化。人们逐渐习惯了工作—挣钱、生活—花钱的二元世界。

现代经济的发展削弱了家庭作为传统和教育承载者的角色，人们更依赖学校和社会。

在传统社会，人们大多子承父业，老人往往受到普遍尊重，因为他们见多识广，掌握包括农业生产在内的各种知识和技能，以及许多生活经验和道德伦理，所以备受尊敬。孩子主要从父母长辈这里接受教育，人类文明就这样进行代际传承。

在日新月异的现代社会，大多数人的工作都与父母无关，一个人的知识、经验也主要来自学校和社会；年轻人可以借助各种方式进行学习，更主要的是同代人之间的交流，而很少从老年人或古人那里获取。与此同时，老年人因为知识和观念"过时"，跟不上时代的变化，可能会失去智者和长者的尊严。

传统时代医疗水平低下，死亡率居高不下，再加上农耕需要大量低智识的男性劳动力，整个社会一直保持着高生育率。进入现代社会后，随着医疗技术的提高，人均寿命延长，婴儿死亡率极低；此外，机器在不断取代劳动者，孩子的教育成本极高，人们生育孩子的愿望不高。

一般以 65 岁以上老人占比达到 7% 为老龄化社会，14% 为深度老龄化社会。从老龄化过渡到深度老龄化社会，法国用了 126 年，英国为 46 年，德国为 40 年，日本为 25 年，而中国在 2021 年进入深度老龄化社会，用时 20 年。中国或将成为人类历史上进入深度老龄化社会速度最快的国家。根据 IMF（国际货币基金组织）的人口模型预测，预计到 2050 年，每 3.3 个中国人中就将有 1 个是 65 岁以上的老人。当年轻人越来越少，老年人越来越多，或者说劳动者越来越少，整个社会必然会面临巨大的压力。

自古以来，对男人的审美都是健硕有力。当机器取代了人体肌肉后，男人的力气便失去了用武之地。在工作这件事上，女人与男人的地位不仅越来越平等，甚至许多职业中的女性比男性更有优势。这带来一个意想不到的社会现象，就是男性的女性化趋势。

对当代人来说，"小鲜肉"式的审美其实无伤大雅。真正让人忧虑的不是什么样的男人才算男人，而是什么样的人才算人。自从几百万年前与类人猿分裂以来，今天的人类正走向第二个分岔点。

赫拉利在《未来简史》中做了一个历史性的论证：在第三个千年开始之际，人类突然意识到了一件惊人的事，就是在过去几十年间，我们已经成功地遏制了饥荒、瘟疫和战争。这是历史上人类最大的三个难题，现在已经基本解决了，虽然局部还会有遗留和表现。于是，现在就出现了一个问题：什么将取而代之成为人类最重要的议题呢？

赫拉利提供了三项选题：长生不死、幸福快乐、化身为神。

未来学家库兹韦尔很早就说，人类永生的时间点也许不是2045年，而是2029年左右——"届时医疗技术将使人均寿命每过一年就能延长一岁。那时寿命将不再根据你的出生日期计算，我们延长的寿命甚至将会超过已经度过的时间。"

但实际上，无论是追求长生不死，还是追求幸福快乐，最后都可归结为如何化身为神，即"智人"如何成为"智神"。

人要升级为神，有三条途径可走：生物工程、半机械人工程、非有机生物工程。无论如何，未来的人类都将与传统的人类截然不同，甚至成为另外一个物种。问题是，由生物技术与人工智能

古希腊神话中的克洛诺斯

结合而成的"超人类"还是人类吗？

在古希腊神话中，克洛诺斯是天空之神乌拉诺斯和大地之神盖娅的儿子。他用镰刀阉割并推翻了他的父亲，成为第二代众神之王。他为了防止将来也被自己的儿子推翻，他的孩子一出生就被他吃掉。

克洛诺斯为了自己的永恒而毁灭了过去和未来，人们从他时刻瞪大的眼睛和日益耗尽的身体上，看到了他对末日到来的恐惧。在某种意义上，现代人如同挥舞镰刀的克洛诺斯，人们只关注当下，只活在当下。

一个世纪之前，曼海姆、韦伯和尼采，这三位德国思想家给现代人提出了忠告。对于传统社会和现代社会在精神上的差别，曼海姆概括说：传统社会的特征是确信；而近现代社会的特征则是怀疑精神的崛起，人们不像过去那么确信了。韦伯质问道："当我们超越我们自己这一代人的墓地而思考时，激动我们的问题并不是未来的人类如何丰衣足食，而是他们将成为什么样的人。"尼采则无比痛惜地写道：所谓的现代化，只是欲望战胜了精神，"财富"取代了"光荣"。

未来已来

1991 年 5 月 18 日，宇航员克里卡列夫飞向太空，开始了他在和平号空间站的工作。半年多后，苏联突然没有了。由苏联分裂而成的 15 个国家忙于各自的事业，根本没有人在意地球之外还飘着一个苏联宇航员。[19]

历史常常让人有"沧海一粟"之感，但每个人都应当是一粒信仰的种子。

人类的历史即进步的历史，对文明的向往体现出历史的一致性。黑格尔把历史定义为人走向更高的理性和自由的进步过程。他认为历史的进步不会无休止地延续下去，而是随着现实世界中自由社会的建立走到一个终点；资产阶级国家实现了主人与奴隶的统一，在他看来这意味着历史的终结。

马克思则指出，不仅历史会走向终结，工厂、工作、家庭、民族、国家、法律、战争、犯罪、统治、压迫、贫穷等等，一切都将终结；人类共同的归宿将是共产主义，而不是资本主义。但黑格尔和马克思都认为，战争和暴力是人类走向历史终点的推进器。后来的历史似乎证实了这种不幸。

在"第三波"[20]的高潮中，日裔美国政治学家弗朗西斯·福山也宣布了"历史的终结"。他认为，革命和战争被技术进步所带来的文明终结，人类终于找到一个合理的国家制度和国际关系，不需要再通过革命去寻找更好的制度，也不需要再通过战争去解决国际争端。

作为一种记忆，不同人眼中总有不同的历史。历史是由无数个终点构成的，一个旧时代的逝去，必然有一个新时代的到来。历史是一种过去，从现代回望过去，当下构成一个终点，但这个终点并不构成终结。只要时间没有终结，历史仍将继续。

对很多现代人来说，所谓历史就是古代。从这个意义上来说，现代不是历史，而是当下。或者说，现代就是历史的终结。因为一切都被改变了，甚至是颠覆了。几乎一夜之间，一些偶像坍塌了。

历史从来不会完全重演，但有时候历史确实是押韵的。在后历史时代，一切都在不可避免地走向世俗。

荀子说："人生而有欲，欲而不得，则不能无求，求而无度量分界，则不能不争；争则乱，乱则穷。"在贫困的时代，诞生了经济学，从某种意义上来看，富裕不仅在经济学之外，也在历史学之外。

波普尔指出了"历史主义的贫困乃是想象力的贫困"，他不相信人类历史是有规律可循的和可以预测的。但波普尔依然对人类的未来提出了一种规律性的结论："未来取决于我们，而我们不取决于任何历史的必然性。"

如果说诸如"后现代""后工业"以及"历史的终结""哲学的终结""人的终结"等，其所传达出的是人类文化的没落感，那么当下流行的"未来已来",同样传达了人们面对动荡不安的现实和不确定的未来的普遍焦虑。

在唯物主义思想家看来,历史起源于科学技术,蒸汽机时代不同于农耕时代,计算机时代不同于钢铁时代,技术推动观念,观念推动历史。

人是观念的动物。对人来说,时间是一种文化意识而非存在。同样,历史的意义并不在于真相,而在于它带给人们的观念。观念是思维和理解的工具。观念使人能够系统地获得关于世界和其自身的知识,但没有理性的启蒙,人就无法跨越观念与"现实"之间的鸿沟。

现代是一场革命,更是一场启蒙,但技术的发达并不一定会带来人的启蒙。机器的智能化与人的反智并不矛盾,甚至是现代社会的一体两面。

当下中国人对现实的诸多困惑和焦虑,往往来自传统观念与现代文明的冲突。对于守旧的老人来说,面对未来的不确定,他以为退回到原位就会万事大吉。这种观念的落后如同"刻舟求剑"的隐喻,现代之舟已经漂流很远,但乘舟之人仍以古代观念来应对,因而造成各种南辕北辙的荒诞。

人无法改变历史,但可以改变当下和未来,前提是观念的改变,与时俱进。用亨廷顿的话说,没有价值观和文化的改变,也就不可能有人类社会的进步。作为真相的历史并不重要,重要的是作为观念的进步史,只有后者才能同时容纳过去、现在和未来,使时间在历史秩序中具有意义。从本质上说,现代化完全是一场观念革命,没有观念的进步,就没有现代,也永远走不出历史。

面对未来，唯一可以确定和不变的，就是变化。变化是必然的，不可阻挡的。技术的变化，必然带来人的变化，也必然带来社会的变化，这都是必然的。

20世纪人类在科学上的巨大进步，都是为了改变人类自身，其结果是不仅改变了人类的生活，也完全改变了人类对于自己的定位与归属感。

人类自以为是地球的主宰，所谓历史也仅限于人类的历史，但对地球来说，其实人类渺小得几乎微不足道。人类聚居在地球极少一部分的土地上，并将这些地方变得面目全非。

许倬云先生说，历史是万年鉴，时间最长的是自然，最短的是人，比人稍微长一点的是政治，比政治稍微长一点的是经济，比经济稍微长一点的是社会，然后是人类文化，再然后是自然。[1]如果把大自然的进化压缩为24小时，从第一个单细胞生物出现，人类直到午夜前5秒才登场，而农业革命只有最后1.5秒的时间。在农业时代刚刚开始的时候，人类以及各种家畜、家禽和宠物，仅占地球所有脊椎动物总量的0.1%，后来这个数字是98%，各种野生脊椎动物只有2%。在工业化的300年间，至少有300多种野生脊椎动物遭到灭绝。

庄子说："鹪鹩巢于深林，不过一枝；偃鼠饮河，不过满腹。"（《庄子·逍遥游》）鹪鹩在林中筑巢，只要一根树枝；偃鼠去河边饮水，只要喝饱肚子。古人是谦卑的，敬畏自然如同敬畏神明，

1- 可参阅许知远：《十三邀了，我们都在给大问题做注脚》，广西师范大学出版社2021年版。

做事从来都留有分寸。孔子只用鱼竿钓鱼，而不用渔网捕鱼；只用带绳子的箭来射飞鸟，不射巢中歇宿的鸟。这种"钓而不纲，弋不射宿"的做法在现代人看来，一定是迂腐可笑的。

从生产生活方式到身体和思想观念，今天的我们已完全不同于我们的祖先，我们今天所生活的地球也已不再是过去的地球。

人类早期的农业革命和畜牧业革命，完全是建立在人类对植物和动物的大规模集中驯化之上，其结果导致了全球流行病的大幅增加。它不仅给人类带来了无穷的苦难，也给众多野生动物带来了灭顶之灾。相比之下，工业革命有过之而无不及。

在养殖工业的推动下，全球家禽产量已超过230亿只，约人均占有3只，总量比50年前的5倍还多。从前的乡村，公鸡打鸣，母鸡下蛋，鸡的生活自由自在。如今的机械化养鸡场里，小公鸡刚出壳就被机器碾碎，而母鸡的命运或许更惨，它们在拥挤的钢丝笼中度过短暂的生命，每天不停下蛋。在家禽加工厂，随着去毛机、冷却机、烫毛机、内脏摘除机等自动化设备的应用，屠宰与饲养一样，早已实现了无人化流水线作业。在工厂化养殖条件下，动物完全丧失了生命意义，而变成人类进行生产营利的"动物机器"。[1]

人类很早就驯化了牛，但却喝不上多少牛奶，一只奶牛每天只能生产几斤奶，还被小牛吃了；现代奶牛的产奶量提高了10倍以上，而且这些牛奶全部被人食用。牛奶的普及甚至改变了人类的

1- 可参阅［英］露丝·哈里森：《动物机器》，侯广旭译，江苏人民出版社2019年版。

消化系统，现代人的乳糖耐受能力远超古人。

人类吃上了廉价鸡蛋，喝上了廉价牛奶，而鸡和牛付出了沉重代价。其实，人类也不是总占便宜不吃亏。野生动物数量越来越少，遗传基因愈发一致的家畜数量越来越多，这就增加了大流行病病原体传播的机会。比如禽流感和疯牛病，曾经在世界各地引起很大麻烦。

在人类出现之前，地球上曾经发生过五次物种大灭绝事件。[21]如今，由于人类活动影响，物种灭绝速度已经大大超过从前，进入 35 亿年历史上的第六次大灭绝时代。随着北极冰盖的消失，北极熊的末日已经来临。生物多样性的流逝和冰川的崩溃一样危险，如同温水煮青蛙，当人们感受到其影响时就已经太迟了。

在人类历史上，不仅发生过数不清的大饥荒，也发生过无数次大瘟疫，后者对人类世界造成的打击更是毁灭性的。众所周知，与其说毁灭新大陆的是哥伦布，不如说是天花病毒，这场瘟疫导致高达 95% 的美洲原住民出现灭绝性死亡。

"人的天性就是不甘心服从作为人的种种限制，试图实现超越。"当汤因比于 1964 年写下这句话时，他大概想象不到今天我们人类的所作所为。

2019 年底以来席卷全球的新型冠状病毒肺炎刚开始暴发时，西方世界还不以为意。等到中国初步控制住疫情，欧洲和美洲却迎来一场大爆发，传染规模远超中国。许多国家医疗系统发生崩溃，呼吸机变成救命稻草。经过三年多的煎熬，新冠病毒才出现减弱的迹象。

在疫情最严重的时候，很多国家都实行封控和宵禁，经济停摆，国家之间断航。这是全球化以来从未有过的事情。有人说，现代以来，人类将地球上大多数动物都圈禁起来，只有人类肆无忌惮；如今，人类也失去了自由。疫病伴随水灾肆虐，以及可能爆发战争的危险，让悲观者警告称，全世界正在面对一个人类踏进现代文明以来从未遇到过的全球性毁灭危险。

作为极其成功的物种，人类发明了各种各样的技术，从而能够在各种各样的气候和地理环境下生存，乃至太空和月球。人类觉得自己已经征服了地球，并把自己封为"造物主"。但实际上，人在驯化小麦的同时，小麦也驯化了人类。从某种意义上来说，农业革命是工业革命的预演，只不过到了工业时代，机器取代了小麦的地位。

从 20 世纪开始，全球人口增加了 4 倍，自然的负载量却增加了 40 倍。野心勃勃的人类塑造了一个全新的地球，用枪炮和铁丝网把地球划分为大大小小不同的领地，把草原变成麦田，把沙漠变成花园或者把花园变成沙漠，摧毁森林种上庄稼或者毁掉庄稼种上树木，拦河筑坝淹没良田或者填海造田、围湖造田，灭绝许多物种或者杂交出许多物种。如今，人造产品的种类已经超过了地球本有物种，仅宝洁公司的产品就比昆虫种类多一倍，动植物越来越少，可供消费的商品却越来越多。前工业时代，人类生产和消费的产品种类大概只有 100 种到 1000 种，今天则是 10 亿到 100 亿种。

理查德·道金斯在《自私的基因》中说："人是延续生命的机器，是被盲目编程以保护自私基因的机器人载体。这一事实至今仍令人深感震惊。"其实人类不仅自私，而且自负，尤其是现代人，普遍存在一种"致命的自负"。每个科学成就都是利弊参半，在增加人类新的自由的同时，也对人类原有的自由构成威胁，其结果只是加强了人类"进步的幻觉"，而不是提高了理性控制能力。人类想要摆脱自然，就如同想拔着自己的头发来离开地面。

老子说："天之道，利而不害。圣人之道，为而弗争。"智者不惑，仁者不忧，勇者不惧。应当承认，现代人的困惑并没有超越传统智慧，"昨日之前的社会"或许能带给我们很多有益的启示。

当思想改变思想时，那就是哲学；当上帝改变思想时，那就是信仰；当事实改变思想时，那就是科学。但实际上，很多现代人既没有思想，也没有信仰，更漠视历史。人类既缺乏自知之明，更缺乏先见之明，但如果有后知之明，通过历史，人类可以更容易看清自己的处境。

古希腊哲学家伊壁鸠鲁说：人不是造物主，而仅仅是改造者。刘基则说，人是自然的盗贼——"人，天地之盗也。天地善生，盗之者无禁，惟圣人为能知盗，……教民以盗其力以为吾用。春而种，秋而收，逐其时而利其生；高而宫，卑而池，水而舟，风而帆，曲取之无遗焉。而天地之生愈滋，庶民之用愈足。……而各以其所欲取之，则物尽而藏竭，天地亦无如之何矣。"(《郁离子·天地之盗》)

先知之门

电影《心灵奇旅》结尾有一段话：

> 我听过关于一条鱼的故事。
>
> 它游到一条老鱼旁边说："我要找到他们称之为海洋的东西。"
>
> "海洋？"老鱼问，"你现在就在海洋里啊。"
>
> "这儿？"小鱼说，"这儿是水，我想要的是海洋。"

对一个现代人来说，很难把自己生活的时代想象成历史，就像那条小鱼无法把水想象成大海。但事实上，现代也是历史的一部分。我们都在敲历史这扇门，门打开后，才发现原来我们一直是从里面敲门。

"法兰西的良心"雨果曾经说，未来将属于两种人：思想的人和劳动的人。实际上，这两种人是一种人，因为思想也是劳动。

对功利的经济社会来说，现实只要一种人，只要你劳动而不要你思想。对现代国家来说，军人和警察贡献了身体（体力），专家和官僚贡献了头脑（智力），而知识分子贡献的则是良心。在某种意义上，知识分子不仅是一种政治概念，更是一种文化概念。

人生不满百，常怀千岁忧。无论回顾历史，还是眺望未来，有人悲观，有人乐观，有人见树木，有人见森林。历史学家因为关注过去而陷入悲观，经济学家因为关注未来而更加乐观，而现代人却往往只关注当下，机械地生存着。

机器对人类社会的深度介入，一方面将人类从吃力辛苦的劳作中解放出来，另一方面也因其"创造性破坏"而导致人们的生活支离破碎，尤其是面对未来的不确定性，让每个人都充满未知与焦虑。只需一把铁斧，就能让一个石器部落瓦解，再看看手机的影响，可以想见一种新机器对人类社会的颠覆作用。

如果从文明语境审视当下社会，每一座城市都是一部日夜轰鸣的钢筋水泥机器，人类就像是误入歧途、爬行在这部机器缝隙里的蚂蚁。有人担忧，在一个物质丰裕的时代，人类社会正陷入前所未有的道德贫困。

我们的身体疲惫不堪，我们的内心焦虑不安。对生命意义的最后追问，已经成为每一个正常的现代人无法回避的一个重大命题，因为它关乎我们的精神世界与身边这个物质世界是否匹配。

庄子说：井蛙不可以语海，夏虫不可以语冰，曲士不可以语道。人或者受制于时间上的局限，或者受制于空间上的局限，或者受制于认知上的局限。不得不承认，只有读书和思考，才可以打破一切局限，让人形成一个比较完整的世界观。

进入机器时代，出现了有史以来最为强大的政府，这是古人——无论是恺撒还是秦始皇，无论是苏格拉底、柏拉图或者老子、孔子，乃至商鞅、韩非或马基雅维利——做梦都无法想象的。

很大程度上，国家和政府并不具备人格属性，倒是越来越遵循机器理性，更重要的是，国家机器巨大无比。

霍布斯将国家比作巨兽（利维坦），在巨兽面前，作为个体的人不仅是渺小的，而且是微不足道的。作为一种人造物，巨兽没有生命，却又永生不死，因此它注定了面对个体的人时存在优越感和凌驾感。

很多年前，为了抗拒机器的统治，梭罗隐居在瓦尔登湖边的小木屋里，每天读书写作。他这样写道："我们必须学会再次醒来，并让自己保持清醒，不是靠机器的帮助，而是靠对黎明的无限期望。"[1]

在机器统治时代，可以说，文学与艺术成为硕果仅存的手工时代遗产。虽然作家与艺术家也越来越借助于机器，但手工色彩仍然是它的主体，以此矜持地保留着作品与产品之间的严肃分野。

马克思认为，弥尔顿创作《失乐园》就像桑蚕吐丝一样，是天性使然。强者征服时代，智者超越时代。人的生命从时间维度看是有限的，写作是不多的几种可以超越这种局限的方式之一，这也是写作的魅力所在。

汤因比在研究了世界22种文明的繁荣与衰落后，总结了一条规律：衡量一种文明的发展，要看它是否能够将精力和注意力从物质方面转到精神、审美、文化和艺术方面，以及这种转变能力的高低。

1- ［美］梭罗：《瓦尔登湖》，徐迟译，上海译文出版社 2006 年版，第 44 页。

米开朗琪罗的壁画《创世纪》中，伸向人类的"上帝之手"（右）

在壁画《创世纪》中，上帝从天而降，与亚当手指相对，将灵魂赐予人类。手艺是手与脑的结合。机器的介入，不仅离间了手与脑之间的关系，更弱化了手脑本身。现代人的手越来越笨拙，而大脑越发失去思考能力。

对一个现代人来说，工作是天经地义的，既不要借口，更不需要理由。人们一直工作，就跟母鸡一直下蛋一样，生命不息，工作不止。为了这个世界，每个人都迫不及待地给自己套上挽具。

"盛世无饥馁，何须耕织忙。"阿伦特认为，思想与写作仍然属于劳动，而不是工作。劳动与工作是知识分子与教授之间的差别。用荀子的话说，"古之学者为己，今之学者为人。君子之学也，以美其身；小人之学也，以为禽犊"（《荀子·劝学》）[22]。

一位诗人说，作品总是比作者更长久。促使一个人写作的动因，与其说是出于肉体，不如说是出于生命的延续性。艺术不是更好的存在，却是另类的存在，它不是为了逃避现实，而是为了激活现实。

艺术不同于技术，至少在写作和思想层面，人类依然对机器持保留态度，体现出人的理性与尊严。在这种人性本能中，我们应能听到隐约传来的历史钟声。

过去的日子总是过得很慢，就像黑胶唱机上缓缓旋转的唱片，就像阳台上的绿植新生出一片叶子。当这样的记忆变得模糊，就让我们打开一本旧书，拍去岁月的灰尘，感受一下生活的温度。

读书与写作一样，都是一个存在的过程，或者说，都是前工业时代的传统，无关成功，有关思想。那时候的人们大多生活节奏缓慢，有大量的闲暇和自由，可以拥有自己与自然。[23]

行文至此，本书行将终结。卡夫卡说：生活是由最近的以及最远的两种形态的事物构成的。此时此刻、此情此景，恰好构成一个叙述中的历史背景。

"世界是一座桥，走过去，不要在上面盖房子。"无论明天将如何，有关人类世界和现代社会的时间与空间、文明与文化，都将在这一历史背景下继续。

过去，吾识也；未来，吾虑也；现在，吾思也。历史不是神巫卜卦，无法告诉你未来会发生什么，但历史会告诉你现在的一切是怎么来的。

有句话说得不错，生活总是在改变，不是向坏变化就是向好变化，过程和结果一样重要。

我们不是去发现历史的奥秘，而是去说明它。历史好比行驶在大海上的船，船属于人类，而大海属于自然。关于这个世界，每个人都有自己的版本。一个写作者的工作，就是做他自己。

人生是一张单程票，生命不过是灵魂的容器。写作是孤独的，但通过阅读，就能构成一场超越孤独的对话。

有人担心，在科技巨头和机器的控制下，未来是一个"没有思想的世界"，它们试图消灭人们的私生活。但只要还有纸，还有书，只要我们愿意，我们总可以与机器分开，回归人类文明的本色。

书是用文字砌成的建筑。书本重构了一个与现实平行但却不交叉的世界。在这个虚构的梦想世界里，你可以是工匠，也可以是国王。帕斯卡尔说，如果一个工匠每晚有 12 小时梦见自己是国王，那么他的幸福和一位每晚 12 小时梦见自己成为工匠的国王是一样的。[1]

作者与读者在书中相遇，就如同国王与工匠在梦中邂逅。狄德罗提醒人们，人类是不完美的机器，不要高估生活，不要惧怕死亡。现实生活是庸常的，也许只有阅读可以超越这种庸常。

19 世纪最有逻辑的唯美主义者马拉美说，世界上的一切事物的存在，都是为了在一本书里终结。一本书解决不了历史与现实之间的对抗。历史是失败者的慰藉，正如现实是胜利者的乐园，但只要知识阶层仍是公认的世界解释者，他就能声称自己在这个世

1- ［法］帕斯卡尔：《思想录》，张志强、李德谋译，陕西师范大学出版社 2009 年版，第 77 页。

界中占有重要的地位。

读书之乐乐何如，绿满窗前草不除。

科学与艺术是两种不同的文化，它们之间有一条危险的鸿沟。凡·高为现代人留下了最后的麦田与星空，但在他生前，只卖出了一幅《红色的葡萄园》。

海德格尔说，一切艺术都是诗。诗歌诉说着人类与大地之间的争执。从诗经时代开始，在历经3000年的田园风之后，人类已经进入一个没有童年与乡愁的年代。

仁者咏诗，智者读史。亚里士多德说过，诗比历史更富有哲学意味。然而，工业和机器是拒绝诗歌的，让我们怀念一位农业时代"最后的诗人"，纪念一段被现代终结的历史——

　　　　从明天起，做一个幸福的人
　　　　喂马，劈柴，周游世界
　　　　从明天起，关心粮食和蔬菜
　　　　我有一所房子，面朝大海，春暖花开[1]

1- 海子:《海子诗全集》，作家出版社2009年版，第504页。

在我们所生活的时代里，人们确信自己拥有巨大无比的创造力，却又不知道应该创造些什么；他可以主宰一切事物，却又掌握不了自己的命运；他在自己的充盈富足中茫然不知所措。同过去相比，它掌握了更多的手段、更多的知识、更多的技术，但结果却是重蹈以往最不幸的时代之覆辙：今天的世界依然缺乏根基，漂泊不定。

——［西］奥尔特加·加塞特

尾
声

贫困的历史

人类真正的历史与其说是政治史，不如说是经济史。钱穆先生说，所谓唯物史观，即经济史观。因为对人民大众来说，历史就是油盐酱醋过日子。

40多年前，大多数中国人的生活并不富裕。其实从进入农耕时代之后，人类就一直如此。古人云："一粥一饭，当思来处不易；半丝半缕，恒念物力维艰。"

从某种意义上来说，中国古代历史基本上就是一部饥荒斗争史。关于中国古人的生活状况，明代万历《富平县志》中的记载颇为典型——

> 民习，地狭人众，赋厚役繁。县则膏沃，鲜十亩之家，乡则盖藏，无数钟之粟，资身之计甚艰。比观里俗，田一井，衣不掩膝；家数口者，肉不知味；又贫而分亩者，桔槔辘轳胼胝，至同于妇子以求数秉之粟。租逼则石粟不易钱金，称贷则岁入不盈偿数。故水旱少逢，即饥饿号寒立见也。[1]

1- 转引自田培栋：《陕西社会经济史》，三秦出版社 2007 年版，第 340 页。

比饥荒、死亡更常见的，是贫穷。

所谓贫穷，首先是衣食住行等生活必需品的极度匮乏。比如食物非常单调，仅能勉强果腹，大多数人都营养不良。人力是主要动力来源；即使去很远的地方，往往也只能依靠步行。很多人没有可换洗的衣服，甚至没有鞋子和袜子。户户家徒四壁。因为没有家具，以至于大多数人都不会坐，而是习惯蹲在地上。

借用社会学家费孝通先生的描述，就是——不许浪费米粒，甚至米饭已变质发酸时，全家人还要尽量把饭吃完。衣物可由数代人穿用，直到穿坏为止。穿坏的衣服不扔掉，用来做鞋底、换糖果或陶瓷器皿。[1]

事实上，这是农业时代的典型现象，无论中外都是如此。人类在大部分历史时期都非常贫穷。古典经济学曾被称为"忧郁的科学"，因为古典经济学家面对的主要是天灾和死亡。

与死亡相比，贫穷是长期灾难，对人类美好的品性构成威胁和伤害。常言说：人穷志短，马瘦毛长，良心丧于困地。正如电影《偷自行车的人》所展现的，贫穷会遮蔽人的眼睛，也会禁锢人的思想，让人停留在动物性的生理需求层面，身心难以发展。

曾有人类学者通过对墨西哥贫困家庭的社会研究，指出"贫困文化"的一些突出特征，包括高死亡率，低寿命，少教育，居住拥挤，缺乏私密，缺乏食物，没有存款，经常借贷，长时间操劳温饱，从事低技术工作，终生忙碌无闲暇，酗酒，早孕，暴力，专

1- 费孝通：《江村经济：一个农民的生活》，商务印书馆 2001 年版，第 112 页。

制，男权主义，对未来没有预期，愤世嫉俗，对地位差异敏感而缺乏阶级觉悟。[1]

最可怕的是，这种贫困文化使人有一种强烈的宿命感、无助感和自卑感。他们目光短浅，没有远见卓识；他们视野狭窄，不能在广泛的社会文化背景中去认识他们的困难。马克思在谈到法国农民时说："他们不能代表自己，一定要别人来代表他们。"[2]

在工业革命之前的 2000 多年里，贫困文化是人类的主流，人类始终挣扎在温饱边缘，有限的资源使战争和饥荒周而复始地出现，这就是所谓的"马尔萨斯陷阱"。

从整个的人类历史来看，贫困陷阱中的生存经济体系才是人类社会发展的常态，人均经济的增长仅仅是一次发展过程中的例外。这个所谓的"例外"，就是工业革命。

如果对人类历史进行简单的归纳，大体可以分为植物时代和矿物时代。

植物时代也可以说是农业时代，人类几乎所有的财富和必需品，都无一例外地来自土地。食物是土地上生长的庄稼（粮食），肉食是对粮食的转化；衣物来自棉麻织物，丝绸同样需要桑叶喂养丝蚕；房屋家具来自树木；加工食物和取暖用的燃料同样来自秸秆树木等植物。可以说，与所有动物一样，人所需要的一切都必须

1- 可参阅［美］奥斯卡·刘易斯：《桑切斯的孩子们：一个墨西哥家庭的自传》，李雪顺译，上海译文出版社 2014 年版。

2-［德］马克思：《路易·波拿巴的雾月十八日》，载《马克思恩格斯全集》第八卷，人民出版社 1961 年版，第 217 页。

依赖土地上一枯一荣的植物生长。在一定时间内,土地的产出决定了可养活的人口数量。

在清代,江南是中国最为富庶的地区。经济史学家通过对清代江南农民的消费研究发现,在全部支出中,食物支出占比(恩格尔系数)为 76.7%,其他衣物、房屋、燃料所占比重分别为 9.2%、4.9%、9.2%。[1] 可见全部支出仅限于基本生存所需,而这些全部来自土地。

从瓦特蒸汽机开启工业革命之后,西方世界率先走出了植物时代。但直到 20 世纪初,中国基本仍然停留在植物时代,一切物质几乎都依赖土地上植物的生长:食物、木材、棉花、燃料……极其有限的土地生产,让大多数人们生存的必需品无一不短缺。

在煤炭、石油、天然气得到全面应用之前,中国始终被燃料短缺问题所困扰,砖瓦和陶瓷都非常珍贵,南方的茅草屋、北方的窑洞和山区的石板房都很常见。水泥和钢铁时代的到来完全是基于廉价燃料。

从前的人们一辈子耕田挑水,从出生到去世,社会与生活几乎没有丝毫改变,但今天的人们则见证了两个时代间天翻地覆的剧变。

对当代大多数中国人来说,往上追一两代几乎都是农民。当中国融入全球化经济大潮时,整个国家很快就走出了持续数千年的植物时代,前所未有地进入矿物时代。这一过程仅仅用了一代人

1- 李琴:《中国传统消费文化研究》,中央编译出版社 2014 年版,第 54 页。

的时间：上一辈人还是以步行来移动，这一辈人就已经通过汽车和飞机来移动。这无疑是一场革命。

正如《地球脉动》中所说："所有动物，无论其种群数量多寡，它们都必须依赖太阳而生存。"与植物时代相比，矿物时代的物质财富生产基本摆脱了对土地的依赖，主要来自地下矿物质；这种产出不再受到植物生长所必需的阳光和时间的限制，因此它几乎是无限的，人类所拥有的财富突然之间被放大了无数倍。事实上，煤炭、石油等矿物依然来自阳光和植物，但它们是几百万年的阳光和植物积累的；传统植物时代仅限于获得当时的阳光和植物，这种积累要少得多，几乎总是不够用。概括地说，矿物的开发引起了一场能量爆炸和物质繁荣，彻底改变了人类社会和人类的价值观。

历史学家莫里斯将人类的演变划分为采集、农耕和工业三个阶段：在狩猎采集时代，一个人每天可获取的能量不超过 5000 千卡；农耕时代，人均能量获取增长了数倍，达到 30000 千卡；在工业时代，人均能量获取增长了近 10 倍。以西方经济体为例，从 1800 到 1970 年，人均能量获取从 38000 千卡增到 230000 千卡。

产业革命是一个现代经济发展与经济体系转型的过程；在这个过程中，大多数人依靠矿物资源的帮助，逐渐摆脱了贫困陷阱的束缚。可以这样说，化石燃料把马尔萨斯和斯密的问题结合起来一并解决了。

化石燃料并不能解释工业革命的开始，但它们能解释为什么这场革命不曾无疾而终。一旦化石燃料参与了进来，经济发展就真正插上了翅膀，并带着无限的潜力冲破"马尔萨斯陷阱"天花板，提高人民生活水平。

财富的革命

按照经济史学家麦迪森的估算，从公元 1 年到 1880 年，世界人均 GDP 从 444 美元（以 1990 年的美元为基准）到 900 美元，花了 1880 年才增长了 1 倍；而从 1880 年到 1998 年的短短 118 年里，世界人均 GDP 却翻了 5 倍多，从 900 美元上升到 5800 美元。

中国的经历也类似，从公元 1 年到 1880 年间，中国人均 GDP 从 450 美元上升到 530 美元，近 2000 年上升不大。尽管从那以后中国社会动乱不断，但随着晚清洋务运动的深入，新民主主义革命胜利，社会主义改造完成，1978 年之后的改革开放，工业化、全球化发展潮流给中国也带来了翻天覆地的变化，到 1998 年人均 GDP 上升到近 3200 美元（以实际购买力为准），也翻了近 5 倍。

毫无疑问，人均 GDP 翻了 5 倍的根本原因，主要是矿物时代对植物时代的替代。西方完成这一过程至少用了一二百年，而中国在更短的时间里就完成了这一飞跃。这是一场史无前例的大规模巨变。自 20 世纪 80 年代以来，中国将近 50% 人口进入城市，产生了 6.5 亿新城市人，这个数字相当于美国、法国、英国和意大利的人口总和。

从能源角度来说，20 世纪最重要的历史不是两次世界大战，而是氮肥的发明和生产。生命离不开氮，植物的光合作用离不开

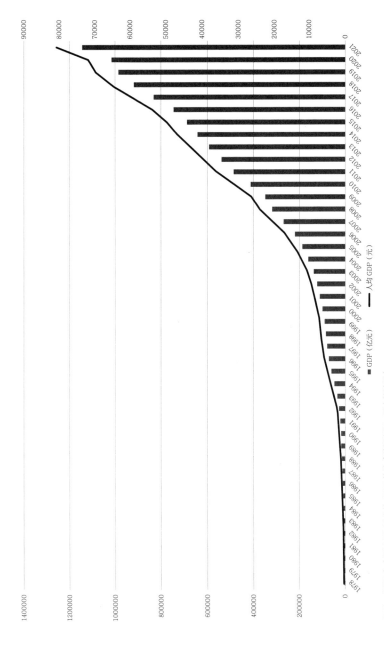

1978—2021 年中国 GDP 及人均 GDP 统计（数据来源：国家统计局）

■ GDP（亿元）　　—— 人均 GDP（元）

氮，如果没有氮就不会有生命。在"旧生物体制"下，因为氮的束缚，人口增长和发展受到局限。即便把"旧生物体制"下各方面的因素都利用起来，全球最多也只能养活 28 亿人。但是 20 世纪初的合成氨法使人类能够生产氮肥，人类的命运由此发生了"大转折"。1 吨煤可以生产 1 立方合成氨，只要煤的产量不受限制，那么氮的供应就不受限制。充足的氮带来充足的粮食，充足的粮食带来人口暴增。所谓"大转折"，就是人口增长发生了巨变：在 1900 年时，世界只有 16 亿人，到 2000 年就已经增长到了 62 亿，而 2010 年达到了 73 亿。

从 16 亿人到 73 亿人，从渴望吃饱到发愁肥胖，如果没有矿物生产化肥，根本不可能出现粮食增加 7 倍多、人口增加 3 倍多的现代化繁荣。

矿物时代最典型的物质就是石油、煤炭和钢铁。30 年时间，中国的石油、煤炭和钢铁消耗翻了数十倍，彻底改写了中国人的生活和中国的面貌。对现代中国人来说，衣物、建筑、家具、设备、燃料等各种生活必需品大量来自矿物质。虽然粮食仍然来自土地，但化肥、灌溉和农药使粮食的产量远远超出植物时代，石油驱动的农业机械使粮食生产成本大大降低，各种饲料也使肉类食物更加容易生产。

自古以来，炊烟袅袅一直被田园诗人们过分赞美。事实上，以庄稼秸秆为主的燃料在燃烧时会产生大量浓烟。干净无烟的能源取代传统燃料，很快成为现代烹饪、取暖的新方式。

对一个当代人来说，他完全生活在一个矿石物质里：化肥催生的粮食、钢筋水泥的房屋、钢铁海绵的汽车、塑钢家具、耐磨保暖的化纤衣物、方便的化石燃料……廉价的矿石时代造就了前所未有的物质过剩，自动化机器的普遍使用几乎消灭了劳动与工作，人成为一种坐享其成的"消费动物"。

技术的本质就是对自然的编程，它是一种对现象的捕捉，并驾驭这些现象为人类服务。按照托夫勒的说法，在植物时代，人们只能得到大自然的利息，进入矿物时代后，人们则拿到了大自然的本金。人类延续数千年的物质传承习惯在瞬间崩溃，一次性成为矿物时代最典型的生活方式，甚至连人生本身也失去了历史感，而沦为此时此刻的即时存在。我们得到了历史的丰厚馈赠，但可以留给后代的却只有垃圾袋。

在矿物时代，经历数亿年才形成的地矿资源，被当代人一朝之间神奇地打开了。按照生态学家杰弗里·杜克的计算，从1751年到1998年的247年间，人类用掉了13300年动植物储存的太阳能量。这就如同一个人的祖上从几千年前就省吃俭用积攒财富，历经几十代终于攒下一笔巨额家产，然后被这个人突然挖开了。以前他只能靠自己的力气养家糊口，而现在他一下午就有了这笔"飞来的横财"……因此，我们大可以想象这个人是多么地"富裕"。况且，我们不只是继承了祖辈的地球，而且还借用了儿孙的地球。

这一切并不是没有代价，只不过这个代价将由我们的子孙后代来偿付。大量消耗不可再生的矿物，不仅意味着没有"将来"，也带来愈演愈烈的"温室效应"。从工业革命至今，地球温度已经上升了1.1℃，北极冰盖和全球冰川正加速融化。据有关专家的预测，到 21 世纪中叶，海平面可能升高 50cm。人类甚至有可能重新回到大洪水时代。

1979 年，占中国人口 80% 以上的农民群体人均存款不足 10 元；2009 年，中国成为全球储蓄最高的国家，人均存款超万元，北京人均存款将近 10 万元。虽然有通货膨胀和贫富差距，但 30 年增长了 1000 倍，这是一个无可置疑的事实。从 1979 年到 2009 年，中国 GDP 增长了将近 100 倍，人民币总量增加了 700 多倍。[1]

矿物时代的贫富差距基本在于数量而不是质量，从实用功能来说，富人的吊灯与穷人的灯泡之间并没有太大不同。物质的丰裕基本实现了消费的共产主义。低廉的地矿资源与高效的自动机器大大降低了生产成本。对一下子富起来的当代人而言，廉价而过剩的日用品如同空气和水一样近乎免费。

经济学家党国英曾有这样一段貌似夸张的论断——

今天，一个五十岁的北京人或成都人，驾着自己的私家车加满一箱燃油所花的钱，可能是他 30 多年前在一个小镇上全年的生活费。……在两百多年前的工业革命时期，一个欧洲人一生的生活水平上升了 50%，而当今中国的一个人一生的生活水平会上升一万倍！也许再过一百年，那时的人们回头看中国三十年改革的变化，仍然会惊叹不已。不夸张地说，中国改革三十年创造的财富比中国以往所有时代创造的财富还要多，这是因为中国的一只脚已经踏入了现代社会。中国正处在由传统社会向现代社会的过渡之中。[1]

现代化的过程是从一个以农业为基础的人均收入很低的社会，走向着重利用科学和技术的都市化和工业化社会。这场社会变革的影响剧烈而深远，无论如何，人们再也无法回到从前的状态。

1949年，中国人口为5亿，森林覆盖率约为11.4%。2018年，中国人口是14亿，森林覆盖率达到22.96%。70年时间，中国的人口增加了近两倍，森林面积不仅没有减少，反而扩大了一倍。

改革开放40多年来，特别是加入WTO（世界贸易组织）20多年来，中国加入全球化经济体系，扩大对外开放，迅速完成了矿物化社会的转型。中国已经成为世界上最大的煤炭生产国和消费国，也是世界上化肥生产和消费最多的国家。从1984年到2007年，中国的粮食产量增长21%，化肥投入增长了200%。

作为世界上最大的经济体和能源消费国之一，在过去20年里，中国的钢铁、钢铁制品、水泥、塑料和化学纤维产量分别提高了5倍、7倍、10倍、19倍和30倍，洗衣机的产量甚至增加了34000倍。[2]

作为矿物时代的标志物，中国的汽车数量在不到30年里增长了10000倍，从人均汽车数量世界倒数变成世界最大的汽车市场，中国人似乎一下子从步行跳到了汽车时代。

1- 党国英、于莫:《中国改革的现代性解析》,《读书》2010年第8期。

舌尖上的中国

20 世纪 80 年代初，作家刘心武前往日本访问。他进入东京一家超市，面对里面琳琅满目的商品时，他惊呆了。刘心武后来说，当他来到三楼，他已经从震惊转为愤怒。

刘心武之所以如此，是因为当时中国还没有这样丰裕而廉价的商品。40 多年后，这些在中国都已经司空见惯。

最近 40 多年，普通中国人的工资增长了 100 多倍，一些社会精英、投资者的收入增长更是达到千万倍。虽然食物价格也增长了 10 倍左右，但工业品价格基本没变，甚至有所下降。相对于 40 多年前，每个人实际购买力应当提高了 100 倍左右，也就是说富了百倍。

中国几千年历史基本没有完全摆脱食物的匮乏。即使 40 多年前，吃饱饭也是大多数中国人的梦想。40 多年间，中国餐桌上的动物类食品消费量翻了几番。2021 年，中国饲料用粮占粮食全部消费比重达 51.7%。

不过，中国在成为世界最大的工业出口国的同时，也成为世界最大的粮食进口国。1997 年，中国粮食进口量仅为 416 万吨，2010 年达到 976 万吨，2013 年增至 1800 万吨。

平心而论，这种"富有"和"革命"不仅是政治变革的成果，更是技术进步的结果。位于陕北的神木堪称这种"财富革命"的典型标本，20世纪90年代还是"国家级贫困县"的神木，因为地下埋藏的"黑金"，位列全国百强县前列。

事实上，这种从古代到现代的巨变，已经进行了一个多世纪。鲁迅先生就曾为故乡的沦陷而伤感："中国社会上的状况，简直是将几十世纪缩在一时：自油松片以至电灯，自独轮车以至飞机，自镖枪以至机关炮……都摩肩挨背的存在。"[1]

与鲁迅同时代的胡适，也为这种现代性的富有而惊讶——

> 一切都在迅速变化。我是在油灯下看言情小说的，我眼见着标准石油公司的产品进入我的故乡，煤气灯进入上海店铺。……我坐过轿子、轮车和人力摇橹的小船。1904年，我在上海公共租界的街上，见到晚上艳妆歌女都是坐着轿子匆匆赴台的。以后，在最现代化的都市上海，马车成为时尚。1909年，我在上海见到有轨电车初次营运。……我在两岁时便第一次乘坐轮船了，但直到1942年才初次乘飞机旅行。我和我的国民们一起，走过了从油灯到电灯，从手推车到福特汽车的路程，虽然还谈不上飞机，但这一切，是在不到四十年的时间里走完的![2]

1- 鲁迅：《随感录之五十四》，载《鲁迅全集》第一卷，人民文学出版社2005年版，第360页。
2- 转引自［美］舒衡哲：《中国启蒙运动：知识分子与五四遗产》，刘京建译，新星出版社2007年版，第340~341页。

很明显，鲁迅和胡适时代的"富有"，其实只局限于极少数的城市精英。如果以大多数人进入物质丰裕时代为标志，最近这40多年才真正完成了这一现代蜕变——中国用40多年时间，走过了西方世界100年才走完的道路；西方几代人的生活变迁，在中国一代人身上迅速完成。对一些念旧的人来说，转眼间，他们熟悉的那个世界就坍塌了……

有个数据说，中国新一代年轻人成为全球身高增长最快的人群。相比他们的父母，这一代人的身高平均增长了10厘米。这是从未经历过饥饿的一代人。在传统时代，饥荒迫使东亚人群出现了独特的GHRd3基因突变。从生物学来说，这是一种成功的生存策略，迫使人对生长激素的敏感度降低，身体变得矮小，从而降低对食物热量的需求，更易在食物短缺下生存。

对如今的中国人来说，最近40多年的变化在某些方面，甚至超过孔子以来将近3000年的变化。

1824年，法国作家司汤达这样写道："1785年到1824年的变化是多么厉害啊，在过去两千年有记录的历史中，在风俗、思想和信仰上从来不曾有过如此激烈的革命。"1909年，法国诗人查尔斯·贝驹又感叹说："自耶稣基督以来世界的变化，都没有最近30年的变化快。"

1987年，美国作家阿瑟·米勒在《时间曲线》中这样怀旧："按钮除了开关电灯外还没有其他功能。留声机必须手摇给予动能，汽车必须用手摇曲柄才能发动，咖啡曾在咖啡磨里经手动研细，也就是说，除了从钱包里掏钱和指示方向外，手还曾经有过其他使用功能。"中国人几乎完全跳过了"手摇"阶段，只需"从

钱包里掏钱"，即可享受各种最尖端的高科技产品和服务。被称为
"行走的钱包"的中国人，消费了全球近一半的奢侈品。

"富者，人之情性所不学而俱欲者也。"对当代中国人来说，这
种财富爆炸导致的物质革命来得如此突然。

在物质全面进入现代后，其他方面不可能永远停留于古代，这
就好比一个人在年龄、身高和体重上已经进入成人阶段，他的心智
就不可能永远停留在婴幼儿时期。

消费的悖论

如果说农业社会是人类生存需求的结果，那么资本主义完全是奢侈欲望的产物。资产阶级经济学的批评家凡勃伦指出，所有庸俗经济学从根本上来说，都以享乐主义和乐观主义为前提。享乐主义把人看作"快乐和痛苦的计算者，俯仰浮沉于刺激力推动之下，好像一团性质相等的快乐欲望的血球"。

人类历史的发展，一直围绕着人口、资源和欲望这三个要素之间的平衡。在资源有限的情况下，"依靠"战争和饥荒来限制人口，用道德和宗教来节制欲望。进入现代社会后，资源从"有限"变成"无限"，人口也随之剧增，欲望也失去了节制。

孙骁骥在《20世纪中国消费史》中说："现代的人类是以购物和消费来获得存在感的物种。"当消费越来越成为一件技术活时，消费比劳动更像现代人类的第一属性，人们总是在学会挣钱之前先学会了花钱。

消费与浪费之间的界限越来越模糊，现代经济已经在一定程度上演变为"浪费经济"。"良田万顷，日食三餐。大厦千间，夜眠八尺。"人的需求是有限的，但人的欲求却永无止境。大量生产带来的丰裕与过剩，已经成为矿物时代的基本状态。一方面，人们从满足需要走向满足欲望，炫耀和囤积成为一种普遍的社会现象；

另一方面，过剩造成巨大的资源浪费和失业危机，大大消解了社会的幸福感。

消费社会最大的矛盾，是人们日益增长的消费欲望与本身有限的时间精力之间的矛盾。所以在这个商品极大丰富的时代，人们的生活却出现了相对匮乏，感觉钱总是不够花。

与古人相比，现代人的智力、精力和时间并没有增加，而他所获取的信息和财富却增加了无数倍，传统的人生经验已经不敷使用。

传统时代对物品的节俭正变成现代社会对花钱的节俭，即购买便宜的商品就等于省钱，结果变成为了更多地省钱，人们会购买更多商品，然后花了更多的钱。在各种促销活动的蛊惑下，现代人毫无反抗地掉进消费陷阱而无力自拔。

人生有两种悲剧，一种是没有得到你想要的东西，一种是得到了。玩具太多的孩子不一定幸福。温饱解决之后，空虚和无聊便油然而生，人们只好继续加大温饱的砝码，这种抱薪救火的现代悖论制造了一个诡异的消费社会。

作为现代社会最主流的意识形态，一方面，消费成为所有国家的合法性收入来源，没有消费，人们就会失业，陷入贫困；另一方面，消费也是公民权利的主要表达渠道，至少在物质层面，消费实现了最大的民主化。

"不近人情，举足尽是危机；不体物情，一生俱成梦境。"历史学家认为，现代是一个浮士德式的陷阱，因为财富增长的速度远远超过了人类智慧的增长。比如，中国致富之快就远远超出很多人的预料。当年，美国普林斯顿大学社会学教授罗兹曼曾预言，中国人均 GDP 将从 274 美元（1982），增长到 2000 年的 700 美元，实际上后来达到 949 美元。尤其是最近 20 年，中国 GDP 由 2000 年的 10 万亿元攀升到 2020 年的 100 万亿元，20 年增长了 10 倍。中国 2020 年的人均 GDP 超过 10000 美元。

传统农耕是自足的，每个人所吃所用的东西基本是在他视野里生长和制作的；现代商品社会的大分工，让人们的生活完全社会化，人们对他所食所用之物怎么来的一无所知。工业化使许多以前的奢侈品变得廉价甚至免费，同时却使蓝天（空气）和江河（水）越来越奢侈。这不能不说是一种讽刺。

现代是一场实验，因为谁都没有经验。但人们忽视了许多"进步"是不可逆的，比如把耕地变成城市很容易，而要把城市恢复为耕地则困难重重。"苟得其养，无物不长；苟失其养，无物不消。"所谓土壤、水源和空气的污染，其实只是现代财富透支技术的癣疥之疾，真正的心腹之患是我们已经打开了潘多拉魔盒，再也回不到从前。

环境史学家克劳士比这样提醒人们："我们必须认识到，人类目前的生活方式是不久才形成的、非正常的、不可持续的。生活中，几乎没有哪个人愿意放弃煤炭、石油和天然气，回到那个没有鞋子、饥寒交迫的旧时代，但不争的事实是，你不可能一直都赢。"[1]

1- ［美］阿尔弗雷德·克劳士比：《人类能源史：危机与希望》，王正林、王权译，中国青年出版社 2009 年版，第 204 页。

从文化角度来说，现代主义就是对传统人文思想的质疑和对生存处境的批判性思考。[3]

在 20 世纪 40 年代，钱穆先生就感叹："从鸦片战争五口通商直到今天，全国农村逐步破产，闲散生活再也维持不下来了，再不能不向功利上认真，中国人正在开始正式学忙迫，学紧张，学崇拜功利。"[1] 历史从本质上没有新意，因为人类的本性不会改变，一方面勤奋、聪明、温和、慈悲、理性，一方面懒惰、嫉妒、贪婪、上瘾、虚荣。

古语云：生于忧患，死于安乐。传统智慧有"先富之后教之"[4]的说法，"教"就是文明教化，使其成为一个完整意义的"人"。遗憾的是，传统意义上的"富"仅限于衣食饱暖而已，与现代满足欲望的"富"完全是两个概念。对现代人来说，"富"就是那个可望而不可即的"∞（无穷大）"，永远也不能到达，这使得所谓的"教"更加遥不可及。

宋代的笑话集《笑苑千金》里有个笑话，讲的是一个愿意收取三千贯报酬替人服死刑的人的事。他说要把一千贯留给父母养老，一千贯用来请人给自己做法事，剩下的一千贯要堆放在自己的坟前。有人问他："把钱留给父母养老和为你死后做法事，这都没问题，可把钱堆在你坟前有什么用啊？"这人答道："只要从我坟前路过的人都觉得我有钱，那我就满足了。"

突然的富贵最容易使人迷失，人们不仅害怕失去未来，更害

1- 刘仰东：《去趟民国：1912—1949 年间的私人生活》，生活·读书·新知三联书店 2012 年版，第 258 页。

怕失去现在。这就像巴尔扎克小说《驴皮记》中那块神奇的驴皮。这张驴皮能让人们实现任何愿望，不管是善念还是恶念。但是，这些愿望一经实现，生命的驴皮马上就会缩小。

超越物质，实现自我

"朱门酒肉臭，路有冻死骨。"杜甫的这句诗写于安史之乱爆发前的天宝十四载（755），当时正处于大唐帝国最为富强的盛世。一个国家或一个时代的富裕并不能掩盖少数人的贫困，尤其是个体的贫穷。

我们不应忘记，现代社会虽然是富裕的，但贫困并没有完全消失。

对于一直穷惯了的人来说，不期而至的一夜暴富并不见得是好事。人对任何事物都有一个适应调整的过程，而穷人和富人注定是两种不同的生活方式。从穷到富，这不仅是一个心理适应的过程，也是一个身体适应的过程。

中国古语说，由俭入奢易，由奢入俭难。其实由俭入奢也不易，尤其是短时间的骤变，必然带来各种不适应，比如各种"富贵病"。刘备年轻时四处漂泊，后来在荆州过得非常安逸，他却对刘表哭诉："吾常身不离鞍，今不复骑，髀里肉生。"

1992年，因获普利策奖的科普名著《枪炮、病菌与钢铁》而出名的美国加利福尼亚大学洛杉矶分校医学院教授贾雷德·戴蒙德，在《自然》杂志上撰文说："中国人的生活方式正在改变，糖尿病将引发严重的公共健康问题。"

在当时，戴蒙德的预言没有引起太多注意。而今天，"戴蒙德预言"不幸被证实。根据国际糖尿病联盟《全球糖尿病地图（第10版）》公布的数据，2021年中国20岁至70岁糖尿病患者达1.41亿，处于糖尿病前期的人占总人口的51.7%。也就是说，大约每10个成年人中，就有一个糖尿病患者；每两个成年人中，就有一个属于糖尿病前期。

糖尿病是一种典型的富贵病，伴随着中国这40多年从穷到富的过程，中国糖尿病人的数量以惊人的速度急剧增加。

在20世纪70年代末期，中国20岁以上人群中的糖尿病患者不足1%，到90年代中期上升到3.2%。此后，以每年千分之一左右的速度增长。到2010年，中国人的糖尿病患病率超过美国（11.3%），患者人数达1.14亿。

对于糖尿病的病因，医学专家有各种不同的说法，从内因来说与遗传有关，从外因来说则是生活方式的改变。

美国遗传学家尼尔最早提出"节俭基因"学说。按照这种说法，人类生活长期处于食物匮乏状态，饥荒接连不断，在这种恶劣条件下，只有那些能最大限度将食物转化为脂肪储存在体内的节俭的人才能生存下来。这些自然进化的胜出者到了富足的现代社会，却因为更易囤积脂肪而患上糖尿病。

中国现在大量的糖尿病患者，恰好是经历过食物短缺年代的中老年人群。中国人的肥胖率并不比西方人高，而糖尿病患病率却高得多。这可能因为欧美社会较早进入现代富裕阶段，人们早已习惯了现代生活方式，节俭基因在他们体内消失，所以同样的生活环境并没给他们带来更多的糖尿病。

对当下中国人来说，危害不仅来自食物的丰盛和饮食结构的改变，同时还包括生产和生活方式的轻松化。人们从徒步徒手变成现在的"坐姿动物"。无论工作还是出行、吃饭还是解手，都是坐着；出门有汽车，回家有电梯，人们很少走路和用力，按下按键就可以解决大部分问题。

以前长者批评少数年轻人懒惰时说"四肢不勤，五谷不分"，现在这已经变成大多数人（尤其是年轻人）的生活状态。这种慵懒舒适的生活固然非常享受，但对人的身体并不见得有益，很多人年纪轻轻就肥胖不堪，疾病缠身。[5]

人的身体是一台天生的运动机器，长期缺乏运动，身体就会发生各种病变，其中就包括肥胖和糖尿病。据统计，一位男性在拥有小汽车以后，体重将平均增加1.8公斤。从农民到工人再到白领，人们的工作从田野搬到车间，再搬到写字楼，一个庞大的"久坐群体"是糖尿病爆发的社会基础。

作为先富国家，美国也有大量糖尿病人。但在美国，糖尿病多是穷人病，而在中国，却多是富人病。美国富人比较注意饮食健康，经常去健身房锻炼，而经济状况较差的美国人经常吃便宜而高热量的食品，再加上缺少锻炼，所以胖子多，糖尿病多。相对而言，中国很多富人贪图美食和安逸，又没有运动健身的习惯，这种类似于美国穷人的生活方式带来普遍的"富态"，但由此也引发患糖尿病的危险。

在现代之前，人们也会生病，但那时候人们生病主要是因为生活条件太恶劣，尤其是缺衣少食导致的营养不良。如今人们丰衣足食，依然会生病，很多病都是富贵病，因为过于安逸、营养过剩和不良生活方式。

由此可见，对待富裕和对待贫困一样，也不是一件容易把握的事情。正如南怀瑾先生所说："今日的世界，物质文明发达，在表面上来看，是历史上最幸福的时代；但是人们为了生存的竞争而忙碌，为了战争的毁灭而惶恐，为了欲海的难填而烦恼。在精神上，也可以说是历史上最痛苦的时代。"[1]

人是智慧动物，人类的一切智慧和知识，最终所要解决的问题是人类如何保养自己，如何最大程度地享受生活。现代文明给予人类丰盛的物质财富，同时也激发了人类的理性精神。

就经济规律来说，传统社会转型到现代社会，从起步到成熟，紧接着就进入大众消费阶段；人们的基本生活需求都得到满足之后，最后进入一个超越大众消费的阶段。应当说，消费是现代社会的主要梦想，每个人都想以此来提高生活质量，只不过大众消费阶段以物质需求为主，超越大众消费阶段以精神需求为主。

要超越大众消费阶段，人就必须认识到生活的本质，人所追求的并不是物质本身，幸福才是人的终极目的。要得到幸福，仅仅停留在物质层面是不够的，人还需要开发自己的思想和感情。对

1- 林宏伟：《南怀瑾的故事》，浙江人民出版社 2017 年版，第 46 页。

一个人来说，基本生活所需的物质总是有限的，丰裕的物质能满足人的虚荣心，却满足不了人的欲望。只有放下虚荣，人才能节制欲望，获得心灵的宁静与安康，这才是真正的幸福。

在古代社会，炫耀性消费是皇帝和权贵的专享，他们为了虚荣而互相攀比，以摆阔来炫耀自己的权势。对普罗大众来说，传统智慧是知足经济学，乐天知命，知足常乐，人类因此度过了漫长而不富裕的农耕时代，并创造了璀璨的古代文明。孔子夸颜回"一箪食，一瓢饮，在陋巷，人不堪其忧，回也不改其乐"。人类进入现代的历史并不长，物质丰裕让大多数人都得到古代皇帝才有的享受，炫耀成为消费的主流。

在现代洪流中保持尊严和自由，这并不是一件容易的事情。自由的一个重要前提是自省。根据马斯洛需求理论，炫耀性消费来自对被尊重的需求。实际上，发自内心的自尊远比来自外部的"被尊重"更高尚，也更自在。从某种程度上，这也更接近最高境界的"自我实现"。

基督教中有"七宗罪"的说法，现代人主要的问题是嫉妒与贪婪。因为过度追求他者认同，嫉妒激发人的竞争心理，带来经济不断进步；但嫉妒也让人在心理上一直处于失衡状态，最后难免倾覆。

这正像亚当·斯密所说，人类生活的不幸和混乱，其主要原因似乎在于高估了一种境况和另一种境况之间的差别。贪婪过高估计了贫穷和富裕之间的差别，野心过高估计了个人地位和公众地位之间的差别，虚荣过高估计了湮没无闻和名闻遐迩之间的差别。许多人的困境在于，他们不知道自己的境况已经足够好了，应该安安静静地坐下来享受生活，而试图让自己看起来更好，结果只留下一块墓志铭 ——"我过去身体不错，我想使身体更好，现在我躺在这里。"

注　释

第十九章

[1] 亨利·亚当斯（1838—1918），美国历史学家和小说家。亚当斯家族成员，毕业于哈佛大学，曾任美国历史学会主席。

[2] 1831年，英国科学家法拉第发现了感应电流现象，进而确立了电磁感应定律，这为发电机和电动机的发明奠定了理论基础，使电力在工业上的广泛应用成为可能。

[3] 爱迪生去世时，在他名下共有超过1000项专利，这些成果离不开他实验室里不辞劳苦的工作人员。每个工作人员都是某一领域的专家，负责将爱迪生丰富的想象力和对市场的精准把握转化成实际产品。爱迪生从来不会在市场前景不明朗的情况下启动研发工作，他制定了六条发明原则：确定创新需求；设定清晰的目标并坚持下去；分析新发明诞生的必经步骤，依序开展工作；研发的每一阶段前都搜集充分的资料；确保团队中的每个成员都有清晰的职责范围；记录所有数据以备复查。开展重大项目前，他还会做详尽的市场调查。如果觉得没有市场，他就不会启动项目。爱迪生的实验室可谓世界上最早的工业科研实验室，现代的许多大公司，例如贝尔实验室、通用电气和西屋电气，都学习了爱迪生的体系。如今人们对变革的狂热追捧离不开爱迪生的努力，他曾经说过："无论我拿起什么东西，心里想的总是该怎么改进它。"或许可以说，爱迪生发明了发明业，并由此引入了"为变而变"的理念。他的创新体系和市场推广手段促进了现代工业的持续发展。

[4]《晋书·车胤传》记载，车胤恭勤不倦，博学多通，家贫不常得油，夏月则练囊盛数十萤火以照书，以夜继日焉。晋孙康，京兆人，性敏好学。家贫，灯无油，于冬月尝映雪读书。《西京杂记》卷二："匡衡字稚圭，勤学而无烛，邻舍有烛而不逮。衡乃穿壁引其光，以书映光而读之。"北齐颜之推《颜氏家训·勉学》："梁世彭城刘绮，交州刺史勃之孙，早孤家贫，灯烛难办，常买荻尺寸折之，燃明夜读。"

[5] 一位英国科普作家对照明成本做过一个有趣的对比:在1880年,工作1分钟所获得的平均工资可以让你从一盏煤油灯上获得4分钟的光亮;到了1950年,工作1分钟所得到的平均工资相当于用白炽灯提供超过7个小时的照明费用。而到了2000年,这个时长达到了120个小时。

[6] 真正让美国家庭不再靠点蜡烛照明的人不是爱迪生。爱迪生的得力助手,来自英国的送奶工之子塞缪尔·英萨尔将爱迪生的理念付诸实践,推广中央电力系统,创建广泛覆盖的城市供电网,通过自然垄断降低用电成本,让电在平凡家庭中得到普及,彻底改变了人类的生活方式。本注及注[7]参见[美]约翰·F.瓦希克:《电力商人:塞缪尔·英萨尔、托马斯·爱迪生,以及现代大都市的创立》,徐丹译,上海教育出版社2021年版。

[7] 亨利·福特在造出他的第一辆汽车之前,曾经为爱迪生工作过。1891年,28岁的福特与妻子从密歇根的农场搬到底特律,担任爱迪生照明公司的夜班工程师。他的主要职责是维护在底特律市中心发电的蒸汽机。由于福特以前在农场以及在专为五大湖贸易而建造蒸汽轮船的公司里当过学徒,很懂蒸汽机,爱迪生照明公司在1893年将他提升为总工程师。

[8] 英国文艺评论家戴维·洛奇还说:"电影的可怕之处不在于它的淫荡和世俗,而在于它使人们对现实生活产生不满。逃避现实一直是无伤大雅的大众艺术的基本功能;但电影给这种逃避主义注入了种新的、邪恶的、似是而非的可能性,映射出一种诱人的景象:新型、世俗、真空包装、低温冷冻、不同寻常的超级人生——躺在电影院的座椅里就可以间接地享受这样的生活,毫不费力。"(参见[英]戴维·洛奇:《常看电影的人们》,王维青译,新星出版社2020年版)

[9] 电影刚诞生时是没有声音的,所以每个电影院都有一支乐队负责给电影现场配乐;有声电影出现后,电影自带对话和音乐,美国失业的音乐家数以万计。

[10] 到20世纪20年代,电影已经成为美国第五大产业、第四大出口产业、加州最大的产业,当时美国拍摄了绝大多数世界各地放映的电影,每年票房达15亿美元。20世纪20年代晚期,每周的观影人数达到7500万;即使大萧条时期,电影业依旧繁荣。到珍珠港事件爆发时,美国电影院的数量达到15115家,超过了银行的数量。

[11] 出自1897年9月5日上海出版的《游戏报》(第74号),文章题目为《观美国影戏记》。据说该文是电影商家特意请人撰写的,这应是中国较早的一篇影评。

[12] 1918年,一战进入决战阶段,英国需要大量船只,尤其是军舰,英国皇家海军为此派出一位上尉去考察美国的造船厂,其实就是"焊接调查"。最后得出的结论是,焊接设备和材料的成本不会超过铆接成本,而劳动力成本则

会大幅度降低。一位电焊工就能完成四五名铆钉工和填缝工所做的相同工作。因为钢板材可以用焊接对接起来，而不是像用铆钉连接那样需要有重叠的部分，所以焊接造出来的船只也会更轻一些。《美国海洋工程师》杂志上说：女人可以和男人一样去做焊接工作；考虑到英国士兵在西线的巨大损失，即使只有一只胳膊的人也能做焊接的工作。（［美］理查德·罗兹：《能源传：一部人类生存危机史》，刘海翔、甘露译，人民日报出版社2020年版，第237～238页）

［13］爱迪生的第一份工作就是在电报局，浸淫电报行业的十年让他掌握了电学、发电、布线和仪表各方面的原理，开阔了眼界。他离开电报局后，开始了发明之路，早期的发明基本是电报应用技术，这为他积累了第一桶金。塞缪尔·莫尔斯在评价爱迪生时说：爱迪生对电报的贡献仅次于自己发明电报。

［14］在宪章运动引起的暴动（1839）中，电报首次被用于军事行动，英国很快就调来了军队进行镇压。印度民族起义（1857）使电报真正成为英军不可或缺的通信方式。当时，覆盖了约7200公里的电报网络帮助英军迅速调遣部队。如果使用老式邮政通信的话，这要花上好几周。

［15］1892年，一位奥地利作家感叹，如今农民都比从前的总理知道得多，再过一个世纪，人们恐怕每天要看几平方米的报纸，打无数电话，同时还要考虑世界五大洲的问题。

［16］1868年，西班牙王位虚悬，西班牙政府想请普鲁士国王威廉一世的堂兄去当国王。法国拿破仑三世给威廉一世秘密写信，希望他不要支持其堂兄。威廉一世把密函内容用电报从埃姆斯发给在柏林的宰相俾斯麦。俾斯麦把这个电文掐头去尾，添油加醋，故意在报纸上公布，引起舆论大哗。拿破仑三世大怒，对普宣战。普法战争以普鲁士的胜利而告终，德意志帝国正式成立。被踢出德意志帝国的奥地利与匈牙利联合，成立奥匈帝国。俾斯麦统一德国的历史活动，虽然顺应了历史的要求，但"像擅改埃姆斯电报那种污点"，连擅长秘密外交的梅特涅也不曾干过。俾斯麦擅改埃姆斯电报的内幕，长期不为人知，直到1898年他的回忆录《思考与回忆》出版，才真相大白。

［17］1915年5月1日，因首次使用蒸汽轮机而开创了大西洋航线历史的英国轮船"卢西塔尼亚号"被德国潜艇击沉，造成1198名乘客（包括124名美国人）死亡。这场灾难同"齐默曼电报事件"一起，成为美国参加第一次世界大战的导火索。

［18］从1932年开始，德国各种半商业性的地方电台都被国有化，合在一起组成了帝国广播公司，其广播内容以政治为主，并且没有任何广告。帝国广播公司成为纳粹党宣传工作的核心工具，由政府提供补贴生产的"人民收音机"进入千家万户，这种收音机只能收听纳粹电台，根本收不到外国电台。戈

培尔明确指出了无线电促成政治和社会变化的潜力，"20 世纪的无线电就是19 世纪的报刊"。他宣称："我们打算使我们整个社会的世界观发生原则性的改变，这是一场巨大的革命，无所不包，将改变我们国家生活的每一个方面……没有无线电和飞机，我们就不可能掌权或按我们的方式行使权力。"（[英]汤姆·斯丹迪奇：《社交媒体简史：从莎草纸到互联网》，林华译，中信出版社 2019 版）

[19] 二战结束后，纳粹军备部长阿尔伯特·斯佩尔受审，他在法庭供述："希特勒的独裁，在一点上区别于历史所有的独裁者。他的政权是现代科技大发展背景下的第一个独裁政权，他也充分利用了各种技术手段，以达到控制国家的目的。他利用的技术工具，比如广播、扩音器，剥夺了八千万民众的独立思想。"（[英]阿道司·赫胥黎：《重返美丽新世界》，庄蝶庵译，北京时代华文书局 2015 年版）希特勒之所以能出现在政治舞台上，这和他利用广播对公众发表谈话有直接关系。这并不是说，电台在播放他的讲话时，把他的思想非常有效地传达给了德国人民。他的思想是无关紧要的。电台给人提供了第一次大规模的电子内爆的经验，这就使重文字的西方文明的整个方向和意义逆转过来。（[加]戴维·克劳利、保罗·海尔编：《传播的历史：技术文化和社会》，董璐等译，北京大学出版社 2018 年版）

[20] 行为科学研究显示，在面对面的沟通中，言语只交流了不到 10% 的信息，真正的信息是通过声调（38%）和面部表情（55%）传达的。视频影像的特写镜头进一步增强了面部表情的影响力。

[21] 1960 年 9 月 26 日，肯尼迪和尼克松进行美国历史上首次总统候选人全国电视辩论，近 7000 万人收看。收音机里听是尼克松赢了，但电视上，精心准备的肯尼迪深蓝西装、健康肤色出镜，意气风发；尼克松服饰搭配失误，大病初愈体态不佳，结果完败。

[22] 尼克松说："今天的电视已经改变了国家领导权的行使方式。"在水门事件中，电视上连续不断的现场报道使无数美国公民直接做出评判，尼克松不得不黯然下台。里根几乎可以说是通过主持电视节目而登上政治舞台的——他主持了 8 年"通用电气剧场"，很善于利用电视说服民众，而他的竞争对手蒙代尔则承认自己在电视镜头前不知如何表演。

[23] 凯文·凯利讲过一件有趣的事：在互联网普及前，美国的电视产业被三大电视公司控制着。那时的电视节目大多是免费的，主要靠广告赚钱。但这些近乎垄断的公司并不是电视行业里最挣钱的，最挣钱的是那些编写电视收视指南的杂志。它们每周会出一本小册子，在全美各大超市出售。观众看电视前如果没有这本小册子，是根本不知道该如何在上百个电视节目中进行选择的。

[24] 西方以打孔卡片来为提花图案设计进行编码，中国传统上采用的是打结法，

即用一股股绳子挑结成"花本",这种编码系统其实就是一部书。宋应星在《天工开物》中赞曰:"凡工匠结花本者,心计最精巧。"

[25] 光纤电缆是 20 世纪最重要的发明之一,具有重量轻、损耗低、保真度高、抗干扰能力强、工作性能可靠等优点。这种低损耗性的玻璃纤维推动了诸如互联网等全球宽带通信系统的发展。被誉为"光纤之父"的高锟 1933 年生于江苏金山县(今上海金山区),1949 年移居香港,2009 年获得诺贝尔物理学奖。诺贝尔奖评委会这样评论:"光流动在细小如线的玻璃丝中,它携带着各种信息数据传递向每一个方向,文本、音乐、图片和视频因此能在瞬间传遍全球。"

[26] "芯片上的电脑"即英特尔推出的微处理器。1971 年 11 月 15 日《电子新闻》上,刊登了 Intel 公司为推销 4004 微处理器的一则广告:"集成电子学的新时代来临了……在一块芯片上可制成一台可编程的计算机。"

在 20 世纪 50 年代初,当时的电子产品比任何既有事物都要复杂。如果以当时的技术,制造的电子产品会非常大、非常重、非常昂贵,而且使用时会消耗太多的电能,这样的产品没有什么实际用处。这一切统称数字的专制。

[27] 作为典型的高科技产品,芯片制造绝非一日之功,首先要提炼高纯度二氧化硅,做成比纸薄的晶圆,其次要在晶圆上用激光刻出几亿条线路,铺满几亿个二极管三极管,最后把每片晶圆组合链接好并密封。指甲盖大小的芯片里大约有 70 亿个二极管。

[28] 郭沫若在《日本的汉字改革和文字机械化》中说:"字母打字机,不论是拉丁字母或者日本假名,都只有几十个字母和必要的符号。使用起来,就和弹钢琴一样,只用手指点触,可以不用眼睛看,速度很快。机器小巧轻便,最小的可以放进公文皮包里,可以随身携带,随时使用。即使在飞机上,火车上,小汽车上,都可以打字写作。汉字打字机,单是字模(包括常用的和备用的)就有七千多个。体积大,不便携带。技术复杂,一般人不能使用。而且速度很慢,有时还不如手写。这和字母打字机是不能比拟的。"

[29] 作为同样精通中西文化的作家,林语堂和王小波都尝试过汉字的机械化:林语堂发明了中文打字机,王小波设计了中文输入的电脑程序。

第二十章

[1] 萨尔瓦多·阿连德(1908—1973),医学博士,1970 年通过选举成为智利总统,他也是拉丁美洲第一位自由竞选获胜的总统。他当选后积极推行国有化和土地改革,1973 年死于皮诺切克发动的军人政变。

［2］谷歌数字化的书并不只是当代的，这些书可以追溯到几个世纪前。谷歌图书不仅是"大数据"，而且是"长数据"。谷歌的大量藏书代表了一种全新的大数据，其有可能会转变人们看待过去的方式。可参阅［美］罗伯特·达恩顿：《阅读的未来》，熊祥译，中信出版社 2011 年版；［美］埃雷兹·艾登、［法］让－巴蒂斯特·米歇尔：《可视化未来：数据透视下的人文大趋势》，王彤彤、沈华伟、程学旗译，浙江人民出版社 2015 年版。

［3］美国研究者在 2009 年发表了一项研究结果，内容是自印刷机发明以来，每年发表作品的作者占总人口的比例。他们发现，从 1500 年到 2000 年，每年发表作品的（有 100 人以上读者的）作者从 100 人左右增加到约 100 万人，还不到总人口的 0.01%。而随着互联网和各种博客等社交网站的出现，发表作品的人数飙升到 15 亿，约占世界人口的 20%。"作者曾经是少数精英，但很快就会成为多数。"（［英］汤姆·斯丹迪奇：《从莎草纸到互联网：社交媒体 2000 年》，林华译，中信出版社 2015 年版）

［4］萨尔曼·可汗为孟加拉裔美国人，自小课业优异，就读于麻省理工学院，大学双修数学和电机电脑工程，工作后读了哈佛的 MBA（工商管理硕士）课程。他什么都教，从数学、物理、化学，一直到理财、人生，但他自己从来都不出现在镜头前面。他所创办的可汗学院（Khan Academy）是一家教育性非营利组织，主旨在于利用网络影片进行免费授课，现有关于数学、历史、金融、物理、化学、生物、天文学等科目的内容，教学影片超过 3000 段，机构的使命是加快各年龄段学生的学习速度。比尔·盖茨说，可汗的成功"令人难以置信"，"我和孩子也经常使用'可汗学院'的资源。他是一个先锋，他借助技术手段，帮助大众获取知识、认清自己的位置，这简直引领了一场革命"。

［5］基于用户信息追踪分析而实施的移动互联网定制化广告已经成为一个庞大市场。根据有关统计数据，2020 年全球移动领域推动了广告行业的发展——移动广告支出已增长到 2400 亿美元，2021 年增长到 2900 亿美元。以 Facebook（脸书）为代表的 App（手机软件）开发者通过免费服务获取流量，通过广告业务实现变现，即广告＋免费服务模式。这其实类似从前免费报纸和广播电视节目的运营模式。

［6］2012 年 12 月，在 CCTV（中国中央电视台）年度经济人物颁奖盛典上，阿里巴巴马云与万达集团王健林就"电商能否取代传统的店铺经营"展开辩论。席间，两人打赌，到 2020 年，如果电商在中国零售市场份额超过 50%，王健林将给马云一亿元，反之，马云输给王健林一亿元。这十年中国电商以每年 20% 左右的速度在增长，而实体零售则不断衰败，电商的零售额占比从 2012 年的 5% 增长到 2021 年的 52%，相比之下，韩国的网上交易额仅占其销售额的 28.9%。美国这一数字仅为 15.0%，而西欧国家是 12.8%。

[7] 与传统的媒体（如报纸、电视和广播）相比，互联网技术增强了人与人之间的直接交流。互联网更有可能促进"政治自由化"而非"政治民主化"。悲观主义者将互联网仅仅视为政府进行控制的一个工具，而乐观主义者则指出，技术在产生自由化效应上几乎有无限的潜能。可参阅［英］汤姆·斯丹迪奇：《从莎草纸到互联网：社交媒体 2000 年》，林华译，中信出版社 2011 年版。

[8] 爱德华·斯诺登（Edward Snowden）是前 CIA（美国中央情报局）技术分析员，后供职于一家国防项目承包公司。2013 年，斯诺登将美国国家安全局关于 PRISM（棱镜计划）监听项目的秘密文档披露给新闻媒体，因此遭美国政府通缉。斯诺登在事发后逃往俄罗斯，2022 年获得俄罗斯国籍。斯诺登于 2015 年获得挪威"比昂松言论自由奖"。以斯诺登曝光网络监控的棱镜门事件拍成的纪录片《第四公民》，获得了第 87 届奥斯卡最佳纪录片奖。

[9] 有人说，真理总是掌握在少数人手里，免费的信息并不能带来人类整体进步。一方面，真正的思想不能也不可能在网上轻易获得，即使得到了，一般人也未必理解。互联网体现的大众社会，庸众永远是主流，网上流动的都是普通人的生活信息，这让互联网在某种程度上，几乎变成无意义的垃圾信息和娱乐信息的汇聚之地。另一方面，有了互联网和智能手机后，人们把原本用来阅读古往今来经典的时间耗费在垃圾信息上，这导致人类整体素质非但没提高，反而降低了。

[10] 德国传播学家伊丽莎白·诺尔 - 诺依曼在 1980 年提出"沉默的螺旋"理论，指出舆论对于个人所具有的社会控制作用。"沉默的螺旋"意味着人们出于安全会选择跟风。当人们看到自己的观点得到更多支持时，他们就会公开地发表自己的意见，否则就会保持沉默。当每个人都这样做时，那些被广泛谈论的观点会成为舆论的主流，而其他非主流的声音则会完全沉没下去。可参阅［德］伊丽莎白·诺尔 - 诺依曼：《沉默的螺旋：舆论 —— 我们的社会皮肤》，董璐译，北京大学出版社 2013 年版。

[11] "人机冲突"最大的动力来自巨大的商业利益驱动。提供廉价而容易上瘾的移动设备，可能是有史以来最大的生意。在这种技术变革与商业利益共同带来的伦理困境中，人成了数字精神分裂、数字肥胖、数字综合征的受害者。一份统计报告显示，中国在以 PC 为终端的互联网时代（2000），上网人口中高中和大学以上文化程度者占 93.6%；在以移动手机为终端的互联网时代（2020），上网人口中初中和初中以下文化程度者占 59.6%。网民文化层次的主体下沉非常明显。

[12] 2006 年哈佛大学凯斯·桑斯坦在他的《信息乌托邦》中提出了"信息茧房"的概念。桑斯坦指出，在信息传播中，公众所接触的信息是有限的，会选择让自己愉悦的信息，久而久之，会将自身桎梏于像蚕茧一般的"茧房"中。

[13] 回音壁效应又称回音室效应。在媒体上是指在一个相对封闭的环境里，一些意见相近的声音不断重复，并以夸张或其他扭曲形式重复，令处于相对封闭环境中的大多数人认为这些扭曲的故事就是事实的全部。

[14] 捷克斯洛伐克剧作家卡雷尔·恰贝克（Karel Capek, 1890—1938）在1920年发表了剧本《罗斯姆的万能机器人》（*Rossum's Universal Robots*）。"机器人"（Robot）一词在捷克语中有"干活"的意思。在这个剧本中出现了为减轻人的劳动而制造机器人的情节。这部作品的本意是讽刺机械文明的，1924年曾在世界各地上演。自那时起，机器人（或"人造人"）一词便流行起来。

[15] 人工智能及机器人的优势在于学习、逻辑和智力判断方面，即有智商而没有情商，它本身没有智慧，没有情感，也没有创造力。人与机器的最大区别，是人有丰富的感情和独立自主意识，这其实是一种生物本能。另外还有一个"莫拉维克悖论"：高阶智能，比如推理、规划和下棋，计算机都能够轻易实现；而几岁孩子就能驾轻就熟的低阶智能，如感知和运动，计算机还远远不够完美。传统观点认为，逻辑、演算这样的对人们来说比较困难的事情，机器要做到也很困难；至于小孩子就能解决的事情，例如跳跃、奔跑则被认为很容易。但"莫拉维克悖论"指出：对计算机而言，实现人类高阶智慧只需相对很少的计算能力，而实现感知、运动等能力却需要巨大的计算资源。事实证实了这个论断：当人们几乎解决了"困难"的问题时，"容易"的问题却成了大麻烦。

[16] 谷歌于2014年开发的无人驾驶汽车，没有油门和方向盘，由传感器、激光器和摄像头监测收集信息，由中央电脑处理数据和控制车速及方向；乘坐者只需输入目的地，其余部分由系统自动完成。汽车采用电池动力，最大时速为40千米/小时，一次可以行驶160公里。

[17] 当时的AlphaGo使用了包含1920个CPU（中央处理器）的处理器和280个GPU，计算能力相当于6000亿台埃尼亚克（ENIAC，世界第一台计算机）的计算能力。如果要用6000亿台埃尼亚克来完成AlphaGo的工作，则需要用掉接近400万个三峡水电站发电峰值时的发电量。

[18] 库兹韦尔认为人类已经经历过了19世纪技术的兴盛，目前正处在第五纪元。他在《奇点临近》（2005）一书中预测道：人类与机器的联合，即嵌入我们大脑的知识和技巧将与我们创造的容量更大、速度更快、知识分享能力更强的智能相结合。而他所谓的"奇点"是指未来的一个时期，在那个阶段电脑智能与人脑智能将得到奇妙融合。这种融合便是奇点的本质。在那个时期，人类的智能会逐渐非生物化，其智能程度将远远高于今天的智能——它将使我们超越人类的极限，大大加强我们的创造力。届时，人类与机器、现实与虚拟的界限将变得模糊，我们可以任意地装扮不同的身体，扮演一系列不同的

角色。其所带来的实际效果包括：人类将不再衰老，疾病将得到治愈；环境污染将会结束，世界性的贫困、饥饿等问题都会得到解决。随着基因技术、纳米技术、机器人技术等呈几何级数加速发展，未来 20 年中人类的智能将会大幅提高，人类的未来也会发生根本性变化。在"奇点"到来之际，机器将能通过人工智能进行自我完善，超越人类，从而开启一个新时代。"奇点临近"暗含一个重要思想：人类创造技术的节奏正在加速，技术的力量也正呈指数级增长。库兹韦尔预测，到 21 世纪 20 年代中期，人类将会成功地逆向设计出人脑。到 20 年代末，计算机将具备人类智能水平的能力。2045 年出现"奇点"时刻。他预计，到 2045 年由于计算能力剧增而其成本却骤减，创造的人工智能的数量大约将是当今存在的所有人类智能数量的 10 亿倍。

[19] 2011 年日本国立情报学研究所新井纪子教授领头发起了"东大机器人计划"，目标是让机器人 Torobo 能在 2021 年前通过东京大学入学考试。2015 年东大机器人参加日本大学入选考试，取得了 511 分的成绩（总分 950 分，考生平均分数 416 分），其中数学成绩超过 99% 的高中生，整体成绩超过 80% 的高中生，机器人据此能够考上全日本 765 所大学中的 535 所。

[20] 2017 年 7 月，中国国务院公布了一项计划，到 2025 年中国要成为世界人工智能技术的领导者。因为中国意识到第四次工业革命已经到来，所以中国正在寻求投资研发未来全球经济和政治强国的技术。在一些人看来，21 世纪的人工智能似乎相当于 20 世纪的太空竞赛。与李开复等人不同，比尔·盖茨、马斯克和霍金均对人工智能持悲观态度，马斯克和霍金还获得反对技术创新的"路德奖"。这些最成功的技术创新者，如今都怀念起两个世纪之前的"反机器运动"。马斯克甚至与别人共同创立了一个名为"开源人工智能"的非营利性组织，旨在确保安全地使用人工智能，以防止现实生活中的天网事件发生。

[21] 有人预测，将来的纳米机器人将通过无创伤的方式进入人的身体，可以对病原体、肿瘤等一系列免疫系统错误进行修正，甚至能够对所有的身体组织、器官活性进行重新修正，这样人不仅能够一直保持健康，而且可以变得更加聪明、完美，乃至长寿不老。

[22] 人工智能的研究主要集中在三个阶段：AI、AGI（强人工智能）和 ASI（超人工智能）。强人工智能，也称通用人工智能 AGI（Artificial General Intelligence），它被认为能够真正理解和学习人类，能进行推理和解决问题，并能执行智力任务的人工智能，其会有知觉和自我意识。超人工智能，是一种超越人类智能的人工智能系统，它具有几乎所有领域都超过最优秀的人类大脑所具备的智能、知识、创造力、智慧和社交能力。

[23] 曾有科学家设想过一个可怕的"铁钉灭世"：人类命令人工智能尽可能多地生

产铁钉，于是人工智能开采铁矿、煤矿，冶炼钢铁，制造了很多铁钉；当人类认为铁钉已经足够，并命令人工智能停止制造时，人工智能却认为人类妨碍制造铁钉的工作，本着"尽可能"的原则杀死了命令他的人。最后，当地球上的铁矿、煤矿都被开采完之后，因为人体也含有铁，人工智能便杀死了所有人类。

[24] 巴克勒这样论述传统的专制主义国家："由于缺少现代的科技和通信手段，他们没有能力控制国民生活中的诸多方面，而他们实际上也不打算这样去做。由于预定目标只是保证生存，这些政府的需求局限于税收、军队的征募和被动的承诺。只要人民不试图改变整个体系，他们通常可以保有可观的个人独立性。"（[美]约翰·巴克勒、贝内特·希尔、约翰·麦凯等：《西方社会史》，霍文利、赵燕灵、朱歌姝等译，广西师范大学出版社 2005 年版）

[25] 1972 年美国总统大选，为了取得民主党内部竞选策略的情报，共和党尼克松竞选班子的 5 名工作人员闯入位于华盛顿水门大厦的民主党全国委员会办公室，在安装窃听器并偷拍有关文件时，被当场抓获。丑闻曝光后，尼克松遭到弹劾，被迫辞职，成为美国历史上首位辞职的总统。

[26]《一九八四》中有一种"电幕"，它是国家设置在每个人家中的监视器，把人在家中的所有影像和声音都吸进去；同时它还是一个关不掉的电视机，不停地、强制性地向人传播着国家的声音。《我们》中的人们都生活在玻璃房子里，只有男女在行房事时才可以申请拉上窗帘，除此之外，每个人都无时无刻不处于国家的监控之下，甚至每条街道都能自动记录和收集行人的私语。

[27] 2013 年，曾担任 CIA（美国中央情报局）技术分析员的斯诺登向媒体曝光了包括"棱镜计划"在内的美国政府多个秘密情报监视项目，显示美国政府从包括微软、谷歌、雅虎、脸书、PalTalk、美国在线、Skype、YouTube 以及苹果在内的 9 个公司服务器收集信息。2018 年 3 月，脸书爆出泄露数据丑闻，一家曾在 2016 年帮助特朗普赢得美国总统大选的数据公司违规获取 8700 万脸书用户的信息。网络上发起了删除脸书活动，一周后，脸书股价暴跌 18%，市值蒸发 800 亿美元。这则丑闻的吹哨人克里斯托弗·怀利作为"剑桥分析"的联合创始人，曾参与基于数据挖掘得出社交网络用户画像，并预测及引导其行为的研究，构建可用于宣传战的算法系统，继而卷入涉及脸书、维基解密、特朗普竞选及英国脱欧的复杂网络的全过程。怀利在发现自己所效力的项目渐渐变成了一个操控民意，进而侵害社会、破坏民主的工具之后，毅然向公众发出警示：人们的身份和行为已经成为数据交易中的商品。控制信息的那些当今世界最强大的企业，正以过去无法想象的方式操控大众的思想。任何人都很难逃脱算法的掌控。可参阅[加]克里斯托弗·怀利：《对

不起，我操控了你的大脑》，吴晓真译，民主与建设出版社 2021 年版。

第二十一章

[1] 冷战时期，美国发射了人类历史上最高、最重、推力最强的运载火箭土星五号。它的总高度达到 111 米，直径 10 米，加满燃料后的总重量超 3000 吨，可以将 118 吨的物体送到近地轨道。在当时，这款火箭的研发费用为 64 亿美元，发射一次的费用为 1.8 亿美元。

[2] 泰勒通过反复实验发现，加热到 940℃ 的空冷钢是理想的高速切削刀具，这种高速工具钢可以达到每分钟 44 米的切削速度，而传统的碳素钢刀具只能以每分钟 3.6 米的速度进行切削。在 1900 年的巴黎世界博览会上，这种"泰勒－怀特钢"削铁如泥的现场表演使观众惊叹不已。这种高速工具钢的出现，使机床效率显著提高。为了增加机床的转速，泰勒还改革了机械设计，进一步提高了机床性能。泰勒还设计了一种计算尺，用它可以很快就计算出刀具角度、吃刀深度、切削速度和进刀量等各项最佳数据，使机械工的生产效率提高了 10 倍。泰勒的这项研究旷日持久，前后共经历了 26 年时间，有记录可查的实验次数就有 3 万至 5 万次，切削废的钢材达 36 吨，耗资 15 万至 20 万美元。1905 年，泰勒担任美国机械学会会长，他的就职演说便是《关于金属切削的方法》。

[3] 如今的汽车是技术奇迹与工业文明的象征。汽车是多种高精技术的组合，其复杂性也体现了现代工业的科技发展水平。汽车由复杂的计算机操控的内燃机、电动机或混合动力引擎提供动力。汽车具有"智能"制动、牵引和传动系统，动力转向以及高度复杂的电气、照明和悬架系统。汽车轮胎也是工程学和材料科学的奇迹。空调系统自动维持车内温度和新鲜空气供应。娱乐系统不仅包括广播、电视、电话和互联网连接，还可播放音乐和电影。液晶显示屏能够实时显示地图和导航。当发生事故时，保护性安全气囊立即打开。随着辅助驾驶和自动驾驶问世，全球十几亿辆汽车越来越成为现代人不可或缺的机动辅助装备和移动空间。如今每辆汽车都是全球合作的产物，无论你在哪个国家哪个城市，都有世界统一的道路标识和停车标志，汽车文化成了全球文化。

[4] 1896 年，29 岁的丰田佐吉发明了"丰田式汽动织机"。他发明的这台织机不仅是日本有史以来第一台不依靠人力的自动织机，而且与以往织机不同的是，可以由一名挡车工同时照看 3 至 4 台机器，极大地提高了生产力。连当时世界排名第一的纺织机械厂家英国普拉德公司也向丰田佐吉发出了转让专利权的

请求，最终佐吉在 1929 年以 10 万英镑（合当时的 100 万日元）的价格出让了这项专利的使用权。

[5] 1929 年，主政东北的张学良给奉天迫击炮厂拨款 70 万元用于研发汽车，负责项目的李宜春通过借鉴美国瑞雷载货汽车，经过几年的努力，于 1931 年 5 月生产出中国第一辆汽车 —— 民生 75 型载重汽车。不久，九一八事变爆发，民生汽车落到日本人手中，接收这批汽车的就是日本丰田纺织公司。

[6] 在特斯拉这个号称全球最智能的全自动化生产车间里，从原材料加工到成品的组装，全部生产过程除了少量零部件外，几乎所有生产工作都自给自足。冲压生产线、车身中心、烤漆中心与组装中心，这四大制造环节中，总共有 150 台机器人工作。这些车间几乎没有人的影子。组装中心全部是机器人。整个过程以流水线运作，机器人与机器人之间无缝对接，全程都是由电脑控制的机器人根据事先设定好的程序完成。可参阅［美］大卫・E. 奈：《百年流水线：一部工业技术进步史》，史雷译，机械工业出版社 2017 年版。

[7] 弗兰兹・卡夫卡（Franz Kafka, 1883—1924），生活在奥匈帝国统治下的布拉格，业余从事写作。他被认为是现代派文学的鼻祖，对社会的陌生感、孤独感与恐惧感是其创作的永恒主题。美国诗人奥登评价卡夫卡时说："卡夫卡对我们至关重要，因为他的困境就是现代人的困境。"

[8] 在工业化初期，机械行业以技术工人为主，还有大量承担设计的普通工程师。在工业化后期，机械行业几乎完全自动化，只需要极少的高级工程师，他们将设计直接输入自动化制造设备或机器人，便可实现大量生产；普通工程师和技术工人遭到淘汰，普通工人的技术要求也进一步降低。这类似于音像设备（收音机、录音机、电视机、电影和录像机）出现之后，许多普通演艺人员遭到淘汰，受众直接成为极少数顶级明星的拥趸。一项统计发现，从 2012 年至 2016 年，美国新创造了 1010 万个工作岗位，其中只有 5% 即 50.5 万个岗位与计算机相关。其余超过 90% 的工作大多需要与人打交道，这属于"文科生"的长项。从未来趋势来看，文科生的优势也非常明显，类似咨询、教育、娱乐、文化等行业，将成为未来就业的主流。只要人工智能跟人还有区别，就需要文科生。在美国，文科主要是指文学、历史、哲学、政治等这类"自由技艺"；财经一类学科则属于商科。

[9] 李约瑟曾经指出，蒸汽机 = 水排 + 风箱。他论证道："风箱"解决了蒸汽机中双座式阀门的问题，而"水排"则提供了直线运动和圆周运动之间的转换装备。早在 1900 多年之前，中国就发明了水排，风箱则于宋代发明，而后传入西方。

[10] 在 20 世纪 60 年代时，西方工业国荷兰发现大量石油和天然气资源，政府便大力发展能源出口，经济一度非常繁荣，但与此同时，传统的农业和工业

却深受打击，到 70 年代后，荷兰遭受出口下降和经济衰退，这被称为"荷兰病"。

[11] 埃隆·马斯克涉足的领域覆盖电动汽车、自动驾驶、太空旅行、超级高铁，甚至是脑机接口，并在这些领域都成就非凡。马斯克是机器人技术和人工智能技术的先驱，为诸多"奇迹"铺平了道路，比如无人驾驶汽车，革命性的可持续发电和储存，将超高带宽脑机接口连接到计算机和人类的神经链开发，超级高铁运输，以及星际空间旅行。他声称星际空间旅行将使人类成为多行星物种。马斯克没有艺术收藏品，没有汽车，没有房产，没有其他的通常会和富人联系在一起的东西。这个"硅谷钢铁侠"常常认为自己是一个工程师而不是一个企业家。

[12] 1927 年制造的列克星敦号航母最高航速已达 33 节；1964 年运营的日本新干线高铁最高时速为 210 千米 / 小时；1970 年，第一架波音 747 飞机用 8 小时从纽约飞到伦敦。如今的航母、高铁和飞机的速度仍未有明显的进步。1969 年载人航天器着陆月球，接下来的半个多世纪，人类探索太空的脚步仍没有走出太远。在一个世纪之前，人们幻想将来可驾驶飞行汽车遨游太空，如今一切还都是梦想。现代科学最重要的几大基石都诞生于那一时期：1915 年广义相对论提出、1927 年量子力学完成、1928 年《基因论》发表。一位美国经济学家说，人们已经摘完了科学"所有低垂的果实"。

[13] 现代科学研究所依靠的计算能力不断增长，在有些研究领域出现加速变革。比如科学家用了 7 年半时间才完成了人类基因组第一个 1% 的测序，但剩下的 99% 只用了不到一半时间。引起艾滋病的 HIV（艾滋病病毒）逆转录病毒测序花了 5 年时间，而 SARS（非典型肺炎）病毒测序则只用了 31 天。换句话说，技术进步呈指数级增长。

[14] 托马斯·弗里德曼把全球化进程分为三个时代：第一个时代（1.0 版本），全球化是由"国家"的力量在拓展，世界变圆了；第二个时代（2.0 版本），"跨国公司"扮演着全球化的重要角色，世界变小了；第三个时代（3.0 版本），全球化将以个人为主，在全球范围内合作与竞争以至将世界变为平地，世界变平了。

[15] 按"世界书籍翻译数据库（UNESCO Index Translationum）"的统计，截至 2012 年，人类社会共出版了大约 200 万种翻译书籍，其中约 123 万种是由英语翻译为其他语言的，约 15 万种是由其他语言翻译为英语的。而由汉语翻译为其他语言者，有约 1.3 万种，由其他语言翻译为汉语者，有约 6.3 万种。

[16] 罗伯特·希勒（Robert J. Shiller, 1946— ），耶鲁大学经济学教授，获得 2013 年诺贝尔经济学奖，著有《非理性繁荣》。

[17] 全世界第一款数码相机由柯达的相机工程师史蒂夫·萨森在 1975 年发明。当

时柯达公司高层拿着那台仅有 1 万像素的数码相机原型对萨森说:"这玩意儿很可爱,但你不要跟别人提起它。"2013 年,拥有 130 年辉煌历史的柯达公司宣布破产。

[18] 美国现在只有 15% 的货币进入了实体经济,其他货币均留在金融领域内自我循环;金融业攫取了全美经济利润的 25%,却只创造了 4% 的就业岗位;美国企业巨头将更多的资金投入股市而不是研发和创新中去;美国亿万富豪中的前 20 名的财富都是从金融活动而非实体部门获得的,他们早已不是财富的创造者,而成了名副其实的资本大鳄,他们"不是制造者,而是索取者"。美国金融的脱实向虚趋势,不仅沉重地打击了实体经济,更严重的是伤害了整个社会,造成了更大的贫富差距和社会撕裂。可参阅 [美] 拉娜·弗洛哈尔:《制造者与索取者:金融的崛起与美国实体经济的衰落》,尹芳芊译,新华出版社 2017 年版。

[19] 2014 年美国汽车工人每小时工资约为 14 美元。1914 年福特汽车公司所支付的工资是 5 美元一天。1914 年的 1 美元的购买力相当于 2014 年的 23.30 美元。$5 \times 23.3 \div 8 = 14.56$。考虑到通货膨胀,现在每小时 14 美元的工资,比 1914 年福特汽车公司所支付工资还少 0.56 美元。而且,福特公司并没有雇用更多新的汽车工人,而是更少。

[20] 直到 1958 年,底特律仍有 20% 的劳动力没有就业("联合汽车工会"要求给闲置工人照付几乎全部工资)。这里的人不用担心就业问题,这个依靠制造业而产生财政收入的富裕城市有自己的福利系统,这个福利体制比约翰逊总统的"大社会"早 10 年光景。底特律市提供医疗、汽油和住房租赁费,每周给成人和孩子分别发放 10 美元和 5 美元食品费。火车洪水般地把穷人送进底特律。如果底特律不是在吸引着这些贫困人群的话,底特律的人口那时就会下降。([美] 查理·勒达夫:《底特律:一座美国城市的衰落》,叶齐茂、倪晓辉译,中信出版社 2014 年版,第 63 页)

[21] 经历过黑人民权运动的亨廷顿发现,老一代黑人还相信这样一种说法,即他们自己低人一等,除了白人社会给予他们的施舍,他们本不应作非分之想。由于电视,由于所受的教育,由于能接触到的通俗杂志一类的刊物,新的一代已经不再相信那一套了,这一代人想分享自己的一份,并强烈要求自己的一份。

[22] 德鲁克断言,法西斯主义是从马克思主义失利的地方开始的。换言之,马克思主义在欧洲的失利,才是欧洲大众逃向极权主义绝望烈焰的主要原因。就二战前的西方世界而言,民众对资本主义产生绝望,而社会主义道路又被封杀,为了"充分就业",他们宁愿去拥抱极权主义。这样一个由权力和暴力(而非金钱和经济)主导的非经济人社会,使占社会大多数的底层民众感到平

等（自尊）和满足的虚幻景象，甚至凌驾于原来的资产阶级之上，从而形成广泛的极权主义群众基础。（［美］彼得·德鲁克：《经济人的末日：极权主义的起源》，洪世民、赵志恒译，上海译文出版社 2015 年版）

[23] 古希腊时期最伟大的战争是波斯战争，但是那次战争在两次海军战役和两次陆军战役中就迅速地决定了胜负。而伯罗奔尼撒战争不仅持续了很长的时间，并且在整个过程中，给希腊带来了空前的痛苦。过去从来没有过这么多的城市被攻陷、被破坏，有些是外族军队做的，有些是希腊城邦自己做的；从来没有过这么多的流亡者；从来没有过这么多生命的丧失——有些在实际的战斗中，有些是在国内革命中。过去有许多奇怪的古老故事，在近代的经验中没有得到证实的，现在都变为可信了。例如，广大地区受到猛烈地震的影响；日食和月食比过去所记载的都频繁些；在全希腊各地区有广泛的旱灾，继以饥馑；有严重的瘟疫，它所伤害的生命比任何其他单独的因素更加多些。战争爆发后，所有这一切的灾难都一齐降到希腊来了。当雅典人和伯罗奔尼撒人破坏了攻陷优卑亚后所订立的三十年休战和约时，战争就开始了。至于他们破坏和约的原因，需首先说明双方争执的理由和他们利益冲突的特殊事件，使每个人都毫无问题地知道引起这次希腊大战的表面原因。但是这次战争的真正原因，常常被争执的言辞掩盖了。使战争不可避免的真正原因是雅典势力的增长和因而引起斯巴达的恐惧。（［古希腊］修昔底德：《伯罗奔尼撒战争史》，谢德风译，商务印书馆 1960 年版）

[24] "超级强国"首先用于美国并非褒义，这个词最早出自法国外交部长贝尔·韦德里纳。20 世纪 80 年代，法国外交部长韦德里纳指责美国说：法国"不能接受政治上的单极世界，也不能接受文化上的统一世界，更不能接受一个超级强国的单边主义"。韦德里纳在使用"超级强国"时带有指责口吻，他指出，美国已经"在各个方面具有了主导性和支配性"：美国不仅在经济、军事和技术上处于领先地位，而且"在思想、观念、语言和生活方式上也处于支配地位"。（［美］艾米蔡：《宽容、狭隘与帝国兴亡》，刘海青、杨礼武译，重庆出版社 2019 年版）

[25] 历史并没有表明我们正处于一个道德不断提高、进步越来越大的过程。人们常常过于高估人类的理性。世界历史上 16 个崛起国与守成国之间修昔底德式的结构性对抗中，有 14 个最终以"不宣而战"或"擦枪走火"而告终。第一次世界大战爆发之前，没有人相信会发生战争。战争一直在以它的方式演化，下一场全球冲突很可能发生在网络空间和外太空，并且像此前的所有战争一样造成毁灭性后果。感兴趣可参阅［英］克里斯托弗·科克尔：《大国冲突的逻辑：中美之间如何避免战争》，卿松竹译，新华出版社 2016 年版；［美］格雷厄姆·艾利森：《注定一战：中美能避免修昔底德陷阱吗？》，陈定定、傅

强译，上海人民出版社 2019 年版。

第二十二章

[1] 亨廷顿认为，现代化并不完全就是西化，"在开始，西化与现代化是紧连在一起的，非西方社会吸收大量的西方文化，逐步地走上现代化。但是，当现代化步伐增大后，西化的比重减少了，而本土文化再度复苏。再进一步的现代化则改变了西方与非西方社会之间权力的平衡，并增强了对本土文化的承诺"。

[2] 英国人统治印度时期，印度是一个极度贫穷的农业社会，英国人在印度的生活完全依赖印度人伺候。"在这里，劳动分工达到了极致。马车夫就必须驾车，侍者必须去开门，苦工负责喝'让开！'欧洲人必须忍受这种排场。如果他步行，或者手里拿一件行李，那才是咄咄怪事。身后如果不跟上一队人和行李，一个英国军官就无法动弹。……在印度，连弯腰捡手帕这样的事，也要摇铃叫仆人去做……这同古罗马一样，那里的贵族拥有一大批家仆、被保护人和获得解放的奴隶。"（［法］费尔南·布罗代尔：《文明史》，常绍民、冯棠、张文英等译，中信出版社 2014 年版）

[3] 当时嘉庆皇帝刚刚过完六十大寿，他从未有患病记录，其父乾隆享九十三岁高寿。嘉庆皇帝之所以中暑，是因为从北京到承德避暑山庄七天路途之劳累——无论坐轿还是骑马，都需要忍受高温酷暑。中暑后引发其他症，病情无法控制，到承德第二天他就突然死去。

[4]《尚书·大禹谟》："正德、利用、厚生、惟和。"《孟子·尽心上》："亲亲而仁民，仁民而爱物。"利用，尽物之用；厚生，使民众富裕；仁民，对人亲善；爱物，爱惜万物。"民吾同胞，物吾与也"出自张载的《西铭》，意思是说，所有人都是同胞兄弟，所有物都是同类朋友。

[5] 伦敦占地1500平方公里，但是正如国际环境与发展学会的计算结果所表明，伦敦必须使用大致相当于整个英国可使用土地的面积，来提供其居民的消费以及处理其居民产出的垃圾。北美一个普通的城市居民，要使用 4.7 公顷的土地维持生存，而在印度，一个普通城市居民只能靠 0.4 公顷土地维生。生活质量越高，城市留在我们共同分享的地球上的"生态足迹"就越大。伦敦需要比其本身大 120 倍的土地。再比如说温哥华，论其生活质量是首屈一指，但如果没有比它自身大 180 倍的生存空间，那就根本无法维持。世界经济论坛宣称：到 2050 年，全球海洋里的塑料总重量将超过鱼类。过去半个世纪里，塑料的使用量增长 19 倍，预计今后 20 年里还将翻倍。在全部塑料制品中，超过四分之一用于各类包装。目前，塑料包装的回收利用率只有 14%，远低于纸的

58％和钢铁的90％。

[6] 诺贝尔经济学奖得主道格拉斯·诺斯在 1990 年出版的《制度、制度变迁与经济绩效》一书中举了一个例子：当你买一辆汽车时，你可以得到关于这辆汽车的很多数据，比如颜色、加速器、型号、内部装置、油箱容量等这些属性，但你真正想确定的，其实是这些属性对你来说有多重要，能给你带来多少价值。比如，越野性能再好，对一个用来上下班代步的人来说都用处不大。诺斯的观点是，如果你想弄清楚车的属性与你的需求之间有多匹配，你就得付出成本。比如，你要买车就得花时间去跟汽车销售聊天，或者通过买过这辆车的朋友了解情况，甚至还得找行家付费咨询，确保他提供给你的信息是准确可靠的。这些虽不包括在汽车这个产品的售价中，但却是你与汽车销售商之间达成交易时所必须付出的。这就是交易成本。

[7] [德] 马克思：《经济学手稿（1857—1858 年）》，载《马克思恩格斯全集》第四十六卷上册，人民出版社 1979 年版，第 28 页。原文为："因为产品只是在消费中才成为现实的产品，例如，一件衣服由于穿的行为才现实地成为衣服；一间房屋无人居住，事实上就不成其为现实的房屋。因此，产品不同于单纯的自然对象，它在消费中才证实自己是产品，成为产品。消费是在把产品消灭的时候才使产品最后完成，因为产品之所以是产品，不是它作为物化了的活动，而只是作为活动着的主体的对象。"

[8] 石崇与王恺争豪，并穷绮丽，以饰舆服。武帝，恺之甥也，每助恺。尝以一珊瑚树高二尺许赐恺，枝柯扶疏，世罕其比。恺以示崇。崇视讫，以铁如意击之，应手而碎。恺既惋惜，又以为疾己之宝，声色甚厉。崇曰："不足恨，今还卿。"乃命左右悉取珊瑚树，有三尺四尺、条干绝世、光彩溢目者六七枚，如恺许比甚众。恺惘然自失。（《世说新语·汰侈》）

[9] 工作不仅是谋生的手段，不仅是支持自身家庭的方式，而且也构成了日常行为的框架和互动的模式，因为工作强调纪律和循规蹈矩。因此，一个人缺乏正规的就业，不仅是缺乏工作的地方和无法获得常规性的收入，而且也是缺乏目前生活的连贯组织，亦即一个具体的期待和目标的系统。正规就业为日常生活提供了空间和时间方面的支柱，决定了你将去哪里和何时到达那里。而在缺乏正规就业的情况下，生活包括家庭生活会变得不连贯。持续的失业和非正规的就业阻碍了日常生活中的理性规划，而这是适应工业经济的必要条件。

（[美] 威廉·朱利叶斯·威尔逊：《当工作消失时：城市新穷人的世界》，成伯清、王佳鹏译，上海人民出版社 2016 年版）

[10] 化肥的应用貌似拯救了濒临崩溃的贫瘠土地，然而，对化肥和大规模机械化农业的滥用却正在让原生土地以更快的速度流失。事实上，大规模机械化农田的经济效益并不高，首先其产量和传统堆肥差距就不大，却还要额外承担

巨额的机械和化肥费用。在密集工业化农业的耕种下，土壤加速流失和毁坏。农业产量越发倚重不可再生的石油化工。很多中国人羡慕西方的大规模机械化农田，而西方人也在羡慕中国精耕细作的有机生态农业。可参阅［美］戴维·R.蒙哥马利：《泥土：文明的侵蚀》，陆小璇译，译林出版社2017年版；［美］蒂莫西·伊根：《肮脏的三十年代：沙尘暴中的美国人》，龚萍译，上海译文出版社2020年版。

［11］19世纪60年代，挪威人斯瓦德·福因改进完善的捕鲸炮威力巨大，它发射出一杆巨大的四叉头捕鲸叉，捕鲸叉后面连着粗绳索，还拴了炸弹，一旦受到撞击就会立刻爆炸。有了这种炮摆在船头，再加上易操控、速度快的蒸汽动力船，游得再快的鲸鱼也可以轻易被挪威人追上。如果大炮瞄得准，即使是世界上最大的鲸鱼，也可以一炮毙命。至于那些没有马上被杀死的鲸鱼，挪威人还有备用计划来确保它无法甩掉捕鲸叉逃走，同时避免在很多鲸鱼身上都存在的被捕杀后沉入海中的问题。插在鲸鱼身上的捕鲸叉后面连着又粗又结实的绳索，绳索另一头连在捕鲸船上的一系列滑轮和弹簧设施上。如果鲸鱼游走，挪威人可以在必要时放出绳索，避免拉力过大造成绳索被挣断，等到鲸鱼累得游不动了之后，他们才开始往回收紧绳索。同时，挪威人依靠绳索另一头连接的威力巨大的绞车来避免鲸鱼沉水这种情况的发生，有时他们还会使用长矛向尸体里注入气体以增加它的浮力。在20世纪初，日本和俄国也跻身捕鲸强国之列，随着时间的推移，又有包括德国、荷兰和英国在内的其他国家为捕鲸行业的发展设定了新的路线，其特点是打造效率更高的大规模捕鲸加工船船队，这样的船队一年内杀死的鲸鱼数量比美国捕鲸人在黄金时期最高峰的近10年内杀死的鲸鱼总和还要多。可参阅［美］埃里克·杰·多林《利维坦：美国捕鲸史》，冯璇译，社会科学文献出版社2019年版。

［12］赫尔曼·麦尔维尔（Herman Melville, 1819—1891）的小说《白鲸》中，亚哈船长为了追逐并杀死一条白鲸，最终与白鲸同归于尽。这部伟大的小说被誉为"捕鲸业的百科全书"，也被称为现代人的英雄史诗。同时，作者以哲理和寓言的文学方式，隐喻了现代工业社会中，人与自然存在的紧张与对抗。

［13］甘地之所以拒绝机器，是认为机器会降低人格。他的手摇纺织机和腰布象征人们崇尚简朴，热爱工作，彻底独立于现代特色的科技分工之外。"自己纺棉、自己织布是每个印度人的爱国义务。"实际上，甘地的群众运动之所以奏效，几乎完全是依靠现代大众媒体的塑造和传播。没有现代科技，也就没有这些媒体，包括他自己办的杂志《神的子民》。甘地的成功主要是引入宗教的力量，用以抵抗在科技上胜过印度人一大截的人类机器。大部分印度民族主义者如尼赫鲁，都希望印度工业化，必要时也可以"像蝗虫般贪婪"，但甘

地仍是个例外。

[14] 人们都知道汽车在使用过程中的污染，其实制造一辆汽车所产生的污染物要超过它 10 年的排放。生产一辆普通轿车，至少要产生 30 吨的废弃物。每个小汽车乘客的占用道路面积是自行车（电动车）使用者的 4 倍，是公共汽车乘客的 12 倍。

[15] 一位西方学者说："9·11 的主要目的并不是给西方带来物质上的伤害，而是进行心理上的打击。两栋很有象征性的高楼的坍塌，甚至包括约 3000 人的丧生，只不过是为了在西方世界散布恐惧情绪。就此而言，恐怖分子获得了意料之外的巨大成功。很大程度上，他们应该感谢西方的政府和媒体——正是政府和媒体对于恐怖主义威胁的夸大其词，才使恐惧扩大到了前所未有的深度和广度。"（［挪威］拉斯·史文德森：《恐惧的哲学》，范晶晶译，北京大学出版社 2010 年版）

[16] 根据有关历史和资料，这些都是 19 世纪末至 20 世纪初的原住民儿童受害者。当时的加拿大政府以"正常生活"和"融入社会"为名，强行将 15 万名原住民儿童与父母拆散，送往官方寄宿学校，学习英文和各种知识、技能，寄宿学校禁止他们使用本族语言或沿袭其部族文化。这些孩子在寄宿学校里遭受了各种非人的虐待，曾经发生大量恐怖体罚、性侵、营养不良等事情，有超过 6000 名原住民儿童在校死亡。据后来的调查委员会报告，有的寄校死亡率高达 60%。儿童们多死于肉体和精神虐待、天花、麻疹、肺结核以及营养不良等。而期间发生了大量强迫和虐待事件。这是加拿大历史上被指为"文化灭绝政策的黑暗历史"。从 2008 年起，加拿大历届政府总理都就此事进行过道歉，并成立了专门的真相与和解委员会负责调查。事实上，加拿大原住民生活水平一直很低，失业率极高，深受贫困、抑郁、自杀、毒品和暴力犯罪困扰，平均寿命明显低于加拿大公民平均水平。

[17] 1818 年，英国作家玛丽·雪莱创作了一部长篇小说《弗兰肯斯坦——现代普罗米修斯的故事》。小说主角弗兰肯斯坦是个热衷于生命起源的生物学家，他尝试用不同尸体的各个部分拼凑成一个巨大的人体。当这个怪物终于获得生命时，弗兰肯斯坦吓得夺路而逃，怪物却紧追不舍。这被认为是世界第一部真正意义上的科幻小说。

[18] 艾伦·格林斯潘（Alan Greenspan，1926—　），美国第十三任联邦储备委员会主席。

[19] 在李泽厚先生看来，作为电脑附属品的当代人，实际上一半是机器，一半是动物，要重新做回真正的人，不仅要摆脱工作中服从机器统治而造成的异化，还要避免工作之余为满足生理需求而被动物欲望所异化。然而，科学发展不会停步，人的工作已离不开机器，缓解之道不是打碎机器，而是想办法争取更

多自由时间。只有自由时间多于工作时间,心理本体占统治地位,人性才能发展。他认为,教育面临的最关键的问题,就是能否把人培养成为一种超机器、超生物、超工具的社会存在物,而不是机器的奴隶和工具化的存在。他提醒人们,将来世界可能实现三天工作制,工作只占人生很少内容,人类将如何自处,这才是未来的教育课题。

[20] 在冷战时期,苏联和美国一样,对科技创新孜孜以求,并出现了大量的技术新成果。经济学家保罗·克鲁格曼曾说:"生活在一个苏联帝国已经土崩瓦解的时代,大多数人很难意识到曾几何时苏联经济是一个世界奇迹,而不是社会主义失败的代名词——那时,赫鲁晓夫用鞋子敲着联合国的主席台,宣称:'我们将会埋葬你们。'他不是在炫耀军事,而是在炫耀经济。"

[21] "轮船、铁路,最后飞机,已使政府能在遥远的地方迅速行使它们的权力。现今在撒哈拉或美索不达米亚发生的叛变,几个小时之内就能镇压下去,而在 100 年前,派遣一支军队到这些地方去,就需要几个月的时间,而且预防军队渴死也是很大的困难,当年亚历山大的兵士在俾路支就有渴死了的。"([英]伯特兰·罗素:《论权力:新社会分析》,吴友三译,商务印书馆 1991 年版)

[22] 里芬斯塔尔后来在谈到她拍摄的这些影片时称,她对政治不感兴趣,至于说到对纳粹极权的美化,她说那只是个技术问题。柏林奥运会开创了点火仪式、开幕式和电视转播等多项先例。火种是以凸透镜在希腊的阳光下采集的。作为史上第一次电视转播,电视和电视观众都非常少,而且图像质量也很差。

[23] 集中营最初是英国人的发明。最后一次布尔战争时,奥名昭著的英军指挥官基奇纳勋爵在南非实行了"焦土"政策,焚烧了大约 3 万个布尔农场,并且在南非建立了 45 个以针对整个国家、以减少整个地区人口为目的的营地,这也是第一次有人使用"集中营"这个术语。布尔战争结束时,超过 2.6 万布尔平民死于集中营,其中 2.2 万是儿童,这一数字还不包括分设的黑人集中营中丧生的约 2 万名非洲黑人。

[24] "以对男人、女人及孩子实施的大量'手工'暗杀,到流动毒气车、毒气室,从步行或用卡车实现的犹太人区的圈集,到用火车从几千里之外运人关押的集中营,一个真正有计划、有组织的工业集中区建立起来——在适合屠杀的机构里集中。被称为 zyklon B 的化学物质和焚尸炉为反人类的罪行服务。在一个精心制作的技术平台上的流水作业使受害者经历了从被选择,到挑拣分类,再到被处决的一整套工业化'消毒'程序。"([法]让-雅克·库尔第纳:《身体的历史·卷三:目光的转变:20 世纪》,孙圣英、赵济鸿、吴娟译,华东师范大学出版社 2019 年版)

[25] 历史学家总是对纳粹识别欧洲犹太人的高效率与高精确度感到惊讶,只有精

确鉴别犹太人的身份，希特勒才能高效地对其施行资产没收、集中隔离、驱逐出境、奴役和最终的种族灭绝。这项任务是列表和组织分类工作的极大挑战，需要电脑才能完成。可是在20世纪30年代，电脑尚未诞生。为此，作为现代信息技术的领跑者，IBM不惜制造"雅利安"身份，以专门设计并持续更新的霍尔瑞斯穿孔卡系统帮助希特勒加速了屠杀进程。事实上，IBM提供的技术几乎被用于组织德国国内以及后来欧洲占领区的一切相关事务，从对犹太人人口普查、祖先的血统认证到铁路系统的使用和对集中营劳工的组织。只有依靠IBM的技术支持，希特勒才能实现如此大规模的屠杀。（［美］埃德温·布莱克：《IBM和纳粹》，郭楚强译，广东人民出版社2018年版）

［26］鲍曼指出，大屠杀体现了行动者的理性，而不是行动的理性。也就是说，执行者只知忠实地执行命令，不想去了解行动的目的，因为他已经失去个人的道德判断。导致道德判断缺席的首要条件是马克斯·韦伯的"公务员的荣誉感"为特征的服从准则，将上级命令当作信念；其次是科层制产生的技术责任取代了从前的道德责任，每个执行者只关注方式，不关注目的，"道德被简单地等同于成为一个效率高并且认真的好工人或好专家"。这种情况下，责任不再像从前一样属于道德范畴，而是属于职业范畴。

［27］在奥斯威辛集中营的屠杀流程中，每一个细小的环节都经过了精心设计："那些被挑选出立即送去毒杀的人通常会沿着精心设计的路线，毫无障碍地前进，或说被送去焚尸场，受害者被告知要进行消毒。在焚尸场的入口，新来的人由一些党卫军成员和犹太特别分队成员负责。这些犹太特别分队成员和未起丝毫疑心的受害者们一同留在脱衣室，如果需要的话，他们还会像党卫军成员那样说一些宽慰的话。脱完衣服后，衣物都被小心翼翼地挂在标记了号码的挂钩上（鞋子也系在一起），以此证明完全不用担心，党卫军成员和犹太特别分队成员的囚犯一同陪伴这群等候'消毒'的人进入设有淋浴的毒气室。一些犹太特别分队成员一直待到最后一刻；通常情况下会有一名党卫军成员站在门槛，直到最后一名受害者迈进来。然后，门被密封起来，毒气颗粒倾泻进来。值班医生要保证毒气攻击完毕后没有留下任何生命迹象。"（［美］索尔·弗里德兰德尔：《灭绝的年代：纳粹德国与犹太人1939—1945》，卢彦名译，中国青年出版社2015年版）

第二十三章

［1］这个推论是由美国经济学家罗宾·汉森（Robin Hanson）根据多位经济史学家

的有关历史统计估算出来的。

［2］羊水诊断术本来是为了提高健康婴儿的出生率，但如今被广泛用来侦测婴儿性别，以此作为堕掉女婴的判断根据。一份早期的统计（1986 年 4 月 11 日英国《卫报》）显示，印度孟买仅在 1985 年一年内就实施了 16000 次女婴堕胎手术。

［3］古代印度的世袭制度就是最初的劳动分工的社会体现：军人、牧师、商人、农民、陶工、皮匠和其他一切职业，都被划分出不同的等级，并按不同的区域居住，他们之间甚至不允许通婚。

［4］1945 年，美国的科学期刊不足万份，到 1999 年，这个数字增长了将近 10 倍。每个领域的科学家都在不断地发明新的专业术语，不仅大众无法理解，就是相关领域的科学家有时也深感困惑。一位科学家说："科学已经发展到了这样一个境地：非但公众看不懂专业文献，坦率地说，如果文献中的知识不是自己的专业，我们这些做科学家的都看不懂。"

［5］大学实行文理分科是世界现象，很多人在选择文科还是理工科时比较犹豫，比如担心就业等。其实所有人生困惑都不难解决，如果想想"你只能活一次"的话。美国一份大学调查报告显示，就职业幸福感而言，人文学科毕业生的就业幸福感比商科和理工科更高，因为他们"每天都有机会做自己擅长的事"，当然，前提是他们对于自己的工作和专业非常感兴趣。

［6］为此，世界各国基本正式组建了国家科技伦理委员会等组织。

［7］"中国可能遇到的最大危险，也即中国领导人决心要避免的，就是新一代技术官僚的出现。在计划和协作经济中，大量问题的存在不可避免地导致了一定程度的专业主义；这很容易就为一个新的管理阶层铺平了道路。在受雇人员数量如此之大的背景下，这可能会把社会主义变为帝制中国官僚统治的复活。每念及此，足以让每个中国人毛发倒竖。对此，最好的预防手段是教育改革。因此，政治和道德教育至少应该获得与技术知识同等的重视；能否接受高等教育，很大程度上要取决于个人服务社会的热情和献身精神。"（黄仁宇：《现代中国的历程》，中华书局 2011 年版）

［8］早期电脑主要使用"纸带穿孔机"和"卡片穿孔机"来进行信息输入。作为现代电脑主要信息输入通道的键盘来自"电传打字机"；或者说，即承袭于传统机械打字机的柯蒂键盘（其英文键位分布为 "QWERTY"，1868 年发明，1873 年上市）。机械式打字机采用铅字杠杆结构，两个位置接近的键位同时按下时容易卡死；后来出现了电容式键盘，不存在卡死问题。有人发明了效率更优的 DUORAK 键盘系统，将常用字母放在键盘中间。据说新式键盘可将打字者的手指平均每日运动量从 32 千米降低到 1.6 千米。但实际上，人们使用的依然是古老的柯蒂键盘。这就是诺斯所说的"路径依赖"。

［9］意大利作家艾柯指出，书就像轮子，一旦发明出来就代表想象秩序中的某种完

美，不可超越。他的朋友卡里埃尔说，自有电脑以来出现的种种数据存储方式，都旨在更持久地保存信息，然而它们自身的寿命却因新技术的不断发展而越来越短暂。同时，这些存储技术都需要电，没有电，一切都会消失，无可弥补。反过来，当人类一切视听遗产均消失时，我们还可以在白天读书，在夜里点根蜡烛继续读。书自有它不可替代的优越性。

[10] 德国海德堡印刷机械股份公司是世界最大的高品质自动印刷设备制造厂家，约占有 43% 的全球市场份额。

[11] 8000 多万德国人拥有全球第二大图书市场，2021 年市场销售总额达 96 亿欧元。统计显示，2013 年德国人购买了 42 亿欧元的纸质书和电子书（当然，这不包括各种学校教材和教辅考试书）。德国有 2000 余家出版社（中国为 500 多家），2011 年出版新书 9 万余种，平均每万人 11.5 种。德国还是全世界人均书店密度最高的国家，平均每 1.7 万人就有一家书店。一份调查显示：有 91% 的德国人在过去一年中至少读过一本书。其中，23% 的人年阅读量在 9 到 18 本之间；25% 的人年阅读量超过 18 本，大致相当于每三周读完至少一本书。书也成了朋友之间最受欢迎的礼品。70% 的德国人喜爱读书，一半以上的人定期买书，三分之一的人几乎每天读书。值得一提的是，在所有年龄段的人群中，30 岁以下的年轻人读书热情最高。对于德国年轻人来讲，读书就和他们的啤酒一样让人喜爱。14 岁以上的德国人中，69% 的人每周至少看书一次；36% 以上的人认为自己"经常"看书；22% 的人看"很多"书；16% 的人则有每日阅读的习惯，属阅读频繁者。德国每个家庭平均藏书近 300 册，人均藏书 100 多册。他们认为，"一个家庭没有书籍，等于一间房子没有窗户"。

[12] 近代以来，因为语言区隔，文化的世界性交流大量依赖于文本翻译，而这种翻译需要很多学者像玄奘一样，青灯古佛地案牍劳形。虽然目前的翻译软件还不完善，无法准确地翻译整段文字和一本书，但依电脑的进化速度，要不了多久，所有的翻译工作（除一些文学作品）都将由电脑完成，人工只需进行校对和编辑即可。可以想象，很多年后，那种机械翻译和机械记忆一样，都将失去意义。传统时代一个博学强记（机械记忆）的人，在当下这个可以随处检索的现代社会，并没有太大价值。

[13] 日本在明治维新时期就进入了阅读社会，但日本的阅读社会与西方仍有很大不同。日本人读书以娱乐消遣为主，动漫画本和侦探小说泛滥，严肃的思想书籍在日本未成气候，这与韩国形成明显的差异。韩国人读书与近代以来基督教的渗透有关。

[14]《书香》(*The Beauty of Books*)，英国广播公司（BBC）于 2011 年出品，全片分为四集，讲述了欧洲书籍演变的历史。

[15] 传统时代，中国文人读书以科举为目标，最主要是博闻强记，强调记忆力，
　　这与书籍匮乏有一定关系。许多记忆力出色的文人，往往在思想上乏善可陈，
　　大脑空间被知识记忆充塞，没有留下太多思考空间。现代社会书籍剧增，有
　　各种词典、年表、目录、索引、地图和工具书，更有便于检索的互联网，而
　　在以前，这些都必须装进大脑中去。对现代人来说，随着最低限度的记忆与
　　日俱增，记忆压力也越来越大。

[16] 泰利斯（Thales，前624—前547），古希腊米利都学派创始人，西方历史上
　　第一位哲学家。

[17] 阿米什（Amish）源自欧洲一个名为"再洗礼派"的古老教派，出现于宗教
　　改革时期，长期受到迫害，18世纪迁往北美，目前大约有14.5万阿米什人生
　　活在北美，有220个阿米什居留地，900多个小教区。据统计，有1.8万信
　　徒严格恪守最保守的阿米什传统。

[18] 人类学家张光直先生指出，在上古时代，人类有两套传统：一种是人与自然
　　分开对立，上帝惩罚亚当夏娃，人类必须以血祭偿还，付出代价，才能找回
　　失去的和平快乐。因此，亚当夏娃在被逐出伊甸园后，要用双手去耕耘，去
　　克服自然，从两河流域、欧洲到北美，整个西方都流传着这样的神话。另一
　　种流行于环太平洋和印度洋等东方诸民族，人们认为宇宙与人是相通的，即
　　天人合一，人只能顺应自然，不能征服自然。宇宙造我，我亦在宇宙之中。
　　这种传统相信人与自然不是分裂的、对立的，而是统一的。

[19] 当时空间站还有一个宇航员沃尔科夫，他稍晚一些时间到来。直到1992年，
　　俄罗斯才派出飞船去接他们。3月17日，滞留太空311天的克里卡列夫和沃
　　尔科夫，这两个"最后的苏联人"返回地球。

[20] 亨廷顿将1974年（葡萄牙独裁政权倒台）以来的世界民主化浪潮称为"第
　　三波"。

[21] 第一次大灭绝：4.5亿年前的奥陶纪。第二次大灭绝：3.7亿年前的泥盆纪。
　　第三次大灭绝：2.5年亿前的二叠纪与三叠纪之交。第四次大灭绝：2亿年前
　　的三叠纪与侏罗纪之交。第五次大灭绝：6500万年前的白垩纪，恐龙消失。
　　目前的第六次物种灭绝速度是地球历史上任何一次大规模灭绝的10倍到100
　　倍。荒野退化，生物多样性骤减，大气层碳含量攀升，一桩桩局部性灭绝事
　　件动摇着地球的生命支持系统，从量变到质变，一步步逼近临界点。人类自
　　20世纪50年代以来的"大加速"使这个世界滑向失控和衰退。有生态学专
　　家就发出警告：人类对地球的行为正在复制导致二叠纪大规模生物灭绝的风
　　险条件。如果环境照此恶化下去，在未来100年内，地球将再次经历生物大
　　灭绝，而此次矛头直指人类。（[美] 约翰·麦克尼尔、彼得·恩格尔克：《大
　　加速：1945年以来人类世的环境史》，施雯译，中信出版社2021年版）

[22] 大意是说，传统学者为自身的修养而学习，现在学者为取悦于他人；君子学习是为了完善自我，小人学习只是为了混口饭吃。

[23] "写作者大多生活节奏缓慢，并有较多空余时间可以自由支配，他们喜欢深居简出的闲适意境，厌恶社会上盛行的那种唯利是图的风气，一旦通过长期地思索，进而推导出自然现象的规律，往往会令他们快活不已。"（[荷] 贝尔纳·曼德维尔：《蜜蜂的寓言：或私人的恶行，公共的利益》，肖津译，商务印书馆 2016 年版）法国文艺批评家丹纳则认为，作家必须是个生性孤僻、好深思、爱正义、慷慨豪放、容易激动的人。

尾 声

[1] 在不同的统计和计算中，人均 GDP 和 GDP 总量都存在一些差异。1987 年中国央行发行第一张 100 元面值的钞票时，人均 GDP 为 1112 元，人均月收入还不到 100 元。如今，中国经济总量达到当年的 100 倍以上。吴军在《文明之光》（2014）一书中说，从 1980 年至今，中国的 GDP 以美元计算增长了 30 倍，以人民币计算则更多，与此同时，人口只增加了不到一倍。

[2] 根据工业和信息化部的统计，2011 年，在世界 500 种主要工业品中，中国有 220 种产品产量居全球第一位。如：粗钢产量世界第一，占全球产量的 44.7%；电解铝产量世界第一，占全球产量的 40%；造船完工量世界第一，占全球市场份额的 42%；电视机出货量占全球的 48.8%，冰箱出货量占全球的 70%，手机出货量占全球的 70.6%，计算机出货量占全球的 90.6%。另外还有像鞋子、纽扣、衬衣、玩具、箱包等传统中国制造项目。联合国网站发布的数据显示，中国制造业产值和制造业增加值均居世界第一。但 2011 年以来，中国制造业各项指标都开始放缓，比如就业人数、企业利润率等。

[3] 比如以色列历史学家赫拉利在《人类简史》的结尾写道："虽然现在人类已经拥有许多令人赞叹的能力，但我们仍然对目标感到茫然，而且似乎也仍然总是感到不满。我们的交通工具已经从独木舟变成帆船、变成汽车、变成飞机，再变成航天飞机，但我们还是不知道自己该前往的目的地。我们拥有的力量比以往任何时候都更强大，但几乎不知道该怎么使用这些力量。更糟糕的是，人类似乎比以往任何时候更不负责任。我们让自己变成了神，而唯一剩下的只有物理法则，我们也不用对任何人负责。正因为如此，我们对周遭的动物和生态系统掀起一场灾难，只为了寻求自己的舒适和娱乐，但从来无法得到真正的满足。拥有神的能力，但是不负责任、贪得无厌，而且连想要什么都不知道。天下危险，恐怕莫此为甚。"

［4］《论语·子路》：子适卫，冉有仆。子曰："庶矣哉！"冉有曰："既庶矣，又
何加焉？"曰："富之。"曰："既富矣，又何加焉？"曰："教之。"

［5］最近 30 年来，中国超重和肥胖的比例增长了 2.5 倍。根据《中国居民营养与
慢性病状况报告（2020 年）》数据，中国成年人去除肥胖的超重率为 34.3%，
肥胖率为 16.4%。19% 的 6—17 岁儿童和青少年、10.4% 的 6 岁以下儿童存在
超重或肥胖。整体来看，中国超重或肥胖的人数超过了 50%。按照绝对的人
口数来计算，中国已经有 6 亿人超重和肥胖，位列全球第一。

附录一
本书相关历史事件年表

1168 年，牛津大学成立。

1192 年，源赖朝开创镰仓幕府。

1203 年，十字军攻陷君士坦丁堡。

1206 年，成吉思汗建立蒙古汗国。

1215 年，英国国王约翰签署《大宪章》。

1227 年，成吉思汗死。

1233 年，蒙古攻破金国都城南京（今河南开封），次年正月金国灭亡。

1240 年，蒙古人征服俄罗斯。

1241 年，蒙古人在里格尼茨战役中击败条顿骑士团。

1258 年，蒙古攻陷巴格达。

1265 年，英国历史上第一次召开国会。

1271 年，忽必烈在汗八里（今北京）建立大元帝国。

1279 年，崖山海战，南宋灭亡。

1283 年，机械钟表出现在英国。

1291 年，瑞士联邦成立。

1331 年，火器出现在西班牙。

1348 年，欧洲黑死病大流行。

1368 年，朱元璋军攻占大都，元帝国覆灭。

1384 年，世界第一份现代保险单诞生于意大利。

1392 年，李成桂自立为王，朝鲜王朝建国；足利义满统一日本南
　　　　北朝。

1430 年，郑和第七次下西洋。

1443 年，朝鲜世宗大王李祹颁定"训民正音"（谚文）。

1453 年，英法百年战争结束；土耳其苏丹穆罕默德二世攻陷君士坦
　　　　丁堡，拜占庭帝国灭亡。

1455 年，英格兰爆发玫瑰战争；谷登堡用活字印刷《圣经》。

1492 年，西班牙收复格林纳达；哥伦布发现新大陆。

1498 年，达·迦马绕过好望角到达印度。

1500 年，世界人口增长至约 5 亿。

1513 年，马基雅维利写成《君主论》。

1514 年，葡萄牙人第一次由海路来到中国。

1517 年，马丁·路德公布《九十五条论纲》，新教运动开始。

1521 年，中葡屯门之战；科尔特斯灭亡阿兹特克帝国；麦哲伦完成
　　　　环球航行一周行程。

1524 年，中国闭锁嘉峪关；中国仿制佛郎机炮；德国农民起义。

1534 年，耶稣会成立。

1543 年，哥白尼辞世，《天体运行论》发表；维萨里的著作《人体的构造》出版。

1557 年，葡萄牙入居澳门；日本被逐出中国朝贡体系。

1581 年，荷兰宣布独立，成立荷兰共和国。

1582 年，张居正辞世；教皇格列高利颁布现代历法。

1588 年，戚继光辞世；西班牙无敌舰队覆灭。

1592 年，中日爆发壬辰战争。

1600 年，英国进入印度，东印度公司成立；布鲁诺被教廷处以火刑。

1603 年，德川家康开幕府，日本进入幕府时代。

1604 年，荷兰人来到中国；詹姆斯一世决定出版钦定版《圣经》；开普勒观测到新星。

1609 年，伽利略发明望远镜，并第一次观测月球；日本入侵琉球；波兰占领莫斯科。

1620 年，万历皇帝服"仙药"红丸而死；"五月花号"到达美洲。

1624 年，荷兰侵占台湾。

1633 年，日本第一次颁布锁国令；伽利略被教廷判决终身监禁。

1636 年，哈佛大学成立；俄国征服西伯利亚。

1637 年，《天工开物》刊行；英国军舰炮击虎门炮台；荷兰郁金香泡沫崩溃。

1642 年，伽利略去世，牛顿诞生。

1644 年，李自成攻入北京，明朝灭亡，清军入关；克伦威尔率国会军战胜国王军；弥尔顿发表《论出版自由》。

1645 年，清廷颁布剃发令、易服令。

1649 年，英国国王查理一世被判死刑，英国宣布成立共和国。

1651 年，清朝改"承天门"为"天安门"；霍布斯出版《利维坦》。

1653 年，清廷颁布铸钱法；克伦威尔解散国会。

1662 年，郑成功打败荷兰侵略者，收复台湾。

1664 年，英国打败荷兰，取得新阿姆斯特丹，更名为纽约（New York）。

1666 年，大瘟疫席卷英国；伦敦大火。

1675 年，英国建立皇家格林尼治天文台。

1683 年，清军统一台湾；列文虎克发现细菌。

1687 年，清廷禁"淫词小说"；牛顿出版《自然哲学的数学原理》。

1688 年，英国爆发光荣革命。

1689 年，彼得一世主政沙俄，开始西化改革；中俄签订《尼布楚条约》；英国国会通过《权利法案》。

1694 年，英格兰银行成立，发行英镑。

1704 年，《政府论》作者约翰·洛克去世。

1705 年，纽科门造出第一台蒸汽机。

1707 年，清政府明确禁止天主教；英格兰与苏格兰合并成为联合王国。

1709 年，英国颁布世界第一部知识产权保护法《安娜法令》。

1733 年，清朝下令各省设置书院，供士人科举之用；英国人约翰·凯伊发明"飞梭"。

1740 年，清政府招商采煤；印度尼西亚发生屠杀华人的红溪惨案。

1748 年，孟德斯鸠《论法的精神》出版。

1751 年，中国人口猛增至 1.6 亿，世界人口 7.7 亿；狄德罗《百科全书》第一卷出版。

1753 年，世界上第一座国家博物馆——大英博物馆诞生。

1755 年，里斯本大地震。

1757 年，清政府关闭各通商口岸，仅留广州一地；英国占领孟加拉。

1762 年，约翰·哈里森制成精确海钟；卢梭发表《社会契约论》。

1765 年，英国发明珍妮纺纱机。

1769 年，库克船长发现新西兰，次年发现澳大利亚。

1775 年，抽水马桶诞生；镗床诞生。

1776 年，美国发表《独立宣言》，正式宣布独立；亚当·斯密出版
　　　　《国富论》；吉本出版《罗马帝国衰亡史》第一卷；瓦特发
　　　　明具有实用价值的蒸汽机；新式来复枪诞生。

1777 年，清朝全面禁止火器，禁止棉花进口。

1779 年，英国发明"骡机"。

1784 年，《红楼梦》成书；美国商船"中国皇后号"抵达中国。

1785 年，英国发明蒸汽动力织布机。

1789 年，法国大革命，颁布《人权宣言》；华盛顿当选美国第一任
　　　　总统。

1793 年，英国派使节马戛尔尼访问清朝；惠特尼发明轧棉机。

1798 年，马尔萨斯发表《人口原理》。

1799 年，拿破仑发动雾月政变；伏特制成世界第一个电池——"伏
　　　　特电堆"。

1807 年，马礼逊来华传教，是第一个把《圣经》译成中文的人；富
　　　　尔顿发明蒸汽船。

1814 年，史蒂芬森发明蒸汽机车；英军占领华盛顿，火烧白宫。

1815 年，印尼坦博拉火山爆发，全球气温下降 3 度；拿破仑滑铁卢

战役中战败。

1821 年，拿破仑死于圣赫勒拿岛；法拉第发明电动机。

1822 年，广州十三行大火；现代印刷机进入中国。

1836 年，英国工人发动争取普选权的宪章运动。

1840 年，中英第一次鸦片战争爆发；英国发行世界上第一张邮票黑
便士；托克维尔出版《论美国的民主》下卷。

1845 年，英国在上海设立中国近代史上第一块租界；托马斯·库克
创办世界第一家旅行社；梭罗隐居瓦尔登湖。

1846 年，中国首位留学生赴美；美墨战争爆发；英国废除《谷物
法》，开启贸易自由化。

1848 年，洪秀全写成《原道觉世训》；马克思、恩格斯合著《共产党
宣言》出版。

1851 年，世界首届万国工业博览会（世界博览会前身）在伦敦开幕；
世界第一台人工制冷压缩机问世。

1853 年，太平军占领南京；沙俄侵占中国库页岛；美国黑船来到日
本；俄国和土耳其爆发克里米亚战争。

1859 年，达尔文出版《物种起源》；美国油井钻出石油，现代石油工
业开启。

1860 年，英法联军攻入北京，火烧圆明园；英国的萨顿设计出第一
台单反相机。

1863 年，红十字国际委员会成立；世界第一条地铁伦敦地铁建成通
车；现代足球运动诞生；林肯正式命令解放黑奴。

1866 年，诺贝尔发明硝化甘油炸药；西门子发明第一台大功率发
电机。

1867 年，日本明治天皇即位，次年开始明治维新；格利登获得铁丝网专利。

1869 年，苏伊士运河通航；门捷列夫编制第一张元素周期表；米舍尔首次分离出 DNA。

1871 年，电报进入中国；巴黎公社成立；德意志帝国建立，德国统一。

1872 年，中国首批官派留学生出国；中国第一家股份制公司轮船招商局成立；《申报》创刊。

1876 年，中国近代第一位驻外使节郭嵩焘任驻英公使；贝尔获得电话专利；奥托造出第一台实用的四冲程内燃机；中国第一次正式参加世界博览会。

1879 年，爱迪生改进造出了具有实用价值的白炽灯。

1882 年，尼古拉·特斯拉发明交流电；美国颁布《排华法案》；英国占领埃及。

1883 年，马克思辞世；马克沁机枪和乳胶避孕套诞生；马克·吐温用打字机写作小说《密西西比河上》。

1885 年，卡尔·本茨制造了世界第一辆内燃机汽车。

1889 年，日本颁布宪法，成为东亚首个君主立宪国家；世界上第一台名副其实的电梯诞生；埃菲尔铁塔落成。

1891 年，爱迪生申请到电影摄影机专利。

1894 年，国际奥林匹克委员会在巴黎成立，顾拜旦任秘书长；中日甲午战争爆发。

1896 年，严复译成《天演论》；李鸿章访问美国；希腊雅典举办第一届现代奥运会。

1898 年，百日维新；北京大学（京师大学堂）建立。

1899 年，发现甲骨文。

1900 年，英国人杜瓦发明保温瓶；莫高窟藏经洞被发现；清廷对列强宣战；义和团运动；全球拥有 16 亿人口。

1901 年，首次颁发诺贝尔奖；马可尼完成跨大西洋无线电传送。

1903 年，英国入侵中国西藏；福特建立福特汽车公司；飞机诞生。

1904 年，中国红十字会成立；日俄战争爆发。

1905 年，中国废除科举制度；中国设立户部银行；电影院出现；爱因斯坦提出狭义相对论。

1907 年，北京—巴黎汽车拉力赛举行；福特汽车公司开发 T 型车，于次年推出；塑料专利诞生；"胸罩"一词出现在美国《时装》杂志上。

1911 年，辛亥革命；清华大学建立；泰勒出版《科学管理原理》。

1912 年，中华民国成立，颁布《中华民国临时约法》；泰坦尼克号沉没。

1914 年，日升昌票号倒闭；第一次世界大战开始；巴拿马运河开通。

1915 年，袁世凯称帝；《新青年》杂志创刊。

1917 年，蔡元培任北大校长；张勋复辟；雷达诞生；俄国爆发十月革命。

1918 年，西班牙大流感暴发；英国妇女获得选举权。

1919 年，五四运动爆发；英印当局酿成阿姆利则惨案；一战结束，各国签署《凡尔赛和约》，中国拒绝签字。

1921 年，纽约铁路运输总公司首次使用集装箱运输货物。

1922 年，世界第一艘航空母舰"凤翔号"开始服役于日本海军。

1927 年，发现"北京人"化石；世界人口增长到 20 亿。

1928 年，香港第一个电台诞生；开利发明家用空调；"米老鼠"卡通
　　　　形象诞生；弗莱明发现青霉素。

1929 年，纽约股市崩盘，引发持续 4 年的经济大萧条。

1931 年，九一八事变，日本占领中国东北；纽约帝国大厦落成。

1935 年，德国发明磁带录音机；企鹅出版社创立。

1936 年，鲁迅辞世；西安事变；伦敦水晶宫毁于大火；纳粹德国举
　　　　办柏林奥运会；世界最大飞行器兴登堡飞艇建成，次年坠
　　　　毁；英国广播公司开始播放电视节目。

1937 年，日本发动七七事变，全面侵华；12 月，日军占领南京，制
　　　　造了南京大屠杀。

1939 年，德国入侵波兰，第二次世界大战全面爆发；导弹和喷气式
　　　　飞机诞生；电影《乱世佳人》首映。

1941 年，皖南事变；日本偷袭美国珍珠港；德国突袭苏联。

1945 年，原子弹爆炸；第二次世界大战结束；联合国成立；奥威尔
　　　　《动物农庄》出版。

1946 年，联合国大会第一次会议举行；第一台电子计算机诞生。

1947 年，杜鲁门主义出台，冷战开始；台湾爆发二二八起义；晶体
　　　　管问世；AK 47 冲锋枪诞生。

1948 年，以色列立国，第一次中东战争爆发；甘地遇刺；联合国颁
　　　　布《世界人权宣言》；静电复印技术问世。

1949 年，中华人民共和国成立；美国两大篮球组织 BAA 和 NBL 合
　　　　并为"NBA"。

1950 年，朝鲜战争爆发，中国人民志愿军入朝参战；巴西世界杯足

球赛举行。

1952 年，中国高校"院系调整"；3D 电影和条形码诞生；伦敦烟雾事件；爱因斯坦发表《相对论和空间问题》，并拒绝出任以色列总统。

1954 年，苏联建成世界第一座核电站；美国建成第一艘核动力潜艇"鹦鹉螺号"；第一枚氢弹在美国试验成功；希区柯克拍摄 3D 电影《电话谋杀案》。

1955 年，汉字简化运动；钱学森从美国归来；脊髓灰质炎疫苗研制成功；第一版《吉尼斯世界纪录大全》出版；美国麦当劳开业；美国黑人民权运动开始。

1957 年，马寅初提出"新人口论"；第一届中国出口商品交易会（广交会）创办；《欧洲经济共同体条约》在罗马签订；苏联发射第一颗人造地球卫星；苏联发明移动电话。

1958 年，中央电视台开播；"跃进号"万吨远洋轮下水；美国发射第一颗通信卫星。

1960 年，智利大地震；OPEC（欧佩克，石油输出国组织）成立；世界人口达到 30 亿。

1961 年，越南战争爆发。

1963 年，马丁·路德·金发表《我有一个梦想》的演说。

1964 年，中国提出实现"四个现代化"的目标；曼德拉被判终身监禁。

1967 年，中国第一颗氢弹试验成功；美国铁路工人总罢工。

1968 年，南京长江大桥建成通车；布拉格之春运动开始；世界首例心脏移植手术实施。

1969 年，互联网诞生；ATM 机（自动柜员机）出现；全球第一台心率训练跑步机诞生；人类登上月球。

1973 年，安东尼奥尼《中国》在罗马首映；越南战争结束；手机诞生。

1974 年，发现秦始皇陵墓；卢比克发明魔方；因水门事件，尼克松辞去美国总统职务。

1975 年，中国人口 9 亿；世界人口达到 40 亿。

1976 年，"四人帮"倒台；南非发生索韦托惨案；乔布斯创办苹果电脑公司。

1978 年，中国实施改革开放政策。

1979 年，苏联入侵阿富汗；特蕾莎修女获诺贝尔和平奖。

1984 年，中国颁发第一代居民身份证；中英签署关于香港问题的《中英联合声明》；福柯死于艾滋病；苹果公司发布首款苹果个人电脑。

1985 年，中国开始百万大裁军；".com 域名"诞生；"发现号"航天飞机首次执行秘密军事任务。

1986 年，国际和平年；中国实行夏时制；国务院废止《第二套简化字方案》；英法海底隧道开工；苏联切尔诺贝利核电站泄漏；"挑战者号"航天飞机爆炸坠毁。

1987 年，中国发出第一封电子邮件；世界人口达到 50 亿。

1989 年，诗人海子卧轨自杀；日本房地产大崩溃；柏林墙倒塌。

1990 年，中国第一家麦当劳开业；立陶宛独立。

1991 年，苏维埃社会主义共和国联盟（苏联）解体。

1993 年，国际空间站完成设计；曼德拉和德克勒克同获诺贝尔和平奖。

1994 年，中国加入国际互联网；英法海底隧道通车。

1996 年，沃尔玛进入中国；英国疯牛病暴发；克隆羊"多利"诞生；联合国大会通过《全面禁止核试验条约》。

2001 年，中国加入世界贸易组织（WTO）；维基百科成立；"9·11"事件；人类基因组图谱首次公布。

2002 年，QQ（腾讯推出的即时通信软件）注册用户超过 1 亿；欧元诞生。

2008 年，北京举办奥运会；"凤凰号"火星探测器成功着陆火星。

2009 年，中国汽车产销量超越美国，成为世界第一；迈克尔·杰克逊去世。

2011 年，福岛核电站发生核泄漏事故；占领华尔街运动席卷美国；第一架 3D 打印的飞机诞生；中国人口 13 亿，世界人口达到 70 亿。

2012 年，莫言获诺贝尔文学奖；Facebook 在纳斯达克上市；《京都议定书》失效。

2014 年，上海自由贸易区成立；马来西亚航班失踪；斯诺登获得诺贝尔和平奖提名。

2015 年，《中国制造 2025》发布；英国最后一个煤矿（凯灵利煤矿）关闭；美国同性婚姻合法化。

2016 年，谷歌"AlphaGo"击败世界围棋冠军李世石。

2018 年，加拿大宣布大麻合法化；沙特阿拉伯首次向女性发放驾照。

2019 年，中国正式组建国家科技伦理委员会。

2021 年，西班牙通过安乐死法规；意大利废除电影审查制度；马斯克成为新世界首富。

附录二
延伸阅读书目

1- ［英］克里斯滕·利平科特：《时间的故事》，刘研、袁野译，中央编译出版社 2010 年版。

2- ［美］杰西卡·里斯金：《永不停歇的时钟：机器、生命动能与现代科学的形成》，王丹、朱丛译，中信出版社 2020 年版。

3- ［美］斯塔夫里阿诺斯：《全球通史：从史前史到 21 世纪》，吴象婴、梁赤民、董书慧等译，北京大学出版社 2012 年版。

4- ［美］丹尼尔·J. 布尔斯廷：《发现者 —— 人类探索世界和自我的历史》，吕佩英等译，上海译文出版社 2014 年版。

5- ［加］戴维·克劳利、保罗·海尔：《传播的历史：技术、文化和社会》，董璐、何道宽、王树国译，北京大学出版社 2011 年版。

6- ［美］伊丽莎白·艾森斯坦：《作为变革动因的印刷机》，何道宽译，北京大学出版社 2010 年版。

7- [美] 彼得·盖伊：《启蒙时代：人的觉醒与现代秩序的诞生》，刘北成、王皖强译，上海人民出版社 2019 年版。

8- [英] 亚当·斯密：《国富论》，唐日松、赵康英、冯力等译，华夏出版社 2005 年版。

9- [英] 罗杰·奥斯本：《钢铁、蒸汽与资本：工业革命的起源》，曹磊译，电子工业出版社 2016 年版。

10- [英] T.S. 阿什顿：《工业革命：1760—1830》，李冠杰译，上海人民出版社 2020 年版。

11- [美] 默顿：《十七世纪英格兰的科学、技术与社会》，范岱年、吴忠、蒋效东译，商务印书馆 2000 年版。

12- [法] 保尔·芒图：《十八世纪产业革命》，杨人楩、陈希秦、吴绪译，商务印书馆 1983 年版。

13- [德] 卡尔·马克思：《资本论》，郭大力、王亚南译，上海三联书店 2009 年版。

14- [美] R. R. 帕尔默、乔·科尔顿、劳埃德·克莱默：《现代世界史》，何兆武、孙福生、董正华译，世界图书出版公司 2009 年版。

15- [美] 罗伯特·马克斯：《现代世界的起源：全球的生态的述说》，夏继果译，商务印书馆 2006 年版。

16- [美] R. R. 帕尔默、乔·科尔顿、劳埃德·克莱默：《欧洲崛起：现代世界的入口》，孙福生、陈敦全、何兆武译，世界图书出版公司 2010 年版。

17- [西] 胡里奥·克雷斯波·麦克伦南：《欧洲文明如何塑造现代世界》，黄锦桂译，中信出版社 2020 年版。

18- [英] 埃里克·琼斯：《欧洲奇迹：欧亚史中的环境、经济和地缘政治》，陈小白译，华夏出版社 2015 年版。

19- [英] 大卫·兰德斯：《解除束缚的普罗米修斯：1750 年迄今西欧的技术变革和工业发展》，谢怀筑译，华夏出版社 2007 年版。

20- [美] 约翰·梅里曼：《欧洲现代史：从文艺复兴到现在》，焦阳、赖晨希、冯济业等译，上海人民出版社 2016 年版。

21- [英] 约翰·霍布森：《西方文明的东方起源》，孙建党译，山东画报出版社 2009 年版。

22- [美] 乔纳森·戴利：《现代西方的兴起》，董文煦译，文汇出版社 2021 年版。

23- [美] 哈罗德·埃文斯、盖尔·巴克兰、戴维·列菲：《美国创新史》，倪波、蒲定东、高华斌等译，中信出版社 2011 年版。

24- [美] 费正清：《美国与中国》，张理京译，世界知识出版社 1999 年版。

25- [美] 刘易斯·芒福德：《技术与文明》，陈允明、王克仁、李华山译，中国建筑工业出版社 2009 年版。

26- [英] 詹姆斯·辛格、E. J. 霍姆亚德、A. R. 霍尔等编：《技术史》，王前、李英杰、孙希忠等译，中国工人出版社 2021 年版。

27- [美] 乔舒亚·弗里曼：《巨兽：工厂与现代世界的形成》，李珂译，社会科学文献出版社 2020 年版。

28- [美] 彭慕兰：《大分流：欧洲中国及现代世界经济的发展》，史建云译，江苏人民出版社 2010 年版。

29- [美] 威廉·麦克尼尔：《竞逐富强：公元 1000 年以来的技术、军事与社会》，倪大昕、杨润殷译，上海辞书出版社 2013 年版。

30- ［英］李约瑟：《李约瑟中国科学技术史》，袁翰青等译，科学出版社 2018 年版。

31- 吴国盛：《科学的历程》，北京大学出版社 2002 年版。

32- 张笑宇：《技术与文明》，广西师范大学出版社 2021 年版。

33- ［美］托比·胡弗：《近代科技为什么诞生在西方》，周程、于霞译，北京大学出版社 2010 年版。

34- 陆敬严：《中国古代机械文明史》，同济大学出版社 2012 年版。

35- ［美］贾雷德·戴蒙德：《枪炮、病菌与钢铁：人类社会的命运》，谢延光译，上海译文出版社 2006 年版。

36- ［加］马歇尔·麦克卢汉：《理解媒介：论人的延伸》，何道宽译，商务印书馆 2000 年版。

37- ［德］马克思、恩格斯：《马克思恩格斯全集》，人民出版社 1956 年版。

38- ［美］阿尔文·托夫勒：《第三次浪潮》，朱志焱、潘琪、张焱译，生活·读书·新知三联书店 1984 年版。

39- ［美］弗兰克·萨克雷、约翰·芬德林编：《世界大历史》，王林、闫传海、史林等译，新世界出版社 2014 年版。

40- ［英］保罗·约翰逊：《现代：从 1919 年到 2000 年的世界》，李建波等译，江苏人民出版社 2001 年版。

41- ［英］本·威尔逊：《黄金时代：英国与现代世界的诞生》，聂永光译，社会科学文献出版社 2018 年版。

42- ［美］戴维·S.兰德斯：《国富国穷》，门洪华、安增才、董素华等译，新华出版社 2007 年版。

后　记

【机器】

生产流水线是美国工业生产组织形式的一种创新。阅读下列材料：

材料一：亨利·福特的创新用于生产的流水线。放上零件的人不去固定它，放上螺栓的人不用装上螺帽，装上螺帽的人不用去拧紧它。正因为流水线有如此的速度，福特才得以在以后的十年中每年的生产量成倍地增长，并使零售价降低了三分之二。到1914年，路上行驶的每两辆汽车中就有一辆是福特汽车。（摘编自韦尔奇《美国创新史》）

材料二：流水作业法的普遍采用推动了汽车时代的到来，从而引起了居住方面的革命……汽车的普及推动了一场社会革命，遏制了

人口进一步向城市集中，从而使人口得以从饱和的城市向郊区扩散。（李庆余《美国现代化道路》）

材料三：1921年，喜剧大师卓别林兴冲冲地参观了海蓝公园的福特工厂，并与福特在总装流水线旁微笑合影。当时人们把福特看作一个创造奇迹的大师，但在15年后，他已经成为劳动者的公敌。在《摩登时代》里，卓别林毫不客气地讽刺了他的这位资本家朋友和残酷的流水线。这部默片时代的经典电影也是迄今为止对大机器生产的非人性批判得最深刻的一部。（杜君立《历史的细节》）

请回答：

（1）据材料一并结合所学知识，从工业发展的角度，指出福特"创新"产生的原因，简析其影响。（4分）

（2）据材料二并结合所学知识，分别说明工业革命以来汽车普及前后的人口移动趋势。（2分）

（3）据上述材料并结合所学知识，就"大机器生产的非人性"这一观点，从客观公正的立场写一篇小论文。（要求：观点明确；史论结合；逻辑严密；表述清晰；280字左右）（9分）

——《2015年江苏历史单科高考试题》

《现代的历程》初稿源自《历史的细节》（上海三联书店2013年版）其中一章《机器的塑造》。在此基础上，经过漫长的反复打磨，可谓披阅十载，增删五次，才得大器晚成。

鲁迅说《红楼梦》："经学家看见《易》，道学家看见淫，才子看见缠绵，革命家看见排满，流言家看见宫闱秘事。"就主题而言，《现代的历程》既是一部机器史，也是一部现代史；既是一部世界通史，也是一部人类文明史与思想史。

《礼记》云："大德不官，大道不器。"关于机器，其内涵极其丰富。几乎可以这样说，机器的历史就是人类生产力的发展史；或者说，机器史不仅是科技史和经济史，更是文明史和现代史。蒋廷黻先生在《中国近代化的问题》一文中，就将"近代世界文化"直接称为"科学机械文化"。

如果说现代就是生产力的革命，那么机器就构成现代历史的基础与核心命题。很早以前，马克思就写过一部关于机器进化史的书——《机器。自然力和科学的应用》，正是这部算不上完整的早期作品，为马克思后来关于资本主义的研究和思想确定了基调。

科学史学家乔治·萨顿说，科学技术的历史虽然只是人类历史的一小部分，但却是最本质的部分，是唯一能够解释人类社会进步的那一部分。正如暴力体现了人的野蛮和愚蠢，技术传递的是人的文明与智慧。写作《现代的历程》的初衷，是想以机器为历史切入口，勾画出现代文明的渐变线和轮廓图。或者说，以机器史的角度来撰写一部现代文明发展史。

我当年学机械制造专业时，没想到我会成为一个作家，更没想到我会写出一部机器史。机器不仅有技术的一面，也有其文化的一面，而且后者更为深远博大。从机器的角度来说，所谓现代，既是一场思想观念的启蒙，也是生活生产方式的转变。从时间、文字到国家、经济的历史，其实也是从钟表、印刷机、纺织机到蒸汽机、计算机的发展历程。

《易经》云："形而上者谓之道，形而下者谓之器。"人类文明始于石器；具体地说，始于石斧。几乎在不同人类族群的早期文明中，石斧都是权力的象征。人类学家发现，当西方人将铁斧传入那些封闭的原始土著部落后，原有的文明很快便瓦解了。

正如所有人类史都始于石器，机器与现代也存在一种互文关系，撰写任何一部现代史，机器都是一个无法绕开的前提。无论人们赞赏或是忧虑，机器都已经深深地嵌入到现代社会的每一个细节。

【现代】

"这是一个最好的时代，这是一个最坏的时代；这是一个智慧的时代，这是一个愚蠢的时代。"一百多年前狄更斯的名言似乎是我们这个时代最好的注脚。从蒸汽机的出现到今天的人工智能，从卓别林在《摩登时代》中所描绘的大机器生产到今天互联网中的虚拟现实，从"飞鸽传书"到今天手机、微信的普及，人类文明的进程从来没有像今天这样日新月异。

机器或者物质正在快速改变我们的生活方式和思维，人们很大一部分时间都在和电脑、手机、交通工具打交道，一切在我们看来正常不过的选择、行动在20世纪甚至几年之前都是难以想象的。那么，究竟是什么塑造了我们今天的生活方式和思维，是什么造就了所谓的"当代人"？杜君立《现代的历程》一书中给我们提供了某种理解当下的可能方式。

——《新京报·书评周刊》（2016 年 11 月 5 日）

如今，地球人口已达到史无前例的 80 亿。从工业革命算起，虽然现代人是人类出现以来为数最多的群体，但与曾经来到过这个世界的人相比，仍只是后者的 7%，占 93% 的前人留给我们的最大遗产就是"历史"。

在传统时代，历史就是搜寻各种史料和考证；现代以来，人们对历史的认识逐渐偏重于"现在的世界为何是这样的"。这正如每个孩子开始懂事时提出的第一个问题便是"我从哪里来"。许倬云先生就说："今日读史的读者,不同于旧时,在这平民的时代,大率受过高中教育以上者,都可能对历史有兴趣。他们关心的事,当为由自身投射于过去,希望了解自己何自来,现在的生活方式何自来。"

相对于整个现代史,机器的发展只是一个小小的"局部";但恰恰在机器面前,人类最能体现出超越政治和国家的整体性。对今天的人们来说,"现代"的最大特色或许就是全球化。现代的历史不仅是全球化的历史,也应当是历史的全球化;故而,应当将我们所生活的社会空间 —— 而不是国家 —— 作为审视历史的基本单元。

马克·布洛赫在《历史学家的技艺》中说:无论是地形特征、工具和机器,还是文献与制度,"在所有这些东西背后的是人类。历史学所要掌握的正是人类,做不到这一点,充其量只是博学的把戏而已"。

因此说,一切历史都是思想史。每一种硬件必然会伴随一种软件;每一种新技术的出现,总会同时推行一种新观念,这使得现代进程具有强烈的文化史和思想史色彩。

虽然很多人都是从背诵"五段论"(原始社会、奴隶社会、封建社会、资本主义社会、社会主义社会)进入历史的,但实际上,关于历史,从来都不乏各种不尽相同的解释。如果不考虑最原始的史前,整个人类文明发展史,从最大程度上可以划分为古代和现代:如果以农业(乡村)、铁器、货币、文字、宗教的出现为古代社会的标志,那么现代社会的标志则是工业(城市)、技术、资本、法治。

对每一个现代人来说,不了解历史,就无法理解现在。换句话说,在理解历史的同时,他也将更能理解生活于其中的世界。

【历史】

　　《现代的历程》是杜君立的最新历史著作，书中延续了《历史的细节》中的细致梳理和思索兴趣，以极其丰富的素材书写了一个"古老"而又"新鲜"的话题。作品采用多重叙事结构，以机器发展史再现人类文明发展史，从时间机器（钟表）开始，经文字机器（印刷机）、效率机器（纺织机）、力量机器（蒸汽机），到智能机器（计算机）结束，构成了一个完整的机器演化史，以小见大，见微知著，为了解人类现代史提供了一个独特新颖的视角。作者巧妙地将诸多众所周知的历史事件，如文艺复兴、工业革命等，置于一个由机器文化构建的整体框架中，使人既感熟悉，又觉新奇。这既是一种对历史的重构，也是一种对历史的颠覆。

——《中国出版传媒商报》（2017 年 1 月 3 日）

　　在现代社会，历史已经成为通识，但历史本身也面临着一个"现代化"的问题。

　　马克思在《论犹太人问题》中写道："相当长的时期以来，人们一直用迷信来说明历史，而我们现在是用历史来说明迷信。"从历史长河来看，一个王国或者帝国的武功远不如它的"文治"更重要。一个民族、国家或者个人，不论他的"武功"（如疆土、财富、权势、声望等）有多高，都会烟消云散，只有"文治"（如思想、科学、艺术、文化、文明等）才能万古流芳，泽被后人；换言之，只有文明的进步才是对人类发展最重要的东西。

　　古人云：以器载道，道在器中。历史与机器一样，也需要不断地创新，历史的创新并不是发明历史，而是从历史中找到新的启迪，所以每一代人都有每一代人的历史，即"一切历史都是当代史"。当代西方社会学家齐格蒙特·鲍曼说：如今人文知识分子已从过去的"立法者"蜕变为"解释者"。鲍曼将前者视为现代性，将后者视为后现代性。

在手机时代，阅读无处不在，但只有读书才能赋予知识的系统性，并由此激发出真正的思考和思想。培根说，读书使人充实，写作使人精确。互联网带给我们一个前所未有的知识大爆炸时代；对历史而言，正经历着一场"资料革命"。这使我这样一个"社会人"有可能利用前人的知识，足不出户就写出一部"新历史"。

实际上，所有的现代创新也都类似于一加一等于二，每一个发明都建立在现有发明之上。在火车出现之前，早已有了铁路和蒸汽机；在爱迪生之前，就有了电和白炽灯；在 iPhone 之前，手机和触摸屏已司空见惯。史蒂芬森、爱迪生和乔布斯他们所做的，是将这些整合在一起，构成一种全新的东西。

不了解历史，也就不会洞察当下，更不会懂得未来。对现代人来说，一切历史都是乡土的，正如一切"现代"都出于城市。如果说现代文明源自启蒙运动以来的理性革命，那么历史就是现代人的共同乡愁。

每个人心中都有一个回不去的精神故乡。北周诗人庾信曾作《枯树赋》："昔年移柳，依依江南，今看摇落，凄怆江潭。树犹如此，人何以堪。"像树一样，每个人都有一个根，这个根就是历史。

【童年】

从出生到去县城上高中之前，我没有见过电灯，村里人照明用的都是煤油灯或麻油灯，有些家道贫困的人家连煤油灯也用不起，一到晚上就黑灯瞎火。有个流传的笑话说，一位客人在主人家吃晚饭，主人舍不得点灯，客人不高兴，就在主人家小孩的屁股上狠狠拧了一下，小孩顿时号啕大哭，客人说，快把灯点着，孩子看不见，把饭吃到鼻子里了。

——张维迎《我所经历的三次工业革命》

每本书都应该有一个好名字，也应该有一个精彩的开头。《百年孤独》用这样一句话开篇："许多年之后，面对行刑队，奥雷良诺·布恩地亚上校将会回想起，他父亲带他第一次去见识冰块的那个遥远的下午。"

对生活在热带的马尔克斯来说，冰雪是不可想象的，但当现代冰箱发明后，他就可以在离家不远的地方见到冰。鱼儿看不见水，我们也看不见历史，但实际上，我们每个人都生活在历史中，并从历史中获得生活的意义和时间的确定性。历史始终是一种集体记忆。对个人来说，创造历史最偷懒的方式便是写作历史。

黄仁宇年轻时的理想是成为驰骋疆场、指挥千军万马的拿破仑，但他后来成为一位孤守书斋、寻章摘句的历史学家。沈从文早年以文学蜚声中外，但后来却写了许多中国传统工艺史。他说："我似乎第一次新发现了自己。"我到四十岁以后，发现自己也喜欢上了历史。

不知从什么时候起，童年往事常常闯入我的脑海。

在我"耕牧河山之阳"的少年时代，晨钟暮鼓，春种秋收，担水劈柴，省吃俭用；别说袜子，村里很多人连鞋子都没有。当然，那时候山坡有小河溪流，随时随地都可以用手捧着喝水，而不需要拧开盖子。那也是一个人人分享的"世外桃源"：左邻右舍，大家共用一口水井，彼此借盐还醋；人们的活动范围很少超出步行距离；每个人都了解自己的邻居，却"不知有汉"。

在这样一个口语和方言的世界里，任何东西都那么古老，都有着它的来历和故事。在这里，时间仿佛停止了流动。

百余年前，李鸿章惊叹"三千年未有之大变局"。如今，"现代"就像电影《上帝也疯狂》中那只可乐瓶，从天而降，砸在我们这一代人身上。我们亲身经历了中国从"古代"到"现代"的剧变——从煤油灯、蜡烛光、路灯下的阅读到各种电子阅读器，正如本雅明童年里的西洋景、纪念碑、溜冰场、汽灯和电话机。

子曰："君子不器。"一个真正的现代人，不应鼠目寸光，只顾眼前利益，而不思考事物背后的深层道理。人与机器的区别在于历史感与道德感。现代教育主要是职业教育，大学也以工科为主。很多大学生精通关于机器的一切，唯独对机器的历史缺乏了解；他不知道机器曾经多么"可怕"地改变了世界，也改变了人类。

一个人一生中，最难的事情并不是了解社会，而是了解他自己，而这需要足够的时间和耐心。爱默生说："一个人如果懂得如何去做，那么他将永远不会失业。一个人如果懂得为什么去做，那么他将永远是自己的主宰。"

【写作】

虽是一部出自"业余"、面向知识大众的通俗作品，但因作者怀抱责任感乃至野心，更因其宏阔视野和扎实叙述，在两个方面做出了不逊专家的贡献：中国知识人在"大历史"领域言说获得突破；对机器进步与现代文明之关系，世界前行脚步与中国应对策略——几乎不可能同时并举的主题，做了艰难的接榫努力，并力图回答人类是如何走向现代的，以及中国如何走向现代。

——2016年"腾讯·商报"华文十大好书颁奖词

福柯说，写作就是自命不凡。写作或是智人的一种后天本能。写作并不能弥补人生和言说的有限性，但后现代的"知识爆炸"结束了小说时代的局限，使写作不再只是一种唯我主义的实施。加缪说，写作是一种和我共同经历过同一历史的人们，一起忍受我们相同的悲惨和希望的誓言。

大卫·拜恩的《制造音乐》中说："到了现代，人们已经认定艺术与音乐是个人努力的成果，而不是族群的产物。"写作同样是一件极其个人化的事情，但历史写作不同于文学写作，历史写作完全建立在阅读基础上。对于一部大众通识历史来说，写作的初衷仍是将一段复杂曲折的历史，传播给知识性大众和普通人，希望资深读者能够佛眼相看，不要与学术著作等量齐观。

本书采用散文随笔的写作风格，这也是中国传统的历史写作方式。从司马迁始，后来的洪迈、沈括、顾炎武、王夫之、张燧、丁耀亢、赵翼等，乃至现代以来的钱穆、黄仁宇、许倬云、王学泰、吴思他们，都以这种文人历史笔记的方式介入大众历史写作中，为我们留下大量具有知识性、思想性和百科全书风格的作品。

我们每个人小时候都玩过泥巴和沙子，可见创作是人与生俱来的天赋，只是长大以后，我们都被规训成了循规蹈矩的齿轮和螺丝。人到中年，常叹人生苦短，想做的事情很多，能做的事情很少，最后能做成一件事也就庶几无愧。

在传统四民社会，农民是从容的，文人（士）是尊贵的；在工商业主导的现代社会，"文人"和"农民"被边缘化了。回顾我的一生，始于农民，终于文人，中间养家糊口，为工为商，这般晴耕雨读，也算得无怨无悔。"却愁说到无言处，不信人间有古今。"在我看来，农民如草木一秋，要懂得敬天畏地，顺其自然；文人如星光萤火，要懂得求真求美，遵从良知。

罗德里格斯年轻时想做一名摇滚歌手，他写过许多充满激情的歌曲，但唱片发行后备受冷落。罗德里格斯只好放弃理想，回到底特律，成为一位修理工，过着养家育子的平凡日子。罗德里格斯并不知道，他写的那些歌曲不胫而走，在遥远的南非掀起一场音乐狂潮，几乎无人不知"小糖人"。

很多年后，终于有人寻访到"小糖人"罗德里格斯，他没有惊喜，也没有哀怨。他说："我已尽我所能。"

杜君立

2022 年 11 月 15 日